同济博士论丛
TONGJI Dissertation Series

总主编 伍 江 副总主编 雷星晖

赵 蔚 赵 民 著

城市规划中的社会研究
——从规划支持到规划本体的演进

Planning-Proponent Social Research

同济大学 出版社
TONGJI UNIVERSITY PRESS

内 容 提 要

本书以城市规划中的社会研究为命题,讨论城市规划中的社会研究历史进程、理论建构及实践应用,并分别从认识论的演进、本体论的拓展及方法论的完善角度展开阐述。在理论层面,回顾并总结了社会研究在规划发展过程中的观念、内容及方法的演变,建构了城市规划中的社会研究的理论框架;在实践层面,结合两个社区规划的案例研究,从实证角度探讨并总结了城市规划中社会研究的实践经验与不足之处;最后提出了从认识论角度首先应建立由"规划支持"到作为"规划本体构成"的规划社会研究观。本书可供建筑规划相关专业师生及研究人员阅读参考。

图书在版编目(CIP)数据

城市规划中的社会研究:从规划支持到规划本体的
演进 / 赵蔚,赵民著. —上海:同济大学出版社,
2020.4
(同济博士论丛 / 伍江总主编)
ISBN 978 - 7 - 5608 - 8852 - 1

Ⅰ. ①城… Ⅱ. ①赵… ②赵… Ⅲ. ①城市规划—研
究 Ⅳ. ①TU984

中国版本图书馆 CIP 数据核字(2020)第 054122 号

城市规划中的社会研究——从规划支持到规划本体的演进
赵 蔚 赵 民 著

出 品 人 华春荣 责任编辑 卢元姗 特约编辑 张先晖
责任校对 谢卫奋 封面设计 陈益平

出版发行 同济大学出版社 www.tongjipress.com.cn
(地址:上海市四平路 1239 号 邮编:200092 电话:021 - 65985622)
经 销 全国各地新华书店
排版制作 南京展望文化发展有限公司
印 刷 浙江广育爱多印务有限公司
开 本 787 mm×1092 mm 1/16
印 张 22
字 数 440 000
版 次 2020 年 4 月第 1 版 2020 年 4 月第 1 次印刷
书 号 ISBN 978 - 7 - 5608 - 8852 - 1

定 价 98.00 元

"同济博士论丛"编写领导小组

"同济博士论丛"编辑委员会

袁万城　莫天伟　夏四清　顾　明　顾祥林　钱梦騄

徐　政　徐　鉴　徐立鸿　徐亚伟　凌建明　高乃云

郭忠印　唐子来　阎耀保　黄一如　黄宏伟　黄茂松

戚正武　彭正龙　葛耀君　董德存　蒋昌俊　韩传峰

童小华　曾国苏　楼梦麟　路秉杰　蔡永洁　蔡克峰

薛　雷　霍佳震

秘书组成员：谢永生　赵泽毓　熊磊丽　胡晗欣　卢元姗　蒋卓文

总 序

在同济大学110周年华诞之际，喜闻"同济博士论丛"将正式出版发行，倍感欣慰。记得在100周年校庆时，我曾以《百年同济，大学对社会的承诺》为题作了演讲，如今看到付梓的"同济博士论丛"，我想这就是大学对社会承诺的一种体现。这110部学术著作不仅包含了同济大学近10年100多位优秀博士研究生的学术科研成果，也展现了同济大学围绕国家战略开展学科建设、发展自我特色，向建设世界一流大学的目标迈出的坚实步伐。

坐落于东海之滨的同济大学，历经110年历史风云，承古续今、汇聚东西，秉持"与祖国同行、以科教济世"的理念，发扬自强不息、追求卓越的精神，在复兴中华的征程中同舟共济、砥砺前行，谱写了一幅幅辉煌壮美的篇章。创校至今，同济大学培养了数十万工作在祖国各条战线上的人才，包括人们常提到的贝时璋、李国豪、裘法祖、吴孟超等一批著名教授。正是这些专家学者培养了一代又一代的博士研究生，薪火相传，将同济大学的科学研究和学科建设一步步推向高峰。

大学有其社会责任，她的社会责任就是融入国家的创新体系之中，成为国家创新战略的实践者。党的十八大以来，以习近平同志为核心的党中央高度重视科技创新，对实施创新驱动发展战略作出一系列重大决策部署。党的十八届五中全会把创新发展作为五大发展理念之首，强调创新是引领发展的第一动力，要求充分发挥科技创新在全面创新中的引领作用。要把创新驱动发展作为国家的优先战略，以科技创新为核心带动全面创新，以体制机制改革激发创新活力，以高效率的创新体系支撑高水平的创新型国家建设。作为人才培养和科技创新的重要平台，大学是国家创新体系的重要组成部分。同济大学理当围绕国家战略目标的实现，作出更大的贡献。

　　大学的根本任务是培养人才，同济大学走出了一条特色鲜明的道路。无论是本科教育、研究生教育，还是这些年摸索总结出的导师制、人才培养特区，"卓越人才培养"的做法取得了很好的成绩。聚焦创新驱动转型发展战略，同济大学推进科研管理体系改革和重大科研基地平台建设。以贯穿人才培养全过程的一流创新创业教育助力创新驱动发展战略，实现创新创业教育的全覆盖，培养具有一流创新力、组织力和行动力的卓越人才。"同济博士论丛"的出版不仅是对同济大学人才培养成果的集中展示，更将进一步推动同济大学围绕国家战略开展学科建设、发展自我特色、明确大学定位、培养创新人才。

　　面对新形势、新任务、新挑战，我们必须增强忧患意识，扎根中国大地，朝着建设世界一流大学的目标，深化改革，勠力前行！

万　钢

2017 年 5 月

论丛前言

　　承古续今，汇聚东西，百年同济秉持"与祖国同行、以科教济世"的理念，注重人才培养、科学研究、社会服务、文化传承创新和国际合作交流，自强不息，追求卓越。特别是近 20 年来，同济大学坚持把论文写在祖国的大地上，各学科都培养了一大批博士优秀人才，发表了数以千计的学术研究论文。这些论文不但反映了同济大学培养人才能力和学术研究的水平，而且也促进了学科的发展和国家的建设。多年来，我一直希望能有机会将我们同济大学的优秀博士论文集中整理，分类出版，让更多的读者获得分享。值此同济大学110 周年校庆之际，在学校的支持下，"同济博士论丛"得以顺利出版。

　　"同济博士论丛"的出版组织工作启动于 2016 年 9 月，计划在同济大学110 周年校庆之际出版 110 部同济大学的优秀博士论文。我们在数千篇博士论文中，聚焦于 2005—2016 年十多年间的优秀博士学位论文 430 余篇，经各院系征询，导师和博士积极响应并同意，遴选出近 170 篇，涵盖了同济的大部分学科：土木工程、城乡规划学（含建筑、风景园林）、海洋科学、交通运输工程、车辆工程、环境科学与工程、数学、材料工程、测绘科学与工程、机械工程、计算机科学与技术、医学、工程管理、哲学等。作为"同济博士论丛"出版工程的开端，在校庆之际首批集中出版 110 余部，其余也将陆续出版。

　　博士学位论文是反映博士研究生培养质量的重要方面。同济大学一直将立德树人作为根本任务，把培养高素质人才摆在首位，认真探索全面提高博士研究生质量的有效途径和机制。因此，"同济博士论丛"的出版集中展示同济大学博士研究生培养与科研成果,体现对同济大学学术文化的传承。

"同济博士论丛"作为重要的科研文献资源,系统、全面、具体地反映了同济大学各学科专业前沿领域的科研成果和发展状况。它的出版是扩大传播同济科研成果和学术影响力的重要途径。博士论文的研究对象中不少是"国家自然科学基金"等科研基金资助的项目,具有明确的创新性和学术性,具有极高的学术价值,对我国的经济、文化、社会发展具有一定的理论和实践指导意义。

"同济博士论丛"的出版,将会调动同济广大科研人员的积极性,促进多学科学术交流、加速人才的发掘和人才的成长,有助于提高同济在国内外的竞争力,为实现同济大学扎根中国大地,建设世界一流大学的目标愿景做好基础性工作。

虽然同济已经发展成为一所特色鲜明、具有国际影响力的综合性、研究型大学,但与世界一流大学之间仍然存在着一定差距。"同济博士论丛"所反映的学术水平需要不断提高,同时在很短的时间内编辑出版110余部著作,必然存在一些不足之处,恳请广大学者,特别是有关专家提出批评,为提高同济人才培养质量和同济的学科建设提供宝贵意见。

最后感谢研究生院、出版社以及各院系的协作与支持。希望"同济博士论丛"能持续出版,并借助新媒体以电子书、知识库等多种方式呈现,以期成为展现同济学术成果、服务社会的一个可持续的出版品牌。为继续扎根中国大地,培育卓越英才,建设世界一流大学服务。

伍 江

2017 年 5 月

前　言

曾记得，在改革开放初期，面对经济社会和城镇化的快速发展，我国的城市规划实务和人才培养均极为专注于物质性规划设计工作，存在着"重经济、轻社会""重物质空间、轻社会空间"的偏颇。进入 21 世纪以后，随着城乡发展中的社会矛盾不断凸显，政府及民间对社会问题的关注日益增多；城市规划界也逐步跨越了其固有范畴而延伸到了经济社会发展领域，不但在规划工作中广泛开展社会调查，而且开始参与制定社区发展规划。

目前，"社区""社区发展"及"社区规划"等概念已经为人们所熟知。就内涵而言，"社区"在我国并非新的事物；我国城乡社区的组织程度历来很高，城乡社区性活动有着长期的传统，街道、居委会和行政村、村民小组等在社区运行中发挥着重要作用。

进入新世纪以来，我国一些城市对社区建设的重视则有其特定原因。随着改革开放的不断深入，我国经济和社会的方方面面都发生了深刻变化。如原有的大量国有企业实行了转制及公司化改革，日渐成为了自负盈亏的独立经济实体，在计划经济条件下所形成的"企业办社会"局面已不复存在。在计划经济下形成的"单位制"及社会成员的"单位人"属性也随之发生了深刻的变化，原先由政府及国有企业所承担的大量社会职能被分离出来，并向社区转移，因而职工及其家属也相应从"单位人"逐步转变为"社会人"。可见，经济和社会的转型使城市社区的功能和作用发生了前所未有的变化，新时代的城市社区研究和社区发展规划问题应运而生。

人们可以看到,以建立市场经济制度为导向的经济改革,在所有制方面打破了国有经济的一统天下,导致了不同经济成分的竞相发展;在分配领域则打破了平均主义,不但使人们的收入差异不断扩大,而且承认按劳分配以外的其他分配方式。这种"效率优先,兼顾公平"的发展模式必然会导致社会成员的经济社会地位分异。另一方面,城市住房制度的改革,房地产市场的不断发育,使人们有可能按自己的偏好及经济能力来选择住房和居住地;房地产市场的"过滤器"作用使分层了的社会成员群体趋于在不同的城市地域聚集,并导致社会空间分异日益明显。

还要看到,我国的经济改革和经济发展所面临的宏观大环境是经济全球化及区域经济一体化。产业在全球及区域的垂直和水平分工,使得一些城市的传统产业失去了优势,甚至走向衰败和消亡,而一些新的产业在外部力量的推动下趋于兴起。伴随着城市经济结构调整,失业或"下岗"群体开始产生甚至扩大,低技能、低薪岗位激增;同时以知识为基础的高端产业的高薪就业群体不断涌现。在此背景下,城市住房的高端、中高端市场消费群体,以及经济型、廉价型地段和违法建筑租赁社会群体之间的空间分异也日趋明显。反映在社区发展上,一些可支配收入较低及物质环境堪忧的社区,呈现出不同于城市"主流"社区的发展特征,即所谓的"边缘化"的趋势。对城市边缘化社区的研究及寻找发展对策,是当代社区发展规划兴起的主要原因之一。另一方面,即使在高收入、高智力人群聚集的"高尚"城市社区,通常也存在着严重的社会问题,如老龄化严重、人际关系淡薄、家庭结构失衡及心理障碍者不断趋多等。对这类社区同样也要给予关注,并制定和实施适当的社区发展政策。

城市社区研究和社区发展规划工作涉及社会学、管理学、城市规划等多个学科领域的理论知识和方法论。因为社区发展问题既是社会领域的问题,亦离不开空间组织及物资设施环境;同时社区的主体是人群,必然需要有某种程度的制度安排及治理模式,以使社区运行高效、人际关系和谐。

就本源及工作方法而言,城市规划与社会学及社会研究有着密切的关系;就城市规划的成果及影响而言,必定会涉及社会发展问题。但总体而言,长期以来城市规划的关注点主要是空间资源及物资环境的建设;在城市住区领域,城市规划设计的对象是居住区或小区,而不是"社区";或者可以说"见物不见人"。

城市规划的原有理念及工作模式的形成有其必然性。在计划经济及住房福利分配的条件下,社会处于较均质的状态,规划的任务仅是物质空间的组织及根据规范配置公共设施。但是在市场经济的条件下,城市规划不但要面对社会分层和不同地域人群的差别化需求,而且还要面对社会弱势群体和边缘化社区的发展问题。

作为真正意义上的城市规划学科,在继续承担城市物质性发展的筹划和管理任务的同时,应当与时俱进、自觉地介入社会发展领域,积极为经济和社会的健全发展做出贡献。基于这样的理念,本书以城市规划中的社会研究为命题,讨论城市规划中的社会研究历史进程、理论建构及实践应用,并分别从认识论的演进、本体论的拓展及方法论的完善角度展开阐述。

在理论层面,本书回顾并总结了社会研究在规划发展过程中的观念、内容及方法的演变,以探讨社会研究在规划中扮演的角色及其发展趋势;同时还对城市规划与社会学的研究对象、内容及方法作了横向比较,并对应用社会学及相关边缘学科的有关知识进行了梳理,以建立两者间融会贯通的基础。在此基础上,建构了城市规划中的社会研究的理论框架,提出社会变迁、社会结构、社会问题及社会控制四组框架性内容,并阐明这四组内容在规划中的作用及相互间的逻辑关系和表达形式。

在实践层面,基于所建构的理论框架,结合两个社区规划的案例研究,从实证角度探讨并总结了城市规划中社会研究的实践经验与不足之处,同时亦是为了明了城市规划中社会研究的现实情形。

在结论部分,本书提出了从认识论角度首先应建立由"规划支持"到作为

"规划本体构成"的规划社会研究观。即社会和谐发展是公共干预及城市规划机制的本源,社会研究对规划而言不是锦上添花的装饰,也不仅仅是作为支持和辅助的工具,而是构成规划自身完整体系所不可或缺的组成部分。从本体论角度,规划应突破学科传统成规的束缚,合理拓展自身的学科领域,融会人文社会的多学科、多纬度,并将规划视为社会发展的动态特定情境中的有机组成;从方法论角度,借鉴只是学科交叉的第一步,各学科方法的融会贯通、多元的方法和途径选择应是达成规划更高层次方法论的原则。

本书原稿是赵蔚老师的博士学位论文,指导老师赵民教授,完成于2004年。该论文曾被评为上海市优秀研究生成果(学位论文),并获全国博士论文提名。经过了十多年的发展,我国城乡建设业已步入书中所关注的社会内涵提升阶段,城乡规划学科也早已融入了社会发展研究。随着"多规合一"的统一国土空间规划体系的建立,多学科的协同和合作也必定会成为规划业界的常态。

最后,谨以此书献给新时期的规划学人和实务工作者,让我们向着两个百年的宏伟目标共勉共进。

赵　民

2020年元月于同济大学

目　录

第四部分　理　论　建　构

第五部分　宏观与微观层面规划中的社会研究应用

第一部分

绪　　论

导　言

0.1　研　究　背　景

随着我国城市化进程的推进,城市建设越来越向理性和内涵的方向发展,对城市社会进步的认识也逐步成熟和多元。城市规划作为城市发展中的重要环节,发挥了有目共睹的作用。然而,在看到成绩的同时,也要看到存在的问题,目前城市规划对城市建设发展的指导地位虽然已经确立,但其本质内涵并未真正得到理解和体现。城乡发展中诸多问题的背后是社会发展的不和谐,也就是说,中国社会存在着影响持续发展的阻碍因素。目前,对城市规划物质空间安排的推崇和依赖主导了城市规划的实践,从城市发展的整体和长远角度看,这种主流认识不仅片面,而且还可能引发各个相关领域的联动效应,从而制约城市未来的持续发展。

基于人本思想,城市就其本质而言是一种社会现象,空间不仅仅属于本体论范畴,还是一个塑造人同时也被人塑造的社会维度——空间形式不应看作是在社会进程中展现的毫无生命力的对象,而应当看作是两者的互通(David Harvey,1973)[1];E. R. Alexander(1981)认为:"规划是一项社会活动,是为获得既定目标而采取最佳战略并充分考虑实施目的和实施能力的一项社会活动。"从本质上看,中西方对城市与城市规划的认识是一致的:"不论任何时代,城市都主要是为那个时代的社会制度服务,体现出那个时代的社会精神。一切城市规划的理论,一切城市规划的技术与艺术,无一不是在这个大前提下产生。"[2]"城

---

① David Harvey,Social Justice and the City,Ira Katznelson,1988:p. 4.
② 李允鉌,《华夏艺匠》,明文书局,1990:p. 396。

市规划学科作为一种特殊的知识形态,融会了社会科学、自然科学和工程技术的特点,同时,又以社会实践作为其立身安命之根。因此,城市规划的研究必然要成为社会机制研究的一个方面,城市规划中的任何思想、方法和技术的运用,都有必要放在社会整体的运作过程中进行检验,只有这样,城市规划的发展才是完整的。①"综上论述,从规划的本体认识角度看,城市规划的首要出发点应该是基于与城市社会发展各项要素相关联的城市空间组织。虽然最终规划的落脚点仍然是城市土地和空间布局,但作为与之密切相关的社会要素发展问题,则是实现和支持这种安排的重要前提和依据,其同样也是城市规划本体不可或缺的组成部分。

针对城市社会活动状态与空间关系进行专门研究,由 20 世纪 20 年代的芝加哥学派首创先河,此后地理学、社会学与城市规划专业都对社会和空间的相互关系有不同程度的涉猎。从相关文献来看,社会学与城市规划专业观察社会与城市空间的角度有一定的区别:社会学往往从社会结构及关系入手,对空间进行社会解读,研究社会变迁中的现象和规律;城市规划专业则习惯于从城市空间的基点出发,探究导致空间形成的社会因素,并将这些研究纳入城市规划当中,试图在认知这些因素的同时干预其按照既定的规划目标和秩序的发展。两者在理论和实践中怎样相互借鉴与援用一直是学术界和业界不断尝试解决的问题。

目前国内对城市规划的主流看法(指整个社会的普遍认识,事实上规划理论界并未忽视除物质空间以外的其他方面)及规划编制的主流方法和内容都偏重于城市的物质空间布局,而对于物质空间背后的城市发展的本质问题则没有予以足够的重视。虽然城市规划包含了土地使用和确定空间位置及提供基础设施等任务,但从纯空间组织的常规理论出发规划某种基本空间模式,并在此基础上实施的做法,已在现代运动的实践中被无数次证实是难以奏效的。西方学术界从 20 世纪 50 年代开始关注这个问题,60 年代以后物质空间规划与社会结构之间协调的趋势越来越受到重视。70 年代开始,西方规划界和社会学界对城市物质空间的社会影响的研究逐步从理论研究转向理论与实证并进。值得注意的是,虽然在专业侧重上社会学对城市社会问题比规划学科更敏感一些,但从规划研究的相关文献资料来看,规划(尤其是欧洲规划界)和建筑界从自身研究角度出发对社会因素的关注和考虑几乎与现代城市规划发展

---

① 孙施文,中国城市规划的发展,城市规划汇刊,1999/5。

同步,因此,从城市规划思想及原则角度,人的需求与社会发展始终是城市规划的出发点和归宿。只是发展过程中,在学科沟通与方法借鉴运用方面一直都处于探索中,没有形成一定的方法体系。更值得重视的是,中国目前主流的规划指导思想及规划实践,对规划的社会性本质的认识与关怀都尚停留在意识层面,将社会研究作为规划的支持而介入规划中去的实践非常有限。本书的研究正是在此背景下展开,从理论与实践的角度重新对规划中社会价值理性和方法理性的统一进行探讨,希望能够在城市规划以人、以社会发展为本的原则下,从完善规划社会意义的角度,探索作为规划支持的社会研究途径和方法。

0.2　研　究　主　题

0.2.1　内容与目标

在谈及本书的研究主题之前需要对本书的研究角度进行说明。如前所述,社会学与城市规划专业研究的角度存在一定区别,但相互间的借鉴和补充可能促成两者自身的完善;同时,从学术角度看,社会学作为一门学科、城市规划作为一个偏向于应用的专业,社会学的理论和方法体系相对来说更适宜为应用型研究提供理论基础和背景依据,因而本书立足于城市规划专业的发展与完善,从城市规划专业角度审视并借鉴社会学的相关理论和方法,探讨适合城市规划专业的社会研究一般方法。

本书的主题是探讨关于现代社会学的相关理论与方法在城市规划中的应用——显然,这看来是一个过于复杂且涉及面很广的题目。首先,现代社会学的对象要素范围较为模糊,使其理论研究的内容很广;其次,城市规划本身也是一个涉及管理、法规体系及规划编制体系等多方面工作的综合系统。为了使本书主题与城市规划专业特征结合得更紧密,本书中所探讨的城市规划主要指城市规划作为行动指引的过程,即建立在城市规划社会属性基础上的空间规划研究。从广义上讲,城市形态研究包含了社会形态和物质形态两层含义,本书的研究属于以理论为指导的经验研究,旨在能够在现有的应用工具基础上为城市规划研究提供具有一般意义的社会研究方面的引导。本书将进行以下三方面的研究(表0-1):

表 0-1　研究内容及目标构成

	内　　　　容	目　　　　标
1	**纵向研究**：阐明规划研究中的社会传统与发展趋势 **横向研究**：考察当前城市规划中的社会研究状况	明确社会研究在城市规划中的地位与作用
2	**比较研究**：城市规划与社会学在城市社会研究环节中内容与方法的交叉	研究现代社会学中可用于城市规划的社会研究内容与方法
3	**实证研究**：社会学研究内容与研究方法在城市规划中的融会运用	探讨城市规划中运用这些内容与方法的一般方法

0.2.2　基本概念

在明确研究主题后，需要对本书中一些重要概念进行界定，它们包括：城市规划、社会学、城市规划的支持性研究、社会研究。

1. 城市规划（Urban Planning）

现代城市规划思想形成于资本主义快速扩张时期（19 世纪末 20 世纪初），自此，古代东西方城市文明进程受经济基础和上层建筑的影响发生了巨变[①]。现代学科群对城市规划的理解有多种，对比众多的理解，可以得出以下几点共同认识：① 城市规划是人的一种主动行动意愿，即有意识的干预。本书认为这种干预的前提是建立在理性基础之上的；② 规划行动的受体是城市空间（更确切地说是城市公共空间）；③ 目的是采取行动使城市空间达到"更可取的既定状况"[②]。在国内规划界较权威的理解可以参照由李德华主编的城市规划专业教材《城市规划原理》中的定义："城市规划是人类为了在城市的发展中维持公共生活的空间秩序而作的未来空间安排的意志。"[③]

如前所述，城市规划涉及的内容十分庞杂，并且城市规划作为一项社会活动，绝大多数环节都与社会运作涉及的各领域相关，对此本书无法一一探讨，本书主题中所探讨的城市规划所指主要是作为规划实践及理论研究层面的城市规

---

① 后文如无特指，城市规划均指现代城市规划。
② 根据弗朗索瓦兹·肖埃和皮埃尔·梅兰合编的《城市规划词典》对"城市规划"一词的定义：城市规划和城市整治是有意识的干预，因而也就是实践（即行动）。城市规划和城市整治也就是实施，即落实、履行、做法、应用、与现实进行对比、踌躇，由此产生的是经验而不是知识。引自让·保罗·拉卡兹，城市规划方法，商务印书馆，1996：pp.5～6。
③ 李德华主编，城市规划原理（第三版），中国建筑工业出版社，2001：p.42。

划,具备上述归纳的城市规划的三条共同特征。在这一层上的含义,P. Hall 和 J. Friedmann 的理解更契合本书的目的:"……,规划作为一项普遍活动是指编制一个有条理的行动顺序,使预定目标得以实现。"[①]"规划并不完全与认知和行动相关,而是起到一种联系的作用,它是(介于两者间的)特定的行动者,其特殊使命在于将科学技术知识运用于公共领域当中。[②]"(当然,设定城市发展目标也是城市规划的任务之一。)

在城市规划发展历程中,人们对于城市规划的主题构成及重点一直进行着锲而不舍的讨论,讨论的内容不仅限于规划的内涵,同时也在规划的外延上展开。这使得城市规划不仅可以在地理学科领域吸取知识,同时也能够在社会科学的各学科中间寻求帮助。而这种触类旁通的引荐其最终的目的并不仅仅是借鉴本身,而是城市规划方法自身的突破与完善。因此,本书探讨城市规划对社会学理论与方法的借鉴,其真正的主题是探讨规划自身体系——社会属性的完善,即城市规划中关于社会发展的社会学角度探索。

2. 社会学(Sociology)

社会学是一门学科性质极其暧昧的学科[③],这是一直困扰社会学界的认识论问题,对社会学的认识至今并未形成一致的看法,且随着社会学的发展,这种认识也随之变化[④],但这种困扰并不影响社会学作为一门学科的发展。社会学历经一个半世纪的演进,逐步形成了其自身独特的研究对象和方法,或侧重对社会整体,或侧重多作为社会主体的人,或侧重对社会和人的关系进行综合性研究,这些内容构成了社会学独立的知识结构。虽然研究者分别有自己的观察角度,并形成了不同的学派,但他们之间总有共同的兴趣所在——探索其他社会科学学科涉及却没有专门研究的领域。

[①]　规划(planning)通常兼有两种含义:① 刻意去实现的某些任务,指向规划所包括的内容;② 为实现某些目标任务把各种行动纳入某些有条理的安排中,指向规划通过怎样的手段实现。

[②]　John Friedmann. Planning in the Public Domain. Princeton Univ. Press. 1987.

[③]　引自青井和夫著,刘振英译,社会学原理,华夏出版社,2002: p. 1. 之所以有这样的认识,一方面是因为"有多少位社会学家就有多少种社会学";另一方面是由于社会学是最"不易被人们了解的学问"。

[④]　社会学从产生开始就一直为了与其他社会科学学科区别而努力,先后经历了综合社会学→形式社会学→文化社会学的历程,其间对社会学的认识不断发生变化:① 社会学是研究社会整体的科学(孔德);② 社会学是研究个人及其社会行为的科学(马克斯·韦伯);③ 社会学是研究社会群体或群体生活的科学(福武直);④ 社会学是研究社会组织或社会制度的科学(W·I·托马斯);⑤ 社会学是研究社会关系的科学(G·齐美尔);⑥ "剩余说":社会学的研究对象是其他社会科学不研究或尚未研究的剩余领域;⑦ "问题说":社会学是研究社会问题的科学;⑧ "科学群说":社会学是以研究社会问题为中心的一个科学群;⑨ "组合说":认为单列某一种现象作为社会学的对象都不妥,于是同时列出社会行为、社会生活、社会问题,或行为—关系—制度,或社会结构、社会过程、社会制度等作为社会学研究的对象。

而社会学的这种模糊性恰恰对完善城市规划的认识体系有利,因为社会科学中各学科的研究主题和对象领域总是相互关联的,正因为相互关联因而彼此无法完全脱开。社会学与城市规划都隶属于社会科学①,它们之间相关联的部分正是本书研究的内容。因此,在本书中主要涉及的社会学研究领域是与城市发展相关的部分,以及社会学研究问题的方法论体系。可以这样认为,在本书中,社会学是作为理论和方法借鉴的母体,城市规划作为受体,社会研究则是联系两者的一座桥梁。

3. 规划的支持性研究(Proponent Research)

城市规划学科的综合性决定了规划研究必须涉足有关城市发展的各方面问题,如城市经济、社会结构、生态环境等,因此,对规划理论的认识有关于规划学科自身职业的理论和关于城市的理论之分。对于规划专业人士而言,由于前者(关于规划学科自身的研究)专属于城市规划领域,直接指导着规划的实践活动,因此更受业内人士的关注,长期以来一直是规划研究的重点。而后者(关于城市的研究)由于间接地通过其他学科的介入来解决,所以始终处于规划体系的边缘地位。而学科之间同一问题同一对象从不同的学科角度研究会出现不同的研究结果,虽然规划实践中可以并且通过相关学科的研究取得了部分支持,但从实际研究过程来看,相关学科的研究成果可以直接用于规划的比例非常小,这种情况的存在一定程度上是由于学科研究角度的先天性差异,使得研究成果的适应范围有一定局限;另一方面规划虽强调学科的综合性,但对相关学科的方法与内容以怎样的方式更恰当、实用地运用于规划学科中则始终没有目标明确的研究,也没有相应的方法论方面的开拓。因此,**本书提出作为规划支持的社会研究的概念,意指规划相关学科运用于规划中以支持规划研究,尤其是针对规划制定过程中,基于规划对策导向、提出并论证规划对策的科学性和可行性而开展的目的明确的城市研究,用以支持规划对策论点的方法研究**,如社会支持研究、经济支持研究、生态支持研究等。作为规划更有效理解城市发展要素及其机制的方法与途径,这些支持研究应当是规划有机、有益的组成部分,而不仅仅是起点缀的作用。

需要特别指出的是,从学科群长远发展的角度,各学科之间的融会贯通应当是学科交叉的更高层次。因此,对规划而言,支持性研究是规划借鉴与援用相关学科知识与方法,从而达到融会贯通的必不可少的一步。对规划学科整体发展

---

① 在发达国家,如英国,城市规划归在社会科学;而在我国,城市规划目前仍属于"大土木"范畴。

而言,不论是理论支持研究或是实证支持研究都具有促进学科发展的积极意义;而最直接的规划支持研究莫过于就某一项具体的规划课题而做的有针对性的城市实证研究,因为出于不同目的的城市规划研究侧重点不同,选取的支持学科有所区别,虽然可能采取不同的方式介入支持研究,但由于具体问题中目标与研究对象均有限定,相应的城市研究也会有针对性和界定明确的研究范畴,其支持的特征表现得更为突出。因此,本书第 9 章和第 10 章,将通过两个具体的规划案例探讨作为规划支持的社会研究方法与内容。

4. 社会研究(Social Research)

社会研究是运用科学方法对社会生活现象加以了解、说明和解释的活动总和;它是以人类社会为对象,以科学方法为手段,以解释和预测为目的,以科学理论和方法论为指导的一个完整的过程①。对此需要做两点说明:第一,社会研究的范畴非常广泛,涉及社会科学中的全部学科(如政治学、经济学、法学、民族学、考古学等等),其中,处于快速城市化时期的中国城市,对城市经济学、法学方面的研究已有一定基础,本书无力对所有这些学科进行遍览,鉴于本书的研究建立在社会学理论与方法的基础上,因此在研究和论述中,将主要从社会学学科观察城市的角度,及其与城市规划角度的互补性方面对城市规划中的社会研究进行探索。

从社会学学科发展的角度来看,有学术导向的基础研究(basic research)和政策导向的应用研究(applied research)的区别。其中基础研究旨在发现自然和社会中的统一性(uniformities),并对所提出的统一性提供新的理解;应用研究是利用已有的知识(理论的或经验的),针对具体问题或现象以新的方式取得实际结果②。**本书将主要就作为城市规划支持的社会研究③中、以政策分析为导向的应用性社会研究进行论述④**;第二,社会研究一般包括对城市中发生的政治、

---

① 社会研究通常采用的基本方式有实验研究、统计调查、实地研究和比较研究四种,这些研究方式各有特点,不同的学派或不同的研究会有针对性地采用上述方式的不同组合,例如实验研究主要用于考察现象之间的因果关系,常用于社会心理学研究;统计调查着重定量分析,精确了解社会整体的一般状况和各种类型的分布情况;实地研究侧重主观理解、洞察,揭示社会生活的本来面目;比较研究在于博览、约取、分析、综合、定其异同、塑造典型。《中国大百科全书》(光盘 1.1 版),中国大百科全书出版社,1994。
② 罗伯特·K·默顿著,林聚任等译,社会研究与社会政策,三联书店。pp. 246～247。
③ 城市规划对策研究中,所有用以支持规划对策论证的有关城市各方面、各层面的研究均可理解为规划支持研究——笔者注。
④ 在实际城市研究过程中,基础研究与应用研究彼此并不完全割裂,不论是基础研究或是应用研究都旨在更好地理解并提高城市的生活质量,因此在研究过程中,研究者和研究课题往往不限于学术导向或是政策导向——基础研究的理论与方法对应用研究有帮助,而实际应用意义又影响着基础研究的方向。

社会和经济方面的活动、过程及结果的系统研究，在本书中，将社会研究范畴限定在从城市规划角度出发运用社会学相关理论与方法，针对不同空间层次的城市社会活动、过程及其结果的社会研究。本书将此类用以有针对性地支持城市规划的社会研究称为作为规划支持的社会研究。本书将考察城市规划发展历程中社会关注与社会研究的传统（由于现代城市规划与社会学均诞生于欧美，因此本书将对历史纵向的考察重点放在欧美）及相应的内容与方法，在比较现有国内外规划中社会支持研究（现代城市规划思想深入影响到中国城市规划后，尤其是20世纪80年代之后）的基础上，针对现阶段国内规划界的主流编制方法与内容的不足，探讨社会研究在城市规划支持研究中的一般应用。

0.3 研究意义

从国内宏观环境发展来看，经过二十多年的改革开放，中国改革发展的方略日显清晰。从十四届三中全会(1993)通过《中共中央关于建立社会主义市场经济体制若干问题的决定》至今已有十年时间，这期间经济建设始终作为政府的中心工作，社会公共管理和服务则相对滞后。市场经济逐渐成熟的过程已引起了中国社会工作的变化，种种事实表明，如果一个社会的发展不协调，一部分人的福祉建立在另一部分人的痛苦上，这样的社会并不是人们所期待的。2003年的十六届三中全会提出了"完善社会主义市场经济体制若干问题"的决定①，从"建立"至"完善"，从某种意义上代表了本届中央领导集体的执政方略。值得关注的是，十六届三中全会对经济发展"一枝独秀"的局面作出了反应，提出"坚持以人为本，树立全面、协调、可持续的发展观，促进经济社会和人的全面发展"。已有专家对此作出诠释，认为未来中国的发展中，社会公共事业发展、民主制度发展等将得到更多扶持。

城市的发展与国家整体发展相对应，因此这也意味着城市规划在整个改革过程中同样也经历着作用和观念的转变。城市规划专业涉及的领域内容颇广，除土地使用及公共领域的空间资源配置外，还涉及社会学、经济学、运筹学、美学等诸多领域，而城市规划涉及的这些领域在城市规划中所占份额并不平均，也不

① 十六届三中全会于2003年10月14日结束，会议通过《中共中央关于完善社会主义市场经济体制若干问题的决定》。

固定,而是受城市发展阶段及主流文化意识发展的左右。换言之,城市空间的形成取决于不同城市所处具体阶段的综合条件:当经济发展在城市发展中占据主要份额时,城市经营者一般会将城市的土地及其他公共资源用于经济产出更多的活动;当政府业绩成为评价本届政府工作的重要标准时,城市决策者往往将资源主要用于任期内能够出成果、看得见的项目中。不同发展阶段对应不同侧重面,这种情况不断在城市发展中交替,而且往往还表现在多种因素的交叉影响中。

　　虽然影响城市发展的要素众多且不确定,但不论何种因素占据更主动的地位,人类社会的发展始终是城市发展过程中最根本的问题,因此社会因素始终对城市规划构成重要影响。这些因素的作用力影响着整个社会主流意识形态的演变,作为特定意识形态的表现形式,规划在很大程度上受上层建筑的制约。从规划师职业的角度能够清楚地看到,其角色影响力始终在社会强势群体和弱势群体之间权衡①。对强势群体而言,可能存在政治或经济或两者兼备的优势,而弱势群体则两者都不具备。规划服务于谁,虽然很大程度上是由一定意识形态决定的问题,而事实上规划一旦通过并付诸实施,它的影响范围就超出了意识形态的范畴,将涉及整个社会公共领域的各方面。因此,从理论上讲,对社会因素的考察和考虑应该始终贯穿于整个城市规划过程。然而虽然这种指导思想已逐步得到专业人士和相关部门的认同,但由于社会发展效应显现的滞后性,在国内规划实践中真正能做到对社会因素进行深入考察和考虑的规划很少,社会因素的介入往往只是规划中一种形式上的组成部分,并不能与整个规划有机配合。从理论与实践发展的协同关系来看,实践稍滞后于理论属于正常现象,但从国内规划界理论与实践发展的实际情况来看,一方面,规划的主流需求显得过于急功近利,"看得见工程"的形象规划受到行政主管部门领导的青睐;另一方面,规划对于社会方面的理论研究与规划实践的结合只体现在个别案例中,规划专业人员在专业(或职业)教育、理论探索及规划过程中,均少有系统地致力于理论指导实践的探索。

　　从此意义上,对社会研究在城市规划中的地位与作用重新进行审视并加以

---

①　对此,John Friedmann 总结美国规划研究的四个流派分别是:① 政策分析派(系统分析)——通过客观的科学分析作出正确的决策,过程中不关注具体政治状况或社会状况;② 社会改革派——提倡规划制度化,强调政府在社会指导中的地位,希望通过规划的努力来约束和引导政治;③ 社会学习派——通过公众参与和社会学习的过程,克服理论与实践的矛盾,体现社会公平与平等;④ 社会动员派——通过动员下层阶级的集体抗争,来改变现有的社会结构和权力结构。

明确,从理论层面进行探讨,并在此基础上结合案例研究具体内容和方法,无疑是一项具有实际意义和富有挑战性的研究工作。

0.4 研 究 设 计

0.4.1 研究框架

在第一个板块——绪论中,对本书的研究背景、主题、目标、意义及研究设计进行阐释;第1章是我国城市规划主流思想与方法——就目前我国城市规划主流方法与内容进行回顾与检讨,指出社会研究对于目前国内规划的重要和紧迫性。

第二个板块为城市规划中社会研究的历史纵向及现状研究——本书对西方城市规划发展过程中社会研究的传统、演进及现状进行回顾,对社会研究在西方规划中的运用和发展进行总结。

第三板块为横向比较研究,对城市规划与社会学在研究对象、内容和研究方法方面进行比较,并在此基础上,对应用性社会研究领域及边缘学科与城市规划相关的内容进行梳理,提出理论借鉴原则及方法援用问题。

第四个板块在纵向与横向研究的基础上,提出如何建构规划中的社会研究理论框架,并提出社会研究在现阶段我国城市规划支持研究中的一般思路。

第五个板块——案例研究中,以宏观层面及微观层面的城市规划实际案例为例,结合本书的社会研究理论建构,对城市规划中的社会研究的具体实践进行探讨。

最后,作为全书的结论部分,分别从认识论、方法论和本体论角度对城市规划中的社会研究进行总结与展望。

0.4.2 研究方法

本书的研究建立在纵向历史研究及横向学科比较研究的基础上,探讨社会研究在理论和方法方面的借鉴与援用。以规划学科发展及职业实践的完善为出发点,考察、研究并引用社会学的理论和方法论。

案例的研究以定性研究和定量分析相结合,在定性和定量方法中,以定性研究为纲、定量分析为支持。除有针对性地收集和研究已有的文献资料外,本书的第一手资料主要由两部分构成。第一部分是关于厦门市发展的各部门人士的访谈资料及市民问卷抽样调查数据；第二部分是关于上海市宝山区通河街道的居民访谈资料及居民问卷抽样调查数据。通过对文献及访谈资料的定性分析及对抽样问卷的定量分析，形成多角度观点的综合，为规划工作提供有力的社会性依据。

第**1**章

我国城市规划主流思想及方法

1.1 溯源：中国城市规划传统

中国的城市发展有 4 500 年左右的历史,直至近代才受到西方现代规划思想的影响。目前我国城市规划思想和方法在相当大程度上是吸收了苏联及西方现代城市规划思想而形成的,在此学习和运用过程中,与中国古代城市规划思想的磨合是一个必经的过程。因此在阐述中国城市规划现状之前,有必要对中国古代城市规划传统和近代城市发展的主线进行简要说明。

1.1.1 前工业时代规划思想

一般认为,中国古代规划思想形成于春秋战国(公元前 770—前 221)时期①。受儒家思想的影响,礼制在中国古代城市政权集中的宫城规划中体现突出,而宫城以外民生用地的发展则根据当时政权与经济发展的关系因地制宜形成,呈现对立统一发展的态势(见表 1-1)。由于中国古代城市建设有"重实践,轻理论"的传统,因此在规划方面并无系统的思想论述,后世对中国古代城市规划的研究依据基本源于考古发掘与对历史经书的考证②。

---

① 成书于春秋战国之际的《周礼·考工记》记述了周代王城建设的格局:匠人营国,方九里,旁三门。国中九经九纬,经涂九轨。左祖右社,面朝后市,市朝一夫。书中同时还记载了按封建等级制,不同级别城市的用地面积、道路宽度、城门数量、城墙高度等规定,以及城外郊、田、林、牧用地的相互关系。引自同济大学李德华主编,城市规划原理,中国建筑工业出版社,2001:p.13。

② 中国古代关于城镇建设与房屋建造的论述基本来源于生活实践,这些论述散见于《周礼》、《商军书》、《管子》、《墨子》等政治、伦理和经史中,至今未发现专门论述城市规划和建设的书籍留存。

表 1-1　中国古代城市发展阶段及其规划指导思想

阶　段	时　代	基本规划指导思想	城市主要空间表现
Ⅰ.雏形城市	夏、商（公元前 25—前 11 世纪）	—	主体城市结构未成形，空间形态松散
Ⅱ.古典城市	西周、春秋战国（公元前 11—前 2 世纪末）	早期礼制思想*	以大小城郭制为主，城郭职能分区明显，格局初见端倪
Ⅲ.中期传统城市	秦汉、魏晋南北朝、隋唐（公元前 2—9 世纪）	成熟的礼制思想**	向单一城垣制转化，宫城与里坊、市坊的空间依然区分，各自的格局严整
Ⅳ.后期传统城市	五代宋、元明清直至鸦片战争前（公元前 10—19 世纪中叶）	礼制思想限于宫城，宫城以外城市发展适应社会经济发展，城垣内外（城乡）统一发展	主城延续传统礼制风格，城垣外形成新厢制，坊制被街巷制替代，呈较自由形态

*　礼制形制形成，《考工记·城制》"筑城以卫君，造郭以守民"，君权（城）与民生（郭）并重；

**　统一、严格的"尊儒崇礼"礼制秩序，贯穿于整个城市。

注：本表对中国前工业时代城市发展的阶段划分参考《中国城市模式与演进》，胡俊，中国建筑工业出版社，1995：p.21。

与古代西方规划思想相似的是中国古代城市在君权象征及防卫功能方面的考虑，而不同的是东西方文化造成的规划哲学理念和世界观等深层次的差异，这也是中国在接受并与西方现代城市规划磨合中最艰难的本土化过程，涉及社会制度及社会主流意识的变迁。从对古代东西方规划理念的比较中可看出，中国古代对城市规划的认识局限于土木工程，重实务，对封建礼制（君权）及自然条件非常推崇，而对推动城市发展的社会公众力量的认识相对薄弱（见表 1-2），这

表 1-2　古代东西方规划理念比较

	东方（以中国为代表）	西　方
古代传统哲学理念	师法自然、天人合一、君权神授	征服自然、改造自然
文化思想核心	儒家礼制封建思想	市民社会民主平等观念
发展观	静止观点："天不变，道亦不变"	理想主义的规划蓝图（也是静止观点）
规划实践	重实践、轻理论	理论与实践并重*
营造技法源自	井田制和传统营建技法	西方古典建筑艺术

*　古代西方涉及城市规划的著作基本都属于建筑类的著作，例如 Vitruvius 的《建筑十书（De Architecture Libri Decem）》。

种恪守君臣等级的意识一直影响着中国的城市规划,表现为规划在中国始终以"自上而下"的形式推行,民主意识及民主基础相对行政权力而言显得薄弱。

1.1.2 近代城市规划进程

自 19 世纪中叶我国受西方资本主义生产方式入侵后,封建社会制度及经济结构逐步解体,进入半殖民地半封建社会,此后(20 世纪 20 年代之后)中国的城市发展开始受到西方现代城市规划思想的影响,在与本土城市发展的交互中,由于城市原型基础的迥异,进入一段艰难的磨合时期(见表 1-3)。

表 1-3 近代城市发展与规划进程

	发展时期	表 现
1	近代城市发展早期(1840—1894年)	以通商口岸和租界形式为西方城市规划的进入奠定了基础,与此同时,原有的"君权与民生对立统一"的城市格局逐步转变为"殖民与民生对立统一"的城市格局(君权格局由于制度的消亡而只保存了形式,不再有实质性的发展)
2	近代城市发展中期(1895—1936年)	西方资本主义经济形态全面输入,而中国本土民族资本力量也在逐步壮大。与之相应的是社会政治力量的变化:帝国主义、封建主义与官僚资本主义三股政治势力鼎立。随着租界范围的扩大及功能的日趋复杂,租界在发展中依据了当时西方现代城市规划的思想进行了系统的规划建设(只限于各租界内部),而租界以外的地区则呈放任发展的态势。这一局面促使了西方现代城市规划思想在中国本土发展的初次尝试——"新市区运动"①,秉承西方现代城市规划的社会改良思想,由地方政府或民族资本集团在各市兴办实业、倡导教育,统筹城市规划,分区建设城市的功能区,如中心城区(文化与商贸为主)、工业区、港埠区、花园区等,与霍华德田园城市的构想有一定的相似性。这些规划体现出对西方近现代城市规划思想和手法较为成熟的吸收和发扬②
3	近代城市发展后期(1937—1949年)	受战乱影响,中国对于西方现代城市规划思想的本土尝试非常有限,只局限于少数城市。抗日战争时期,城市有三方面建设:① 重工业基地和军事重地,如沈阳、哈尔滨、长春、牡丹江和吉林(虽受日军统治,但当时日本规划界也受西方现代城市规划思想和方法影响);② 内地城市,如重庆、西安、衡阳、桂林等;③ 内地中小城

① 1900 年天津市开始在旧城以北建设新市区,统一规划方格路王,在中心地带和主干道两侧配置商店、公园和展览厅,周围设置工厂及学堂,并实行"旧市区改革令",改造旧城区沿街房屋、道路,铺设排水管。1928 年北伐战争结束,国民政府倡导国家重建运动,南京、上海、广州等城市开始运用现代城市功能分区的规划思想进行城市的统一规划。

② 孙施文,近代上海城市规划史论,城市规划汇刊,1995/02。

	发展时期	表　现
3	近代城市发展后期（1937—1949年）	镇，如宝鸡、兰州等；抗战胜利后的战后复兴，城市建设一度出现短暂高潮，新一轮城市总体规划在一些大城市进行，规划吸收了更多的西方现代城市规划思想和手法，也更贴近本土城市发展实际。后因受内战困扰，城市发展再度中断。在 1949 年前，除沿海一些殖民地和半殖民地城市受西方现代城市规划思想影响外，内地大多数城市都呈较完好的封建城市面貌

　　中国古代城市发展传统稳定而连续，而进入近代后不但原有传统被迫中断，外来规划思想的吸收也受战乱冲击，在本土化过程中未形成适应自身特色且相对成熟的体系。因此体现在城市发展上，呈现极不平衡的态势，这种不平衡不仅体现在全国范围内，也体现在一些城市（尤其是半殖民地城市）内部：前者突出表现于沿海沿江地区的殖民地半殖民地城市与内地封建传统城市间的鲜明对比上，后者则表现在半殖民地城市内部传统非租界区与租界间空间地域和社会发展的矛盾上。作为承上启下的阶段，近代城市发展是中国古代城市发展的尾声，也是受西方现代城市规划思想影响的城市发展开端，而上述呈片断状发展的城市及整体不均衡的局面为规划的整合与发展提供了一个异常复杂的界面。

1.2　新中国成立后我国城市规划主流方法与内容[①]回顾

　　1949 年至 1980 年间的中国城市规划，主要受到来自苏联的城市规划思想影响，但城市建设及规划的发展进程依然呈非连续状态[②]：1949—1957 年国民经济恢复及"一五"建设时期，以及 1978 年实行改革开放政策以后，这两个阶段我国城市规划发展较为活跃；1958—1977 年间的"大跃进"、国民经济调整时期，以及后来的三线建设及"文化大革命"期间，我国规划实践受政治运动左右，时起

---

　　①　根据本书研究范畴，这里所指的我国城市规划主流方法与内容如无特别说明，指规划在研究（包括理论研究与制定实施研究）方面的相关内容，不涉及规划行政管理方面内容。
　　②　"一五"时期，在苏联专家的协助下，建立了一整套规划管理机构，先后结合城市及工业建设编制了一百五十多个城市的总体规划。然而这一过程也不连续，其中 1966—1976 年期间因"文化大革命"，城市规划工作陷于停顿。

时落,呈非健康状态,西方现代城市规划的本土化过程由此中断。至 20 世纪 80
年代全面进入改革开放后,在"把工作中心转移到经济建设上①"的思想指导下,
城市及规划重又开始发展,尤其十四届三中全会(1993)作出"建立社会主义市场
经济体制"的决定后,城市发展从单一的国家计划内项目包揽的局面,逐步转为
多元发展②的局面。此后十年间,在市场经济的深入渗透使经济飞速增长的同
时,社会主流观念意识也相应发生巨大变化,城市规划在复苏和前行的过程中,
为适应这一社会转型时期的城市发展,不断实践并研究西方现代城市规划与本
土实际情况的结合。以下就我国城市规划目前的主流状况,分别阐述规划研究
内容的水平向分布和规划类型及相应方法的垂直层次。并在此基础上,进一步
探讨目前我国城市规划理论与实践中有待完善的地方。

1.2.1 规划理论研究

在阐述我国规划研究体系内容覆盖之前,有必要对整个规划理论研究领域
进行系统概括,在理清城市规划理论研究体系的基础上,才能针对目前我国规划
研究状况形成客观评价。

(一)城市规划理论研究体系

不同学者从各自的研究角度出发,对城市规划理论研究体系的归纳不尽相
同,试列举以下三种较为典型的体系归纳:

(1) A. Faludi(1973)的"规划中的理论(Theory in Planning)"/"规划的理
论(Theory of Planning)"③。

(2) K. Linch(1981)的"功能理论(functional theory)"/"规范理论
(normative theory)"/"决策理论(decision theory)"④。

(3) 张庭伟(1991)的"城市问题内因"/"城市问题外因"/"城市系统发展机
制"理论⑤。

这些研究的共同点在于:都是从规划的角度出发,以规划为主体,城市作为客
体,将理论研究行为和方法作为两者之间的沟通工具。这一探讨角度符合城市规

---

① 十一届三中全会精神。
② 这种多元发展形式包括计划内项目、计划外自筹资金、集体、个体、外资、合资等多种开发主体并存。
③ A. Faludi, A Reader in Planning Theory, Pergamon Press, 1973.
④ K. Linch, A Theory of Good City Form, MIT Press, 1981.
⑤ 张庭伟,对规划的规划,城市规划汇刊,1991/02。

划的学科传统,也可以很好地涵盖规划在
本体论、价值论及方法论领域的研究。结
合对上述规划理论研究体系的总结,本书
基于规划本身及作为规划支持的社会研究
角度,建构理论研究体系,即**核心领域**——
针对城市规划学科的研究对象,研究城市
物质空间、设施及其发展规律,内容包括土
地使用、道路交通、市政工程、公共设施等;
拓展领域——指城市规划所依托的城市环
境,包括制度环境、社会环境、人文环境、经
济环境、生态环境等;**本体领域**——在核心

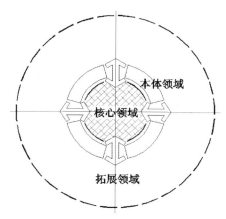

图 1-1　城市规划理论研究体系

领域和拓展领域内部及两个领域之间,城市规划理论研究需要通过建构合理的认
识论和方法论(这一过程本身也属于规划本体论方面的内容),实现对这两个领域
及相互关系的客观认知(其中也包括对实践的理论研究),同时在这一认知过程中,
还将不断促进和完善本体方面的认知——这两方面认知的进步呈相辅相成的关系。
这三个领域在整个规划理论体系中的相互关系可通过图 1-1 和表 1-4 体现。

表 1-4　城市规划理论研究体系内容

	研　究　范　畴	研　究　内　容
核心领域	城市规划的研究对象	城市物质空间、设施及其发展规律
拓展领域	与规划支持研究相关的领域	包括政治、经济、社会、生态、科技等
本体领域	规划自身本体论和方法论方面的研究	规划的功能、规划师的职责、规划工作方式方法等

(二)我国目前规划理论研究的尴尬

对于上述城市规划理论研究的理想体系模型,不同国家在不同发展阶段,研究内
容受实际需求影响会有所偏重,但从规划研究总体发展趋势来看,重要的是能够促进
三个领域相互间互为动力,保证研究在三者中间建立一种利于发展的动态平衡状态。

从我国城市规划发展传统来看,早期规划基于工程实践的传统,理论研究对
规划中的核心领域非常重视,尽管在随后的发展过程中意识到拓展领域中的经
济、社会政治等内容的必要性,但不论从借鉴的内容或是方法上,均对拓展领域
与核心领域之间的辩证关系及实际应用缺乏足够重视,表现在对拓展领域的研

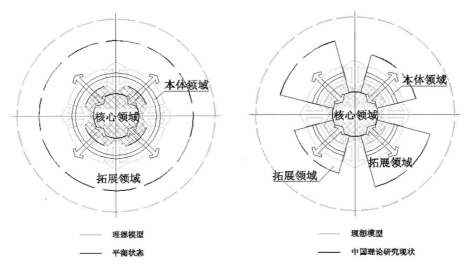

图 1－2　实际理论研究中的理想平衡状态　　图 1－3　我国理论研究的片断化现状

究以局部借鉴为主要方式,未形成一定的体系,且应用目的十分直接,造成"各种知识广泛但不够严谨,缺乏整合地被吸收,势必使规划理论的总体形态呈现为不连续的片断"(M. Batty,1979)。虽然这种片断化状况普遍存在于整个规划理论研究中,但在中国规划理论研究中表现得更为突出。

　　从目前我国规划在本体领域的研究现状来看,基本上脱胎于西方现代城市规划思想的研究传统,但不连贯的历史发展使本体领域的研究没有形成类似于核心领域研究那样相对完整的体系。换言之,我国规划研究在本体论和方法论方面的基础非常薄弱,这种状况不仅影响到规划本体领域的自身发展,更影响到理论对规划实践的指导成效。由于目前我国社会转型过程中社会经济方面问题的突现,促使规划界在寻求理论支持的过程中,自然而然地采取借鉴市场经济成熟的发达国家和地区的规划经验,虽然这种借鉴方式在某些领域表现突出,但同时应当看到这一捷径过程中存在两方面的危险:首先,发达国家和地区的规划研究自身尚有待完善,且借鉴本身属于规划研究本体领域的课题,借鉴过程中可能出现更为片断化的局面(这种可能性非常大);其次,我国市场经济的社会和政治体制背景有别于其他国家或区域,即使在社会经济水平具有可比性的阶段,也应当十分小心某些特殊因素的存在。因此,规划经验借鉴的本土化过程不完全是理论借鉴可以解决的问题,它同时还需要不断地通过本土实践将理论付诸行动,在实践过程中探索并形成经验。更为重要的是,还需要将经验转译归纳为理论,进一步指导后续的实践。此外,规划在积极完善自身的过程中,还应当始终保持一种客观而公正的自我认识,即规划作为促进社会整体进步的公共干预手段之一,并非万能,需要与其他手段协同努力。

针对我国近年来规划研究的选题特点,国内学者林炳耀(1997)总结后认为存在三方面问题:① 承袭国外 20 世纪 30—60 年代的研究领域(如城镇体系发展研究、城市总体结构研究等)多,当代具有前沿性的选题(如科技进步带来的城市影响)少;② 跟踪性研究多,前瞻性研究少;③ 研究内容涉及狭义规划范围内的多,探讨与规划相关的社会、环境、政治、经济、人口、资源利用的课题少①。

目前,国内规划实践中普遍存在的一些非理性的盲目现象与我国规划理论界这种进退维谷的局面有着直接关系。从城市发展历史过程中可总结出,虽然处于社会转型和经济快速增长时期的城市建设总会更频繁地出现问题,但理论研究的优势比实践更理性、更中立、更前瞻,可以涉及更多在实践中暂时无法触及的领域,且其对规划实践的指导意义与生俱来。从这层意义上讲,在对某些热点问题深入研究的同时,致力于整合理论研究体系的片断化现状能够促进规划理论的持续发展与完善,更有效地引导规划实践行动。对规划自身发展而言,"可持续"同样是不变的宗旨,只有在规划研究的三个领域中建立起一种均衡的发展态势,才可能从理论层面保证规划干预的行之有效。

1.2.2 规划类型、方法及相应内容

在对我国规划理论研究基本状况评述的基础上,可对目前我国规划实践中不同层面(垂直向)规划的内容和方法做简要归纳,以进一步研究现状规划编制体系对城市社会问题的立足点。

(一)法定规划类型与主要内容

中国城市规划正式立法至今约二十年时间②,目前我国城市规划的基本依据是 1989 年颁布的《中华人民共和国城市规划法》(以下简称《城市规划法》)。依据《城市规划法》第二章相关条文及建设部随后发布的相关配套法规规章③,我国现行的法定城市规划编制体系包括总体规划阶段和详细规划阶段(见表 1-5)。

---

① 林炳耀,21 世纪城市规划研究的前沿课题,城市规划汇刊,1997/05:p.1。
② 1984 年 1 月由国务院颁布第一部城市规划行政法规——《城市规划条例》,在此基础上又于 1989 年 12 月经全国人大常委会通过我国第一部城市规划核心法律——《中华人民共和国城市规划法》。
③ 《城市规划编制办法》(1991 年 9 月 3 日建设部令第 14 号发布)、《城市规划编制办法实施细则》(1995 年 6 月 8 日建规字 333 号文发布)、《县域城镇体系规划编制要点(试行)》(2000 年 4 月 6 日建村[2000]74 号文发布)、《村镇规划编制办法(试行)》(2000 年 2 月 14 日建村[2000]36 号文发布)。

表 1-5　我国规划各阶段类型及相应工作

编制阶段	规划类型	主　要　任　务	主　要　内　容
总体规划阶段（宏观层面）	城市规划纲要	研究确定城市总体规划的重大原则，并作为编制城市总体规划的依据	■ 论证城市国民经济和社会发展条件，原则确定规划期内城市发展目标 ■ 论证城市在区域发展中的地位，原则确定市（县）域城镇体系的结构与布局 ■ 原则确定城市性质、规模、总体布局，选择城市发展用地，提出城市规划区域范围的初步意见 ■ 研究确定城市能源、交通、供水等城市基础设施开发建设的重大原则问题，以及实施城市规划的重要措施
	城镇体系规划*	综合评价城镇发展条件；制订区域城镇发展战略；预测区域人口增长和城市化水平；拟定各相关城镇的发展方向与规模；协调城镇发展与产业配置的时空关系；统筹安排区域基础设施和社会设施；引导和控制区域城镇的合理发展与布局；指导城市总体规划的编制	■ 综合评价区域与城市的发展和开发建设条件 ■ 预测区域人口增长，确定城市化目标 ■ 确定本区域的城镇发展战略，划分城市经济区 ■ 提出城镇体系的功能结构和城镇分工 ■ 确定城镇体系的等级和规模结构 ■ 确定城镇体系的空间布局 ■ 统筹安排区域基础设施、社会设施 ■ 确定保护区域生态环境、自然和人文景观以及历史文化遗产的原则和措施 ■ 确定各时期重点发展的城镇，提出近期重点发展城镇的规划建议 ■ 提出实施规划的政策和措施
	城市总体规划	综合研究和确定城市性质、规模和空间发展形态，统筹安排城市各项建设用地，合理配置城市各项基础设施，处理好远期发展与近期建设的关系，指导城市合理发展	■ 市（县）域城镇体系规划** ■ 确定城市性质和发展方向，划定城市规划区范围 ■ 提出规划期内城市人口及用地发展规模，确定城市建设域发展用地的空间布局、功能分区，以及市中心、区中心位置 ■ 确定城市对外交通系统的布局及车站、铁路枢纽、港口、机场等主要交通设施的规模、位置，确定城市主、次干道系统的走向、断面、主要交叉口形式，确定主要广场、停车场的位置、容量 ■ 综合协调并确定城市供水、排水、防洪、供电、通讯、燃气、供热、消防、环卫等设施的发展目标和总体布局 ■ 确定城市河湖水系的治理目标和总体布局，分配沿海、沿江岸线 ■ 确定城市园林绿地系统的发展目标及总体布局 ■ 确定城市环境保护目标，提出防止污染措施

续　表

编制阶段	规划类型	主 要 任 务	主 要 内 容
总体规划阶段（宏观层面）	城市总体规划	综合研究和确定城市性质、规模和空间发展形态，统筹安排城市各项建设用地，合理配置城市各项基础设施，处理好远期发展与近期建设的关系，指导城市合理发展	■ 根据城市防灾要求，提出人防建设、抗震防灾规划目标和总体布局 ■ 确定需要保护的风景名胜、文物古迹、传统街区，划定保护和控制范围，提出保护措施，历史文化名城需编制专门保护规划 ■ 确定旧区改建、用地调整的原则、方法和步骤，提出改善旧城区生产、生活环境的要求和措施 ■ 综合协调市区与近郊区村庄、集镇的各项建设，统筹安排近郊区村庄、集镇的居住用地、公共服务设施、乡镇企业、基础设施和菜地、园地、牧草地、副食品基地，划定需要保留和控制的绿色空间 ■ 综合技术经济论证，提出规划实施步骤、措施和方法的建议 ■ 编制近期建设规划，确定近期建设目标、内容和实施部署
	分区规划	在总规基础上对城市土地利用、人口分布和公共设施、城市基础设施的配置作出进一步安排，以便与详细规划更好地衔接	■ 原则规定分区内土地使用性质、居住人口分布、建筑及用地的容量控制指标 ■ 确定市、区、居住区级公共设施的分布及其用地范围 ■ 确定城市主、次干道的红线位置、断面、控制点坐标和标高，确定支路的走向、宽度及主要交叉口、广场、停车场位置和控制范围 ■ 确定来办的系统、河湖水面、供电高压线走廊、对外交通设施、风景名胜的用地界线和文物古迹、传统街区的保护范围，提出空间形态的保护要求 ■ 确定工程干管的位置、走向、管径、服务范围及主要工程设施的位置和用地范围
详细规划阶段（微观层面）	控制性详细规划	以总规或分区规划为依据，详细规定建设用地的各项控制指标和其他规划管理要求，或直接对建设作出具体安排和规划设计	■ 详细规定规划范围内各类不同使用性质用地的界线，规定各类用地内适建、不适建或有条件允许建设的建筑类型 ■ 规定各地块建筑高度、建筑密度、容积率、绿地率等控制指标；规定交通出入口方位、停车泊位、建筑后退红线距离、建筑间距等要求 ■ 提出各地块的建筑体量、体型、色彩等要求 ■ 确定各级支路的红线位置、控制点坐标和标高 ■ 格局规划容量，确定工程管线的走向、管径和工程设施的用地界线 ■ 制定相应的土地使用与建筑管理规定

编制阶段	规划类型	主　要　任　务	主　要　内　容
详细规划阶段（微观层面）	修建性详细规划	指导各项建筑和工程设施的设计和施工	■ 建设条件分析及综合技术经济论证 ■ 作出建筑、道路和绿地等空间布局和景观规划设计，布置总平面图 ■ 道路交通规划设计 ■ 绿地系统规划设计 ■ 工程管线规划设计 ■ 竖向规划设计 ■ 估算工程量、拆迁量和总造价，分析投资效益

注：＊城镇体系规划是总体规划的组成部分，这里将其单列是为了强调其在区域协调层面的重要性；

＊＊设市城市编制市域城镇体系规划，县（自治区、旗）人民政府所在地的镇编制县域城镇体系规划，编制内容同上。

本表内容根据《城市规划法规文件汇编》（全国城市规划执业制度管理委员会）相关内容整理。

　　上述这两个阶段规定的规划内容（尤其详细规划阶段）明显着重于规划的核心领域，涉及社会等拓展领域的支持内容非常有限，虽然规划的核心领域是规划最终需要落实的问题，但缺乏拓展领域相关内容的支持研究（或研究不足），规划的内容将显得单薄，并且实施可能与实际作用都不免大打折扣。

（二）规划实践内容的构成

　　规划实践工作构成主要有以下三方面：首先是规划的目标与方法，规划目标的设定很大程度上受制度环境的影响。C. Lindblom（1968）认为，城市规划中的问题指认和目标设定是"政治"和其他非理性因素介入城市规划过程的切入口[①]。因此，规划从一开始就表现出明显的社会政治属性；规划方法相对于规划目标的设定而言，偏向规划技术问题，但在方法的选择和组织过程中带有较强的个人主观判断。其次是对规划依据的论证过程，通常规划师会通过调查搜集相关资料，在分析的基础寻找论据，完成论证。这一过程中的问题往往出现在信息不完全和受制于既定的规划目标上，因此需要借助对相应领域进行支持研究来尽量使规划依据更充足。第三是规划的工作内容，狭义的规划工作内容通常通过规划成果（plan）形式出现，广义上则包括了实践中的所有工作内容，本书涉及广义规划实践内容中的社会支持研究部分。

---

　　① C. E. Lindblom，决策过程（The policy-making process，1968），竺乾威、胡君芳译，上海译文出版社，1988。

1.2.3　国内主流规划方法与内容的不足[①]

(一) 总体层面

国内目前主流规划方法以上述核心领域内容为主要方向,而对拓展领域中相关学科研究内容的应用存在认识和应用途径上的不足,因此,在本体论范畴存在相应的方法论缺陷。理论思想的问题反映在规划实践中,表现为规划方法与规划目标之间往往产生偏离,规划在有限的知识领域中难以控制更广泛的社会发展,致使规划与实际发展需求之间存在差距(见表1-6)。

表 1-6　国内主流规划总体层面的不足

		表　　　现
理论	核心领域	内容和研究方法已形成一定体系,但在深度上还有待完善
	拓展领域	对拓展领域内部及各部分之间关系的研究不足(尤其是社会研究方面)
	本体领域	对规划学科本质——社会属性(广义范畴)的认识不足
实践	目标与方法	方法与目标产生偏离,规划评审制度、规划操作不规范
	工作内容	无法适应市场经济体制下社会的客观需求,也未能正确引导需求
	规划依据*	缺乏系统的拓展领域的理论依据和操作规范

*　包括规划实践的理论依据和操作依据。

(二) 在本书研究界定范畴内的问题

作为规划支持的社会研究,本书所关注的焦点问题主要集中于规划理论研究中的本体领域和拓展领域,以及规划实践中的目标与方法及规划依据。需要说明的是,这一界定并非将规划理论的核心领域排斥在外,因为规划的核心领域是规划最终要落实的领域,是不可回避的核心内容,而本书所探讨的规划支持和社会研究从根本上是为了能够更好地提升核心领域。

(1) 思想上习惯性地忽视规划的社会根源及其影响

由于规划类型不是本书讨论的主题,因此在这里不加评论。本书将探讨的是城市规划过程中(包括理论研究和实践)对于本体论和方法论的思考。目前国内规划师主流的思维和工作方法均是将物质和形态方面的规划作为主要工作对

---

①　这里的讨论限于本书研究界定范畴,主要针对主流规划实践中看重物质空间及设施布局,而对布局背后的趋势力缺乏认知及探索热情的现状进行反思。

象和工作内容,对物质形态背后本质的推动和支撑力量(即拓展领域中的因素及其相互关系)持故意忽视的态度①。不可否认的是,物质形态是城市规划必须控制的核心内容,而从系统的角度出发,物质形态并非孤立存在,没有经济、社会活动存在,没有政治、文化支持,物质形态就不具有任何意义。因此,这种故意忽视使只考虑物质形态的规划(可能有社会经济方面的内容,但也只是形式上的点缀,没有真正起到应有的作用)也相应的缺乏实际意义。

(2)规划编制及研究体系中的厚此薄彼

规划实践操作中,规划师做出了很多方面的努力和尝试,例如在前文所述的法定编制体系基础上会出现一些形式和内容深度上的拓展,比如增加不同层面的城市设计内容,或对规划实施和管理进行引导等,但主要是关于物质形态方面的细化、和强制性的措施弥补,而对于支持规划(使规划能够合情、合理、站得住脚)的拓展领域方面考察和求证的尝试则十分有限。

(3)规划体制及其运作中的观念陈旧

保证宏观和微观这两个层面一系列规划能够付诸实施的是规划的审批环节,我国目前的规划审批根据城市等级、规划类型实行分级审批制度,而目前此环节中应考察的规划的可实施性(实际上规划的可实施性很大程度在于其所依赖的经济、制度和社会因素)往往相对集中于经济因素,对制度及社会因素的考察也非常有限。在工作目标认知和工作方法方面,虽然国内规划界对于"规划就是编制规划方案,勾勒出规划范围内和一定年限内希望实现的某些终极状态的蓝图"这样观点的批判已普遍接受,但规划的核心内容中"蓝图式"的物质规划仍占了绝对比重。目前主流的规划编制过程及工作方法介于 Geddes 的经典规划程序和 20 世纪 60 年代英美盛行的过程控制程序方法之间,绝大多数规划实践的工作程序依然是:目标→调查→分析→方案,其中部分规划会在进行过程中实施比较方案的局部循环,以评价和选择最后方案,但对于规划通过评审后的继续监督和信息反馈等环节则很少行动。张兵(1998)认为,目前我国的规划编制工作没有能够进入一种根据实施反馈的信息经常进行调整和不断适应的主动积极状态。城市规划师仍然习惯于用规划图纸(plan)对照规划过的城市开发的状况来判定城市规划(planning)的有效或失效,城市规划(plan)还是被孤立地看作是实施的对象,而不是从制度环境的分析出发,作为一种实施政策的工具来看

---

① 从业内交流和探讨中可看出,国内多数规划师并非不知道或不理解物质形态背后的支撑因素的存在,但这种认知只停留在知晓阶段,在实际工作中,往往机械地根据传统或惯例进行操作,疏于探究这些因素在规划中的真实作用,因此这种忽视可视为一种故意的忽略。

待。这种看法反映了目前我国规划实践中普遍存在的指导思想和工作方法上的问题。城市规划对整个城市发展而言起到的是一种规范控制作用，而不是创造，因此规划主要的社会功能在于为城市发展在物质空间方面提供更有利的可能，规划师应当做的就是尽量多地考虑支撑城市物质形态发展的相关因素，以支持城市发展在物质形态方面的策略形成。

在此基础上，针对这一阶段中我国主流规划中的不足，本书提出作为规划支持的社会研究的概念。对此有两点需要说明：首先，社会研究作为规划拓展领域中的要素之一，之所以成为本书的关键内容是由于目前我国社会转型过程中社会矛盾相对突出，但由于经济增长需要，经济因素始终成为拓展领域首要考虑的问题，社会矛盾没有得到应有的重视。而忽视经济、社会间的不均衡必然影响城市的长远发展。其次，社会研究作为城市规划的一种支持力量，不同地区不同层面不同类型的规划需要考虑的社会因素也不尽相同，在某些规划中，如城市的旧区改造，涉及的社会矛盾相对突出，相应的社会研究比重会较大，而对于一些新开发的地区，牵涉的既有社会问题相对较少（如果原住民利益涉及面广，也可能是社会矛盾相对突出），社会研究的侧重和内容就会偏向于对已有的、具可比性的地区进行经验研究分析。因此，从规划实践角度出发，在城市规划中的社会研究不仅仅属于经验研究和技术应用支持，更应当成为规划的有机构成。

本书后面章节将对城市规划中社会（关注）研究的历史延续、理论、方法及实践进行探讨，并在此基础上建构规划实践为导向的社会研究框架。

第二部分

纵向发展研究——理论与实践①的回顾和评述

---

① 根据本书研究主题,这部分纵向研究主要就方法角度上进行探讨。

第2章
规划的社会思想传统
—— 社会研究影响城市并运用于规划的历史探讨

　　城市规划作为社会科学中的一个应用分支,在形成自身理论和方法体系的过程中,对社会学理论与方法的融会贯通是一种历史传统,同时也是一种发展趋势:一方面表现在规划师角色的立场与观点的渐变中,另一方面则表现在人们对这些理论思想及其实践达成认同的过程中。事实上,规划对于城市发展中各种因素的协调始终贯穿于整个城市规划发展历程,只是受当时社会发展主要矛盾及主流意识的影响,会表现出特别关注某些因素的现象,而不变的是社会的进步。城市社会因素是规划永恒的议题之一,现代城市规划对社会问题的关注程度历经了正→反→合的辩证性发展①,这个过程反映在由感性地侧重关注社会改良,到倾心于规划技术的提高及工程实践的具体操作(即关心城市物质形态方面的规划),然后又回到对城市社会问题的理性重视上来。以上描述的对城市社会问题关注程度的偏移主要指当时规划的主流倾向。在此过程中,人们对规划实施结果的反映也一直在适应和抵触之间摇摆②,这种情绪的反馈对城市规划理论的发展起着重要的启示作用:当经济发展较热的时候,各界的主流关注点主要集中于与经济增长直接相关的方面,反映到了城市规划中,就表现为对与经济产出紧密关联的土地的关注上;而一旦经济增长的动力开始衰竭,关注点就深入到怎样阻止这种衰竭继续恶化——这就必然牵涉研究与之相关的社会机制、社会产能等一系列社会运作问题,并研究怎样矫治,表现在规划研究中对各类社会问题的觉醒上——这种互动始终贯穿于城市建设历程中,并且不是二元对立的,两种状态始终共存着并发展着。指导思想上的反复使得作为规划支持的社

---

　　① 这种辩证性的发展是指体现在主流规划思想中的内容。事实上,任何时期都有规划师不同程度地对社会问题表示关注。

　　② 这种摇摆在公众对规划的态度方面表现得尤为显著,对整个社会发展而言,这是整体社会素质的提升和对人权的尊重;对规划发展而言,则更多地要求规划加强对社会因素及反馈的重视。

会研究始终未能持续而有效地发挥应有的作用。

以下首先就城市规划中对社会问题的关注——社会支持研究做一个简单的归纳，分别从理论研究和实践的角度进行探讨。为更清晰地观察历史纵向发展，根据规划与社会问题的相互关系及社会研究在规划支持研究中的实际运用状况，将规划发展划分为五个阶段①：理想阶段（19 世纪 90 年代前）、起步阶段（1891—1915 年）、过渡阶段（1916—1945 年）、转折阶段（1946—1960 年）和实质阶段（1961 年至今）。这期间反映了城市规划思想与社会改良（有时更激进地表现为改革）思想间的相互影响与促进，同时，从中也可看出社会研究在城市规划中的位置随城市问题主流发展需要的演进过程。

2.1 理想阶段（19 世纪 90 年代前）——现代城市规划形成之前的乌托邦社会思想

2.1.1 以建筑理念为先导的乌托邦形式主义传统：非深思熟虑的社会体现形式

自柏拉图之后，至现代城市规划思想形成以前，城市发展史上有过若干乌托邦（Utopia）理想城市的设想，这些设想者可以看作是城市规划师的原型。乌托邦思想的根源可以追溯到古希腊的城邦②，据史料描述，以雅典为代表的城邦中，市民的社会生活所表现出的状况比当时的城市建设要成熟和完美得多。从思想角度看，当时的理性改造思想在某种程度上是建立在人文主义思想和社会倡议的基础之上③。以现今的标准来评判，更值得肯定的是当时社会普遍信仰人与社会自由发展的理想，当时这种理想的持有状态比理想承载的载体——城市空间设施状况表现得更为成熟。虽然希腊化时代的城市在城市建设方面比古希腊要进步许多，城市"清洁、整齐、组织良好、优美完整④"，然而在社会运行状态方面显然不如古希腊城邦那样具有活力与生机。从这一

---

① 划分标准参照吴志强，《百年西方城市规划理论史纲》导论，城市规划汇刊，2000/02：p. 11。
② 公元前 6 世纪末，希腊城市开始成形。
③ 被亚里士多德誉为应用规划方面革新者的希波达莫斯，"他的真正革新之处在于，他认识到城市的形式即其社会结构的形式这一原则；还在于，欲改造一座城市的形式，必须同时对其社会结构也进行相应的改变。他似乎也认识到，城市规划不应只是一种直接的实用目的，而是一种更大尺度的理想目标"（拉维丹 Lavedan，同 10：p. 132）。
④ 引自刘易斯·芒福德，城市发展史——起源、演变和前景，影印本：p. 130。

时期的实际规划理念和手法看,主流思路倾向于形式主义的设想①,例如亚里士多德在《政治篇》中对理想城市规划思想是这样描述的:"包括 1 万个市民,共分成三部分:一部分是工匠,一部分是农民,另一部分是国家的武装保卫者。他(希波达莫斯)把国土也分成三部分:一部分为宗教用地,一部分是公共用地,另一部分是私用土地。第一部分是分出来供常例的敬神活动用的,第二部分是供养武士用的,第三部分是农民的私产。"②这段描述显示,当时规划设想中的城市形式、大体分布与当时的社会生活有着密切联系,但这显然是凭主观判断产生的臆测,与社会生活联系的规划表述只是某种规划形式的主观依据,而非建立在深思熟虑的规划基础上。希腊化时代的规划师们③的普遍共识是:"难道不能把城市本身当作一件艺术品那样,任意设计任意建造吗? 乌托邦无非就是立体几何的一种新的应用,它设想所有的理性人都愿意做这样的社会几何学家。"④

将古希腊的城邦与希腊化时期的城市比较是有趣的:资料显示,虽然古希腊城邦尚未形成规划概念,但自由平等的主流社会意识促使理想市民成为城邦的有机主体,因此当时对城市社会的关注是全民性的共识,是科学及技术的局限使得理想市民们所生活的城市并非那样理想,城邦中无论卫城或聚居区都表现出个性放任的一面。希腊化时代的规划对城市社会问题的关注主要受当时社会精英左右,他们对城市社会结构与城市建设的理解趋于简单和理想化,并推崇以几何理性的形式表达规划思想。正是这种简单理想化的理解使社会精英们忽视了城市自身的基本生活活动,忽视了城市活动的多元混杂。这使城市发展在形式齐整的同时失去了古希腊城邦的自由活力。

2.1.2　空想社会主义者的社会改良理想及规划尝试:规划关注城市社会的开端

乌托邦理想作为一种缺乏事实根据的主观愿望,虽然很难起到切实的作用,但其对社会意识的冲击作用是值得肯定的。对于非统治阶级或不具有建设城市

---

① 形态的概念(morphological concept)源于西方古典哲学思想及其衍生出来的经验主义哲学(empiricism)。对于形态的把握主要包含两种思路:① 从局部到整体的分析过程;② 强调客观事物的演变过程(evolution)。
② 引自刘易斯·芒福德,城市发展史——起源、演变和前景,影印本: p. 132。
③ 如希波达莫斯(Hippodamos,公元前 5 世纪的希腊建筑师)、豪斯曼(Haussmann,1809—1891,法国行政官,以改善市政建设闻名)等,他们都是人文功能与城市空间的规划师和组织家。
④ 引自刘易斯·芒福德,城市发展史——起源、演变和前景,影印本: p. 131。

实权的阶层而言,通过影响社会意识来获得认可是改良社会的第一步,也是关键的一步,直接影响其思想是否可以找到帮助其实现理想的同盟。在城市规划成为学科及职业化之前,城市建设处于两极分化状态——自发建设或严格尊崇某一形式而建设,此时理想社会与理想形式的结合是获取支持的最具煽动性的方式,这促使空想社会主义成为资本主义早期具影响力的社会改良思想之一,其产生的诱因是由于社会发展的平衡突然被打破,社会资源配置受资本扩张的强大力量左右,在几乎没有控制的状况下迅速被掠夺并集中于少数人手中,早期资本主义在城市发展方面表现出的是与技术进步相背道而驰的历史倒退,从而致使社会矛盾骤增变得不可避免。

现代城市规划出于加强对公共资源配置的协调控制,其产生的直接原因是城市发展规模与速度超出了城市自然生长的承载能力,如不通过外力主动干预,城市系统将面临崩溃。托马斯·莫尔(Thomas More,1477—1535)于16世纪针对资本主义城市与乡村的脱离和对立,以及私有制和土地投机等所造成的种种矛盾,提出了空想社会主义的乌托邦①,这为后来的城市规划理论奠定了关注社会问题的基础,并一直影响着以后的城市规划发展。

真正从社会改良角度开始关注城市社会问题的最著名的乌托邦思想是由欧文(Owen)、圣西门(Saint-Simon)、傅立叶(Fourier)等空想社会主义者提出并实践的以产业(工厂和农庄)为中心的自给自足的单位(合作社)②。导致这种思辨的直接原因是19世纪工业革命对城市生活造成的空前的颠覆性改变,在工业革命早期,城市发展过程中功利主义色彩占了上风,文艺复兴时期人类的自我认识,人本精神被片面地转化为对人的理性认识能力的考察,理性成为人们评判一切的主要标准。而此时的理性是以技术和生产为本的理性,这决定了城市发展

---

① 李德华主编,城市规划原理(第三版),中国建筑工业出版社,2001:p.21。
② 欧文所建议的对贫困问题的解决办法是,使贫民从事生产。为此他主张组织所谓"新协和村(New Harmony)",由500到1 500人组成这样一个村,大家一道在农场或工厂中工作,各自构成一个自给自足的单位。家族则住在密集在一起的"方形屋子"里,每户各有私室,至于起居室、阅览室和厨房则几户公用。孩子在三岁以上膳食即分开,养成他们将来易于接受一种教育的熏陶,从而形成他们的优良性格。在学校的周围是花园,由稍微大些的孩子照料,园外就是大片田地,供种植作物。在住宅的远处是工厂单位,这实际上将是一个有计划的田园城市,一种集聚区,一种公社。
傅立叶的社会改良处方:把社会组织成若干"法郎吉"(Phalansteres),即由一些大型旅馆构成,其布置有点像欧文的合作村。他对旅馆的设想是这样的:其间有一个主要建筑物(旅馆的各种各样的房间及其面积的大小都想到了),环绕其周围的是农场和工业企业。旅馆内的住所在等级上有高低之别,可以按照你的财力随意选择——一等、二等或三等,你在静居独处方面,需要达到什么程度就达到什么程度(包括在室内用膳)你如果需要文化方面的熏陶,可以使你恰如其价地如愿以偿。每个人每天得工作几个小时,工作分工由个人对工作的喜好分配。傅立叶认为整个"法郎吉"的利润将达到30%,作为公共利润,它的分配是5/12属于劳动,4/12属于资本,3/12属于"才能"。

的核心内容是为了满足商业和生产的需要而非人的生活需求。此外,盲目的生物进化思想使"工业家和市政官员遵循他们认为的自然界发展的道路,生产出了城镇的新的物种,这种城镇是被摧毁得枯萎的,失去自然属性的、挤满人群的地方,它并不适应生活的需要……"①物极必反,技术理性的膨胀促使了人文情感的回归,空想社会主义者对早期资本主义在经济和政治方面的不公平表示出强烈的反感,希望能够通过建立一个全新的社会来彻底摆脱资本主义的桎梏。**对社会问题的关注,尤其是对社会底层的关注是空想社会主义思想的出发点**(虽然他们的最终目的是为了上流社会的切身利益)。

2.1.3　本节评述

(一)规划思想基础:市民社会理想原型与城市社会的创建

从规划思想发展角度考虑,希腊化时期的理想城市的规划设想局限于当时的社会发展条件,目的并非出于对城市社会问题的反思,而是一种信奉"理性手段能将尺度和秩序强加给人类活动的每一个领域②"的人类的改造自然的信念;**从技术角度看**,严密的自然科学(包括地理学、数学、天文学、医学等)在这一时期③形成,某种程度上促使技术理性成为崇尚的对象。因此,这个时期的规划设想从其思想根源上看,与其说是对城市布局形式的设想,不如说是对城市社会形态的一种行而上的技术构思。由于缺乏对城市社会生活客观真实的认识和理解,规划师们的乌托邦思想受到了当时主流文化的抨击,思想上的天真与技术上的高难度最终使社会理想变成幻想④。然而这种乌托邦城市理想毕竟顺应当时社会意识产生,**从自由平等的社会风尚到流于形式主义的城市理想,良好的主观愿望与客观社会实际间契合的问题开始成为城市发展的研究者的挑战,此后的规划思想始终延续着这一理想社会传统。**

　　同样良好的愿望在 19 世纪的空想社会主义者们身上表现得更为突出,倡导的思想,及创建新型社会的尝试也更接近社会大众,但仍然没有从根本上改变已有的社会状况。虽然倡导者们试图使空想与实际改革的联系看起来更紧密,并提出了具体实施的设想方案,但他们倡导的有计划的社会团体制度在当时放任

---

① 引自刘易斯·芒福德,城市发展史——起源、演变和前景,影印本;p.335。
② 引自刘易斯·芒福德,城市发展史——起源、演变和前景,影印本;p.131。
③ 即希腊化时期。
④ 但他们的理想形式通过规划城市的布局得以存在并传承下来,这些经典的平面布局形式至今仍在局部城市设计中沿用着,例如后来演变成为巴洛克风格的圆形(或方形)广场和放射状街道、棋盘式布局(这种布局后来被误认为是美国所特有的,事实上这种布局在东西方古代城市中十分常见)等。

自由的社会主流观念看来是多余且不切实际的①,这是空想社会主义者遭遇的时代障碍;另一方面,空想社会主义者们出于良好主观愿望的设想的确存在诸多问题:首先,在空想社会主义思想存在的时代,城市发展正经历着前工业时代的城市格局适应工业时代早期快速增长的过程,而在此之前,城市发展与产业经济增长之间的差距从未如此之大,而此时与资本主义社会运作相关的一系列制度都未建立,社会的容忍度十分脆弱,这种短时期内迅速拉大的差距所引起的矛盾首先反映到了贫富差距和城市环境上。但这些并未体现在空想社会主义者们的社会改良设想中,他们对当时城市状况尚未形成客观认识,更无从产生系统而具体的方案,所谓的"全新的社会",凭空设想的成分大于实施计划的成分,因此,设想流于空想不可避免。其次,作为改良社会的计划,没有来自实权阶层(上层)及公众(中下层)的支持和理解,加上空想社会主义者脱离社会主流的特立独行,其支持者局限在很小范围内,从而缺乏广泛的社会基础支持。第三,空想社会主义者试图将社会改良提升到建立一个新社会的理论高度,却忽视了对现有体制的客观审视。此外,倡导者们希望说服上流社会来进行一种自上而下的改革,但其设想的操作方式却是从底层社会开始的自下而上的改革。这一先天性的缺陷使上流社会对既得利益的割舍持怀疑态度,而下层公众则更困惑于计划对自身的安排,因此空想社会主义思想家以理想城市为蓝本的城市建设实践不可避免地以失败告终②。

(二)社会关注方式:主观想象与脱离社会的尝试

工业革命期间的空想社会主义与早期乌托邦思想的本质不同在于其主要的目标指向是针对社会的改造,土地使用空间形式只是对设想成为现实的一种诠释,其目的是为了说服上流社会,并使他们接受这种改革的观点,即自上而下的社会改良可促进社会的良性发展。

从对城市发展干预进而达到改良社会这层意义上讲,乌托邦思想不论其实际成功与否,已意识到要达到一定的政治、经济或社会目的必须通过一定的土地使用形式予以空间支持,虽然他们并没能有目的地将城市土地使用或空间形态方面的问题(当时尚未形成这样的规划概念)与城市社会发展联系起来,但**以计**

---

① 持怀疑态度的意见不仅来自实权阶层,同时也来自民众,当时的公共舆论对空想社会主义者们的倡议表现出不屑与厌恶,认为这根本是一场闹剧。缺乏权力支撑与社会基础的空想社会主义其悲剧前景几乎是注定的。
② 虽然空想社会主义的城市改良实践遭到了现实的打击,但改良思想的副产品工会运动却从此蓬勃发展起来。

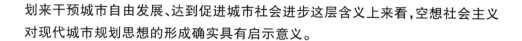

划来干预城市自由发展、达到促进城市社会进步这层含义上来看,空想社会主义对现代城市规划思想的形成确实具有启示意义。

2.2 起步阶段(1891—1915年)——从田园城市构想到社会性区域综合实践

霍华德(E. Howard)的"田园城市"理论被认为是现代城市规划理论的开创思想之一①,由此霍华德也被认为是现代城市规划的先驱思想家之一②。从1900年到第二次世界大战以后的城市建设,田园城市思想一直都在西方城市规划中占据着一定位置,从霍华德的名著《明日! 一条通向真正改革的和平之路》(Tomorrow! A Peaceful Path to Real Reform)出版,到战后英国新城建设,以及美国新城规划中的邻里单位思想,**表达的都是一种经过深思熟虑的社会改良思想。**

虽然田园城市的构想更多地通过霍华德著名的图释为人们所熟悉,但社会改良的初衷及对田园城市发展社会过程的关注才是其思想的核心,从霍华德田园城市思想的形成过程、内容表述及行动实践三方面都可得出这一看法。

2.2.1 社会改良思想的形成

田园城市的思想并不是一蹴而就形成的理论,正如霍华德在其著作第六章中写道的:田园城市的构想是"独一无二的多项建议的结合"。构成这些建议或思想的关键元素源自 E. 贝莱美(Edward Bellamy③)和 P. 科洛波特金(Peter Kropotkin④)⑤。除此之外,还包括了一系列其他已有的城市规划概念,其中有E. G. 维克菲尔德(Edward Gibbon Wakefield)提倡的人口有计划的迁移,以及

① Campbell(1996)将现代城市规划理论的起源归结为① 田园城市(Garden City,E. Howard);② 城市美化运动(City Beautiful,Burnham);③ 公共卫生改革(Public Health Reform)这三个基本事件。另外,Robert Fishmann(1977)等学者认为现代城市规划理论起源于① 霍华德的"田园城市";② 勒·柯布西耶的"当代城市";③ 赖特的"广亩城市"。转引自吴志强,《百年西方城市规划理论史纲》导论,城市规划汇刊,2000/02:p. 10。

② 引自 P. 霍尔著,邹德慈、金经元译,城市和区域规划,中国建筑工业出版社,1985:p. 40。

③ 一名美国乌托邦者倡导社会主义社会理想,于 1888 年出版《回顾》(Looking Backward)一书,该书曾对当时的社会思变产生很大影响。霍华德田园城市中土地共有的想法来自贝莱美的"社会主义社区"概念,但霍华德显然不能接受贝莱美对"个体绝对服从于集体"的坚持,认为这是变相的独裁主义。

④ 一名俄国著名流亡的无政府主义者,在一本名为《田地、工厂、与作坊》(Fields, Factories, and Workshops)的合著中,提倡创建"工业城镇"(industrial villages)。

⑤ Peter Hall, Colin Ward, Sociable City, John Willy & Sons Ltd. 2002:pp. 11～12。

经济学家 A. 马歇尔(Alfred Marshall)提出的新城思想及针对新城建设经济可行性的论证①；土地保有权的思想来自 H. 斯宾塞(Herbert Spencer)的土地使用平等原则和 T. 斯宾斯(Thomas Spence)关于私有土地用于公共开发的想法；田园城市模型源于 J. S. 白金汉(James Silk Buckingham)的样板城市的思想。霍华德深受当时这些思想的影响，并将其融合，形成了自己的理论。他坚信自己解决了困扰土地改革者们二十年之久的疑团——可以在不威胁到维多利亚时期中产阶级的和平信心的前提下，建立一个理想社区，使其逐步实现土地价值的自我平衡②。

2.2.2 社会及空间改良内容的表述

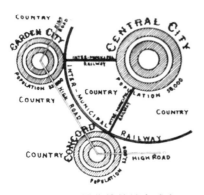

图 2 - 1 霍华德的社会城市

资料来源：The Garden City, 1998：p. 49

基于以上的思想基础和经济社会论证，霍华德的田园城市计划包括两部分：物质空间形式与实现方式(见图 2 - 1)。

物质空间形式——在城市—乡村的空间和社会发展方面，霍华德分别论证了城市与乡村各自的利弊条件③，并在此基础上提出自己的创见——建立第三磁极：城乡(Town-country)，既能得到城市的各种机遇又可以拥有乡村的环境品质④。为此他建议在大都市范围之外，乡村中间建设新城⑤，以解决城市与乡村之间优势不可兼顾的矛盾。人们通常将注意力放在这种自治的小型社区单个的物质形态上，**事实上，更值得关注的是霍华**

① A. 马歇尔，维多利亚时代的经济学家，在 1884 年提出新城思想，并对之进行了经济论证，认为凡是有劳动力的地方都有条件可以建工厂，改变当时大城市的卫生和住宅破旧等问题需付出的社会代价大于发展新城。

② 这是霍华德特别关注的，也是带有过多理想色彩的田园城市在经济上的可行性问题，他强调：如果能够从农村得到较便宜的土地，然后通过以后的土地增值可使新城公司按期偿还贷款，并且把利润进一步投资到改善或发展新的"社会城市"(Social City)。在这样的条件下，私人投资有可能介入。

③ 霍华德认为城市磁极的有利条件在于有机会获得职业岗位和享用各种公共服务设施，不利条件在于城市自然环境的恶化；而乡村磁极虽然拥有良好的自然环境，但几乎不能提供任何机遇。

④ Peter Hall, Colin Ward, Sociable City, John Willy & Sons Ltd. 2002：p. 19.

⑤ 由于霍华德建议一个新城需要 6 000 英亩(2 400 公顷)的土地，而其中至少 5 000 英亩用作绿带(其余是城市用地)，因此人们通常认为其物质空间形式呈低密度发展，而事实上田园城市的居住密度非常高，约 15 户/英亩，按当时的家庭规模，大约 200～225 人/公顷，这一方面是基于土地经济使用角度考虑的结果，同时还能够保证每户人家都能享用足够多的开放空间。

德基于持续发展的想法，提出的"社会城市"(Social City)概念。他认为田园城市的发展不能突破绿带向外扩张，空间规模必须控制在步行可达的尺度、人口规模在32 000人以内，当城市达到一定规模时，应建设邻近的新城来接纳增长的部分。久而久之，将形成一系列的田园城市，每个田园城市都能够提供相应的工作岗位和公共服务设施，新城之间通过快速公交系统联系，并有永久性的绿带分隔。在霍华德的构想中，这个"社会城市"能够提供新城所需的一切经济社会机遇。

实现方式——为使田园城市的思想可以说服投资者接受并付诸实施，霍华德做了详尽的成本预算及收益预测。其中，值得注意的是霍华德对于土地增值的设想——他将收到的土地租金分成三部分：一部分用于支付抵押债券的利息；一部分用于偿还贷款；另一部分是公共事业支出。除前两项固定支出外，其余收入均用于发展本地区的福利事业（如养老金），这意味着无须依赖地方或中央的税金，而是直接将产出回馈给当地市民。

虽然田园城市思想在当时未受到足够的重视，霍华德还是积极地将他的思想付诸实践，于1899年创立了"田园城市协会"(Garden City Association，GCA①)，并分别于1903年和1920年建造了莱契沃斯(Letchworth)和韦尔因(Welwyn)，两个新城在形式上均按照霍华德的思路建设——较高的建筑密度，并围以宽阔的绿带。

2.2.3　本节评述

（一）规划思想基础：干预土地私有制度与社会城市发展模式

田园城市构想中的基本指导思想是基于对社会的反省——治愈主要社会问题的方法是使人们回到小规模、开放的、经济均衡和社会均衡的社区。反映霍华德的田园城市构想基于社会改良的目的而提出，实

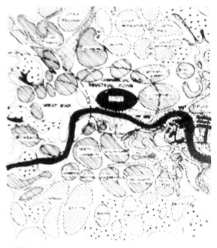

Communities containing many decaying properties
Central communities around the West End
Penpheral communities
Main industries, docks, warehouses and railways
Open spaces
Waterways

图 2-2　Abercrombie 伦敦郡规划中的邻里单位图示

资料来源：The Garden City, 1998；p. 86.

---

① 该协会于1909年更名为"田园城市与城乡规划协会"(Garden City and Town Planning Association，GCTPA)，1941年更名为"城乡规划协会"(Town and Country Planning Association，TCPA)。

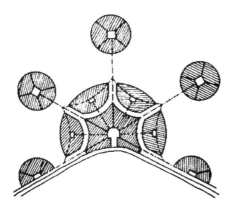

图2-3 昂翁的郊区及卫星城模型

资料来源：The Garden City, 1998；p.51.

现这一目标最核心的措施是通过建立新城及对现有的土地私有制度进行公共干预，使私人土地开发尽可能不损害公共利益。这种从公共利益出发的对土地私有进行干预的关注方式相比之前的社会改良，开始从土地所有制及经济角度考虑政府对自由市场的制约作用，为以后城市规划发展成政府对城市发展的公共干预手段提供了一定的思想基础。

霍华德在新城方面的建设实践虽不甚理想，但城乡规划协会对田园城市思想的宣传是卓有成效的，在以后的规划中［尤其是战后英国的新城立法（New Town Act）和大伦敦规划］，作为个体的规划，无论是否是霍华德思想的追随者，都有意无意地受田园城市（或社会城市）先验模式的影响，这种影响引发了各种形态规划设计的试验，例如 R. 昂翁（Raymond Unwin）和 B. 帕克（Berry Parker）①在伦敦西北部进行的"社会性综合社区"的试验②；B. 帕克后来在新城 Wythenshawe 实行的"将城市明确划分为相互结合的邻里单位"的做法③；甚至美国新城规划中运用的邻里单位概念和人车交通分离模式等等。

由设想到具体实践，从理论角度看，霍华德的社会城市在空间形式上是可持续的，并且还有一套看上去不错的经营策略④。然而，霍华德的著作虽然得到认可，但是在当时并未引起很大的反响。奥斯本（F. J. Osborn）在近半个世纪后分析田园城市思想未受理论界重视的原因时这样认为：霍华德的书中缺乏科学系统的论述，他没有使用技术术语，几乎没有涉及历史和人口统计资料，而且书的销量（过少）也不足以吸引当时学生们的注意力。

---

① R. 昂翁（Raymond Unwin, 1863—1940）和 B. 帕克（Berry Parker, 1867—1947），霍华德的追随者，第一座田园城市莱切沃斯的设计者。

② R. 昂翁和 B. 帕克于 1905—1909 年建设的汉普斯特德田园式郊区（Hampstead Garden Suburb），是一个位于城郊的居住区，居住区由各种住宅类型构成，包括公寓和别墅。各种类型的住宅经过精心设计，形式富于变化且十分和谐，被认为是 20 世纪英国在设计方面的重要成就之一。Peter Hall, Urban and Regional Planning, Penguin Books, 1975.

③ 在 1898 年霍华德出版的关于田园城市的理论性图解中，将城市划分为 5 000 居民左右的"区"（Wards），每个区包括服务本区的商店、学校和其他服务设施。这种思想被 P. 霍尔认为是"产生邻里单位思想的萌芽"。

④ 在经济设想基础上，霍华德认为建设第一个田园城市将向所有投资者证明其思想，建设得越成功，融资也将越容易，由此类推，社会城市将逐步形成。

（二）社会关注特点：视角的转移

　　霍华德田园城市的设想与空想社会主义者的社会改革设想相比，或是与古代乌托邦理想城市的设想相比，有了相对更切合实际的目标和实施可能，虽然上述三种设想均以社会改良或社会发展为初衷，但思想核心已事随境迁。城市在霍华德时代已发展得较为成熟，城市发展中暴露出的问题与早期资本主义存在的城市问题也有所不同，以私有制为基础的宪政和共和制通过权力制衡限制了政府的权力，使人的自然权利不受侵犯，而私有制导致的贫富差距由于社会整体经济水平的提高而变得更容易容忍，资本主义制度因而受到主流社会的积极支持；城市内部虽然仍旧拥挤且污染严重，但基础设施水准已有所提高，并且这时对城市发展，尤其是对城市发展布局及环境的一些建设性想法已初见端倪。因此，**不论从制度、思想或是物质基础方面，田园城市设想及实践的社会支持体系都相对更为成熟——对社会关注的立足角度开始下移，私有制度及城市公共福利问题的考虑是这一变化的标志。**

County of London
Inner Urban Ring
Suburban Ring
Green belt Ring
Outer County Ring
Main Rail Line
New Towns

图 2 - 4　Abercrombie 1944 年的大伦敦规划，内城发展受到限制，增长的人口由新城接纳

资料来源：Peter Hall and Colin Ward, Sociable City, Wiley, 1998：p. 51.

2.3　过渡阶段（1916—1945 年）——社会空间研究开始介入城市规划

2.3.1　从人类生态学到城市规划

　　1883 年至 1919 年，苏格兰生物学家 P. 格迪斯（Patrick Geddes）受当时人文地理学①的影响，进入人类生态学领域研究人与环境的关系。格迪斯将人文地

---

　　①　20 世纪前 10 年人文地理学在法国一些实践家，如德拉布拉什（Vidal de la Blache）、德芒戎（Albert Demangeon）的引领下得到很好的发展。

理学中注重人类居住地与土地之间的实际存在的内在联系用于城市规划,并将人文地理学中的分析单元作为规划的基本框架,周密分析地域环境的潜力和容量限度与居住地布局形式及地方经济体系的影响关系。格迪斯的伟大之处在于突破了当时在规划界占主流地位的做法——在局部范围内进行实用建筑为主的城市设计研究,将其扩大到区域范围,并形成经典的标准规划程序,使规划比以前更具有逻辑性,且改变了规划囿于局部的短视行为,认为规划与区域的经济和社会有密切关系,应将规划范围放到更为广阔的地域范围去考虑。格迪斯的规划方法与霍华德规划思想的结合代表了规划在当时的进步,这种结合在 Patrick Abercrombie 于 1944 年制定的大伦敦规划中得到了充分体现。

而真正使人类生态学在城市研究中发扬光大的是 20 世纪 20 年代以 R. 帕克(Robert Parker)和 E. W. 伯吉斯(Ernest W. Burgess)为代表的芝加哥学派。帕克(1925)在《城市》(The City)一书中指出:研究城市的物质环境必须围绕对城市的社会分析[①]。古典生态学派的城市发展和空间组织模型至今仍是研究城市空间的经典模型,而模型是建立在社会学研究成果的基础上的。芝加哥学派的研究探索使得城市社会学正式成为社会学的一个分支,对城市规划理论的发展而言,城市物质空间构成的社会属性由此浮现出来,更重要的是其理论上的表达性。芝加哥学派虽然对城市的社会空间研究有了突破性进展,但是,对城市规划专业而言,尽管社会学研究的一系列成果在客观上帮助了规划对空间社会属性的把握,但并没有从认识论的角度引导规划主动从社会发展的视角来关注社会活动影响下的城市空间问题。

2.3.2 芝加哥学派关于社会空间规律的研究

基本观点——芝加哥学派形成于 20 世纪 20 年代欧美社会的工业化和随之而至的城市化高潮阶段,城市发展的新局面和大量社会问题涌现引起了学术界的关注,在此背景下,以芝加哥大学社会学系为代表的[②]社会研究学者们开创了城市社会研究理论与方法的先河。该学派学者们持人类生态学基本观点:人类生态学虽然是生物生态学的一个分支,但它的主体——人,具有创造文化并按自己意志行事

[①] 帕克在书中这样写道:城市不仅仅是一个物质的构体和一些人造的构筑物,它根植于建造它的人民有活力的过程中(vital processes)。城市是自然的产物(produce of nature),尤其是人类本性的产物(produce of human nature)。引自张庭伟,城市的两重性和规划理论问题,城市规划,2001/01:p. 50。

[②] 芝加哥学派是以美国芝加哥大学社会学系为代表的几代学者及其城市社会研究学术思想的统称,还包括一些对城市社会进行了开创性研究的非芝大学者,如英国的 Charles Booth 等人。引自帕克(美)等著,宋俊岭、吴建华、王登斌译,城市社会学——芝加哥学派研究文集,华夏出版社,1987。

的能力。因此,人类生态学不仅包含不同群体之间的生物关系,还包含由文化和有目的的人类行为所造成的状况,城市作为人类文明的产物,正是各种状况的集中地。在芝加哥学派看来,城市是一种人类生态秩序,因此,城市绝非与人无关的外在物,也不只是建筑群的组合,而是"包含了人性的真正特性,是人类的一种通泛表现形式[①]"。

学派代表人物之一 Robert Park 认为,城市的组织,城市环境的特性,以及城市秩序的特性,最终都是由城市人口的规模决定的,是由这些人口在该地区集中与分布的形式决定的。因此,研究城市发展,对城市人口分布特点进行研究对比,具有重要意义。了解城市首先需要了解下列问题:① 人口来源;② 人口自然增长;③ 人口机械增长;④ 人口分隔地区(主要有哪些自然区域);⑤ 经济利益(地价)、情感利益、种族、职业等因素对该城市的人口分布有些什么影响;⑥ 城市里何处人口趋减,何处趋增? ⑦ 在城市的各人口分隔区中,哪些地区的人口增长与其家庭规模、出生死亡人数有关,同结婚、离婚有关? 同房租及生活水平有关? 这些人类行为的研究其共同之处在于它们都发生并作用于城市环境中,因此与城市空间有着密切关系,在此基础上形成了一些经典的城市空间发展模式。这些研究不仅拓展了社会学的研究范畴,同时也对相关学科的发展产生了深远的影响,以本书的研究视角来看,真正形成对规划支持的社会研究正是从芝加哥学派的探索开始的。

重要论述——芝加哥学派对城市社会方面的研究主要包括城市新陈代谢及其运动性、城市社区研究、城市文化与城市生活、城市人口流动等内容。见表 2-1。

表 2-1　芝加哥学派的重要研究论述

研究方面	内　容　概　要	
城市新陈代谢及其运动性(E. W. Burgess 等)	① 从物质环境与人口群体发展过程角度研究城市发展过程中的不同表现形式,将城市发展的经典过程归纳为同心圆模式(见右图a),以概括城市扩张的主要方式:延展与继承、集中与疏散。 ② 城市发展过程中,物质空间发展形式、商业发展形式、社会组织形式均表现为解体与组结这两个互补过程,自然分化形成的经济团块与文化团块最后构成城市的形式与特征。 ③ 人口的分隔现象使各团体,以及组成团体的个人,都具有一定的位置,并在城市生活的	 图 a　同心圆模型

① 帕克〈美〉等著,宋俊岭、吴建华、王登斌译,城市社会学——芝加哥学派研究文集,华夏出版社,1987:p.5。

研究方面	内　容　概　要
城市新陈代谢及其运动性（E. W. Burgess 等）	总体组织中发挥一定的作用。分隔现象又使城市发展在某些方向上受到限制,而在另一些方向上则任其发展。 ④ 如果城市发展和新陈代谢的现象表明,适度的解体可以,而且确实促进社会组合,那么这种现象也同样表明,伴随着城市的迅速发展,疾病、犯罪、混乱、恶习、疯狂、自杀等现象也会大大增加,这些大致上可看作是社会解组的一些指数。 ⑤ 城市新陈代谢失调的原因指数(非后果指数):外来移民引起的城市人口内部运动,这种运动是(城市)社区的脉搏,土地价格能够反映出运动的状况,因而可作为衡量人口流动的最敏锐指标之一。 在同心圆模式基础上,学者们又研究出城市发展不同的空间模型,其中具代表性的有 Homer Hoyt 的扇形模型(见下图 b)、Channcy Harris 和 Edward Ullman 的多核心模型(见下图 c) 图 b　扇形模型　　　　图 c　多核心模型
城市社区研究	① 人类社区研究的生态学方法(R. D. 麦肯齐):从生态学的角度,社区大致分为四类:基本服务社区;在社会资料分配过程中履行次要功能的社区;工业城镇,它是商品制造业的中心;缺乏自身明确的经济基础的社区。社区发展与消亡中起决定作用的生态学因素——交通、工业。以生态平衡的观点理解社区组织、内部结构的平衡和运动发展:侵入与接替过程。 ② 社区组织(R. E. Park):一个社区不仅仅是人的汇集,也是组织制度(institutions)汇集。社区要素——生态机制、经济组织、文化和政治体制。社区效能的测定的基本方法是对该社区的社会统计资料作出对比研究,测定社区向其成员们提供生活环境的能力,或反过来,以此测定组成该社区的人们适应社区提供给他们环境的能力。 ③ 关于社区因素及作用力的科学研究(E. W. Burgess):在研究一个地区内的社会力量时,应当把社区设想成为三种主要的决定性影响因素的合成运动,即生态学力量、文化力量和政治力量

续 表

研究方面	内 容 概 要
城市文化与城市生活	现代人的心理,建筑在机器和科学应用的基础上,它们用于生活的各个方面——教育、广告,甚至政界。现代人的文化以都市文化为其特征,由于 Park 探讨的是一种文化的极端方式——巫术,而本书讨论的是城市主流文化及其他文化构成要素的关系及空间影响,因此在此不加赘述
城市人口流动(R. E. Park)	流动的事实规定了社会的根本性质,移动的过程使社会组织形态得以发展,而为了确保社会能恒久、有发展,组成社会的个人又必须各安其位

注：表中图内各区域标注说明：1—CBD；2—批发与轻工业区；3—低收入住宅区；4—中收入住宅区；5—高收入住宅区；6—重工业区；7—外围商务区；8—近郊住宅区；9—近郊工业区。

研究方法——调查分析是芝加哥学派在研究方法方面的突出贡献之一。对大城市的复杂社会构成进行调查分析,以查尔斯·布什(1840—1916)为代表,针对 19 世纪末英国城市工业社会中的各种问题与冲突,布什从调查英国人口的职业特征入手,继而研究了伦敦某萧条地区居民的生活状况,并完成《伦敦人民的生活和劳动》(Life and Labor of the People in London)一书,书中对伦敦社会的"全貌"进行了广泛而深入的定性和定量分析,为以后社会科学方面的研究奠定了调查分析的研究方法基础。对城市规划而言,从规划支持的角度考虑,调查分析是寻求支持的最直接、最有针对性的方法。

2.3.3 城市规划理论与实践中的社会关注

(一)规划师对社会形式的主观设想：邻里单位模式

C. 佩里(Clarence Perry)的邻里单位理论(neighborhood unit theory)[1]于 20 世纪 20 年代提出,持的是建筑决定论[2]的典型思想方法,其核心内容是期望通过系统地改善住区物质舒适性,以达到培育社区归属感和社区精神的社会改良目的,即希望通过治标达到治本的目的。与社会学家提出的社会改良策略显著不同的是,佩里提出的是一种基于建立空间基本模式,从而达成有序生活的空间组织理论——社区精神的提升在于有机的物质环境设计。显然,邻里单位思

---

[1] 佩里的邻里单位的概念是以一个小学所服务的面积(从任何方向的距离不超过 0.8～1.2 公里)为一个邻里单位,大约包括 1 000 户(按当时的平均家庭人口规模计约 5 000 名居民)。邻里单位以交通干道为边界,儿童上学不穿越干道。

[2] 建筑决定论主张建筑设计对人的行为具有直接和决定性的影响,认为物质环境是独立的,而人的行为是随其成形的。

图 2‑5　C. 佩里的邻里单位模式（1929）

资料来源：Urban Planning Theory since 1945：p. 85.

想也带有理想主义色彩，然而这种带有理想主义色彩的思想在第二次世界大战后得到了美英规划师的拥护并在战后重建过程中得以广泛实施，其真正的原因并非因为其形态方面的合理性（M. Broady，1968），而是由于其社会意识形态方面的因素受到当时社会各层面人士的关注和认可，且与以汽车为主要交通方式的城市发展相适应，换言之，当时战后重建的反思并不仅仅在建筑和规划界展开，整个社会都处在反思中，邻里单位思想恰好符合了战后规划师、建筑师、社会工作者及行政官员们的社会意识和理想，同时它的实施也确实在一定程度上为战后更好地解决人们的居住问题提供了理论依据，这与战争期间那些设计粗糙且缺乏社会适应性的住区形成了对比，显示出其积极的一面：邻里单位中的街巷与维系原有邻里联系的街巷十分相似；而且，邻里聚集关系使战后受到经济困扰的人们可以守望相助，明显的地域分界使居住其中的居民产生明确的乡土观念。

（二）城市问题的空间解释：有机疏散理论

伊利尔·沙里宁（Eliel Saarinen）的"有机疏散理论"①针对城市盲目扩张过程中出现的社会问题提出，沙里宁在研究城市结构与形态时显然受到生物学的影响，将生物细胞生长的原理与城市发展联系在一起。他认为，以往的城市扩张中无视机体的有机生长，表现为无秩序的集中，因此，在城市生长过程中应当变无序的集中为有序的分散。沙里宁将城市视为一个不断成长的有机体，认为从生长的角度，应有足够的空间留给细胞拓展与繁殖。因此，应当扩大城市范围，为城市膨胀预留空间，并划分不同的使用区域使之相对集中，在机体的日常活动中再慢慢实现功能集中，逐步形成新的有机分散，对于分散与集中的交通方式，

---

① "有机疏散理论"是伊利尔·沙里宁（Eliel Saarinen）在 1934 年发表的《城市——它的成长、衰败与未来》（*The City — Its Growth，Its Decay，Its Future*）一书中提出的。

沙里宁也相应地运用生物循环系统的概念加以解释。对于城市发展过程中的问题,沙里宁认为是无序的集中造成的机体病变,将机体出现的不良症状视为"瘤",而根治的方式是进行有机疏散,改变城市的结构和形态。在书中,沙里宁还论述了有机疏散在土地产权、价格以及城市立法等方面的必要性与可能性。

在有机疏散思想中,沙里宁将城市社会方面出现的问题视为城市发展固有的一部分,并且与城市形态结构紧密联系起来,这正是与现代建筑运动为代表的技术型方案的区别。

(三)现代建筑运动影响下的城市规划理论与实践

(1)功能主义典范:勒·柯布西耶(Le Corbusier)对城市发展的归纳与建议

勒·柯布西耶(1897—1965)作为现代建筑的创始人之一[①],对城市规划思想同样具有影响力。他的规划思想主要体现于两部著作:《明日之城市》(The City of Tomorrow,1922)和《阳光城》(The Radiant City,1933),从中可看出,勒·柯布西耶是现代工业的拥趸,对现代化技术持乐观态度。他认为,传统城市由于规模增长和中心区人口密度过大,已出现功能性老化,而现有的道路系统和规划方式难以应对这种状况。勒·柯布西耶认为,可以通过提高密度来解决——局部以高层高密度进行建设,以空出大量绿地,而总密度仍需保持较高;城市内部各区域间密度平均分布以减轻通勤压力;通过高效的(多层高速立交)城市交通系统疏通交通。

勒·柯布西耶的思想受工业化影响,表现出强烈的功能主义倾向,并体现于他的设计方案中。虽然勒·柯布西耶的多数设想没有严密的科学研究支持,但在城市物质空间的总体分析及局部处理上对城市规划方法的发展有很大帮助。

(2)广亩城市的社会前提

与勒·柯布西耶高密度的"阳光城"(The Radiant City)相对,"广亩城市"(Broad acre City)以空间分散的思想,由 F. L. 赖特(Frank Lloyd Wright)于1935 年提出,反映了美国社会典型的强调个性自由及平等的主流社会意识形态。赖特规划思想的初衷是建立在"社会"的基础上,即希望保持 19 世纪 90 年代左右美国威斯康星(Wisconsin)州那种拥有自己宅地的移民们独立的农村生活。这一规划思想建立在汽车工业发展的基础上,赖特认为以汽车为主要交通

---

① 另三位分别是 F. L. 赖特(Frank Lloyd Wright)、W·格罗比乌斯(Walter Gropius)和密斯·范德罗(Mies vander Rohe)。

方式的趋势将终结原有的一切活动集中于城市的状况,因此他提出了"广亩城市",设想通过物质空间规划促进城市的低密度、分散发展。

"广亩城市"的模式成为第二次世界大战后北美居民点分布的一种模式,并在美国规划实践中不断运用,但据此模式建成的聚居区并非是在赖特所期望的社会基础上发展起来的,而是成了城市化过程中的一种空间拓展模式①。值得关注的是,赖特是一名成功的建筑师,当时不论在英美还是欧洲大陆,建筑师或规划师的思维和视角都固守于城市的具体空间形态而非社会基础,赖特的理论建立在当时汽车和电力系统的发展以及一种朴素的怀旧思想的基础上,对经济技术发展可能导致的城市空间变化进行了一番考虑,这种考虑范畴的拓展成为当时建筑与规划界思维模式的一种非主流思想②。

(四)现代学派提出的城市规划大纲

《雅典宪章》于 1933 年由现代建筑国际会议(CIAM)提出,是现代城市规划

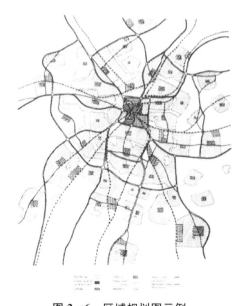

图 2-6　区域规划图示例

资料来源:Keeble,1952,Figure11.

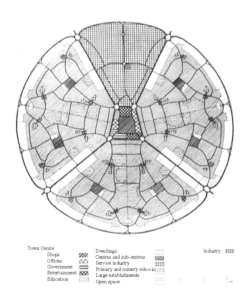

图 2-7　理论上的新城模式

资料来源:Keeble,1952,Figure30.

---

① 这一空间拓展模式并非没有其特定的社会基础支持,恰恰因为当时的汽车工业发展和美国人崇尚的郊区居住理念使这一居住模式被广泛接受。所以一种理论思想与实际情况的结合往往与理论初衷不一致,而实践又往往由一定的理论指导而来,在实际操作中依情况而变。

② 虽然赖特的广亩城市模式战后被广泛运用,但这些实践都基于广亩城市的形式而非其社会实质。

史上著名的文件之一。该宪章从城市与周边影响地区的区域整体角度,指出城市的四大功能是居住、工作、游憩和交通,针对这四个方面分别进行分析并提出规划建议。对于城市发展过程中的问题,《雅典宪章》认为"是由大工业生产方式变化及土地私有引起的[①]"。值得一提的是,该宪章确定了公众利益在城市发展中的重要地位,但没有涉及城市发展中的社会矛盾和人的实际需求。对这点的修正在 1978 年的《马丘比丘宪章》中出现,宪章中提到:应努力去创造一个综合的多功能的生活环境,更有效地使用人力、土地和资源,解决城市与周围地区的关系,创造生活与自然的环境和谐。

2.3.4　本节评述

（一）规划思想基础：学科范畴逐步明朗

这一时期社会学与城市规划都逐步摆脱形成初期的模糊与不确定,开始确立学科研究的对象范畴,并不断对自身的对象范畴进行探索和拓展。基于城市这个社会冲突相对集中的地域范畴,社会学与城市规划分别从学科自身研究的视角对城市空间发展形态问题进行了思考:社会学出于对城市社会发展过程的实证研究,发现社会演进在城市空间上表现出一定的规律;另一方面,城市规划出于对城市土地与空间的公共干预的考虑,秉承建筑学与工程学的研究传统,想方设法对各类城市物质空间发展作出理想模型的假设,并积极付诸行动。这一阶段有关城市发展的研究受到自然及社会科学发展的影响,对城市物质空间与社会空间的探讨都更深入和更科学,虽然城市规划对城市物质空间中隐含的社会经济意义的理解还比较浅显,尚未有实质意义上的积极思考,但对于作为规划支持的社会研究而言,这一阶段的社会学,尤其是芝加哥学派在城市社会空间方面的研究,无论从理论或是研究方法上均有很大突破,为规划对城市形成更客观的认识提供了科学的依据。

（二）社会关注方法：主观揣测、设计社会需求

这一阶段直接影响城市规划的是现代建筑运动,对脱胎于建筑土壤的现代城市规划而言,在此期间规划师们依然以空间模式切入问题为主流思路,功能主义与技术方案在这一阶段占据了规划努力的很大部分,对社会学研究的借鉴并不全面,且局限在空间形态方面,规划思想始终出于精英的主观思考,根据自身

---

① 李德华主编,城市规划原理(第三版),中国建筑工业出版社,2001。

的经验和观察对城市发展的客观需求做出主观预测,并在此基础上拟定规划方案,从文献中几乎找不到来自城市公众的声音。规划以一种高高在上的姿态俯视着整个城市发展,希望从看似理性思考的过程中寻求使城市健康发展的空间支持。使规划可以居于绝对权威地位的另一个重要因素是,现代城市规划思想指导建设的第一批城市还未显现出足以撼动当时主流规划思想和方法的弊病,因此社会反思在当时锐意进取的规划发展进程中并不明显。

2.4 转折阶段(1946—1960 年)——社会研究深入与现代主义思潮统领的并行发展

2.4.1 规划实践与检讨

西欧与北美的城市规划,受战后经济复苏和重建的推动,这一阶段城市规划为适应城市各方面的快速发展而变得工程化,并呈现出一派欣欣向荣的景象,规划主流内容表现为物质环境规划与设计。与此同时,社会主流意识也呈现出积极和乐观,因此这一时期被称为"黄金时期(Golden Age)"(Eric Hobsbawm,1994)。受社会经济高速发展的影响,对于职业规划师而言,欧美城市建设在这一时期"在物质环境方面,规划师一方面忙于工程实践,另一方面亟需形态设计的理论指导,和一套操作性很强的分析方法[1]",城市规划逐步适应着市场的力量,以迎合业主的需求。这一阶段的规划工作以"蓝图式"规划为主,规划师们醉心于最终的城市理想状态的勾画,却很少关心怎样去实现这些蓝图,从某种意义上讲,规划师仅仅起着与建筑师或工程师相当的作用。正如后来 Peter Hall(1973)所描述的那样:"英国的规划职业从一开始就带有浓厚的设计色彩,偏向于规划设计,并以物质蓝图的形式表现。[2]"而事实上,整个西方的规划职业都与英国有相似之处。

从图示(图 2-6—图 2-9,Keeble,1952)中可看出,规划师的工作从区域空间形态到具体建筑群体空间构成都有涉及,而各类空间形态(尤其是区域层面和总体层面)的规划同时需要对空间支持系统的了解,诸如生态、经济、社会等,因此要求规划师具有非常综合的知识体系,对此 Charles Lindblom 于 1959 年发表

---

① 吴志强,百年西方城市规划理论史纲导论,城市规划汇刊,2002/02;p. 13。
② Marion Clawson, Peter Hall, Planning and Urban Growth: An Anglo-American Comparison,1973: p. 38.

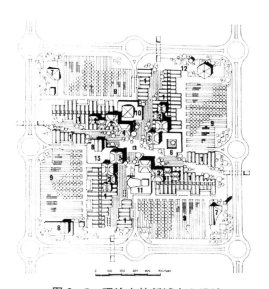

图 2 - 8　理论上的新城中心设计
资料来源：Keeble，1952，Figure 78.

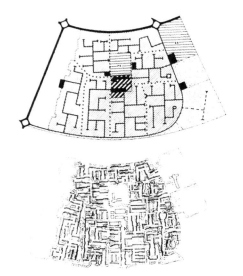

图 2 - 9　理论上的新城中的邻里设计
资料来源：Keeble，1952，Figure 93，94.

《紊乱的科学》(*The Science of "Mudding Through"*)一文，对战后规划越来越综合繁琐的状况进行反思，认为过多的数据与过高要求的综合分析能力不仅超出规划师的正常能力范围，而且致使规划师在城市总体规划中忙于应付细节却忽视了最关键的城市战略发展问题。

　　崇尚技术理性的城市规划，对城市土地及空间环境理想地进行了有序安排，然而这些努力并未得到社会各方面的认同。20 世纪 50 年代后，来自各方的对物质规划的批判增多，首先是来自社会学研究方面的质疑。例如 1957 年，Michael Young 和 Peter Willmott 就战后初期伦敦内城 Bethnal Green 地区的再开发中出现的社会问题，对这一时期物质性规划引起的社会纽带的断裂以及住民与规划环境的磨合等社会现象进行了详细的论述，认为规划师过于注重物质环境而忽视了社区精神所在，因而规划重建后的 Bethnal Green 地区在社会及人文精神方面是一个"贫民窟"。涉及诸如此类问题的社会研究在这一时期非常多，并引起了规划理论界的重视。如果评价这一时期规划实践忽视了社会需求，那是不公平的，事实上规划并未置社会需求于考虑之外，只是在考虑的方式和过程上出现了一些问题。在规划邻里环境时，规划师们试图假定可以通过邻里环境的创造，比如邻里商店、小学等，建立社会情感，有学者将其称为"环境决定论"(Maurice Broady，1968)。其次是来自规划界自身的反省，随着工业发展、城市规模扩大，城市结构与功能变得日益复杂,依靠对城市空间形态进行改进并不能从根本上促进城市的发展。规划界也显然逐步意识到城市物质形态背后的社会驱动力,因此,这一阶段规划研究中开始主动探讨影响规划的社会因素,如 H. Kitto 的《希腊人》(The Greeks)和 V. Gordon Childe 的《人类创造自己》(Man Makes Himself)。

2.4.2 理论研究与反思

除规划实践外,对规划理论研究者而言,适应规划市场的规划理论与探索规划本质的理论都是这一阶段的研究关注点。偏实践的规划研究注重规划方法与城市形态方面的探索,如 Kevin Lynch 的《城市意象》(The Image of City)(1952)和 F. Gibberd 的《城镇设计》(Town Design)(1960)、L. Keeble 的《城乡规划的原则与实践》(Principle and Practice of Town and Country Planning)(1952);偏理论方面的规划研究一方面对战前的规划思想进行评述,另一方面不断努力地对规划的认识论及方法论方面加以探讨,如 Paul Goodman 和 Percival Goodman 兄弟的《社区:生活圈的意义与生活方式》(Communities:Means of Livelihood and Ways of Life)①。

对这一时期城市规划更多的社会反思出现在 20 世纪 60 年代之后,其中最著名的是 J. 雅各布斯(Jane Jacobs)于 1961 年发表的《美国大城市的生与死》(The Death and Life of Great American Cities),她对整齐有序的理想城市结构表示了质疑,认为区划分隔的土地使用规定以及与之相应的独立邻里细胞形式,人车分离系统都是与社会既有习俗背道而驰的主观意志,而真正适宜的城市形态则应当是各种使用功能的混合。另一个持相似观点的是 C. 亚历山大(Christopher Alexander),针对邻里单位的住区规划模式,他在 1963 年发表的"城市并非树形"(A City is Not a Tree)一文中认为,从社会发展角度看,城市在自然发展过程中往往显示出一种复杂的居住结构模式(Complex settlement),不同居民对地方性服务设施的需求不同,所以商店和学校应适当选址进行交错布置,规划师的职责是尽量再现这种多样性和选择自由,而邻里单位思想形成所谓的"树形结构"(Tree Structure)(见图 2-10)则恰恰抹煞了这种多样性,只提供了单一的选择。在此基础上,Alexander 提出"半网格结构"(Semi-lattice Structure),认为这种更为复杂的结构与自然形成的城市比较吻合,可以提供比现代规划形成的城市更丰富有致的空间(见图 2-11)。

---

① 吴志强,百年西方城市规划理论史纲导论,城市规划汇刊,2002/02:p.14。

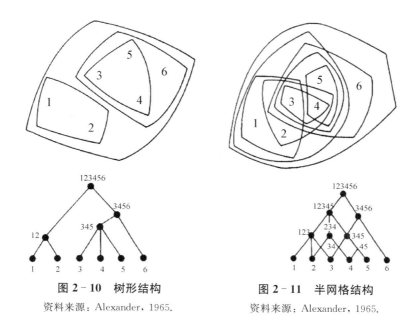

图 2 - 10　树形结构

资料来源：Alexander，1965.

图 2 - 11　半网格结构

资料来源：Alexander，1965.

这一阶段除规划自身的发展外，社会方面的影响开始深入城市规划中，这与战后政府的角色及政策有关。以英国为例，战后工党发布的基本政策是要提高国家在社会调控方面的作用——社会福利领域以及经济领域，政府运用的调控手段之一是通过城乡规划立法对城市各类活动实行公共干预，如 1946 年的《新城法（*New Town Act*）》、1947 年的《城乡规划法（*Town and Country Planning Act*）》和 1949 年的《国家公园与享用乡村法（*National Parks and Access to the Country Act*）》。这一系列的举措为规划作为公共政策奠定了基础，更有助于规划拓宽在社会、政治、经济领域方面的知识领域。

2.4.3　本节评述

转折时期的城市规划反思最多的是：对规划师而言，要在无法具备和掌握城市真实状况的条件下规划城市，结果只能依据基于物质和设计概念的规划方式，形成像 Corbusier 规划的昌迪加尔那样的例子；如果说这一阶段规划师们只关注形式而完全忽视社会因素，那是不公平的，因为规划师们在规划蓝图时的确对环境与社会生活需求的关系有所考虑，只是规划的前提建立在建筑决定论的基础上，传统城市规划以乌托邦理想、逆城市化以及树形模型为理想标准，对社会生活与物质环境之间的关系缺乏认识。

虽然这一阶段城市规划与社会学都开始注意到城市形态空间方面的社会意义,但规划对这种社会意义的主观成分依然大于真正了解的成分,因此,不论规划师们有着多么良好的愿望都无法避免在客观上造成的社会生活的改变及社会纽带的断裂。Nigel Taylor(1999)总结这一处于转折阶段的城市规划时认为,在规划的认识论方面存在四方面问题:① 对城市环境规划方面的概念还局限于乌托邦理想及对理想住区的系统综合规划观念;② 主流规划思想表现出对建筑过多的依赖,而对城市则表现出保守的"反城市"(anti-urban)态度;③ 理想住区的规划概念强调的是一种秩序化、肌理统一的城市结构;④ 城市规划中的建筑决定论思想占主导地位,因此规划中的价值取向与目标取向均与这一主导思想相一致①。

与前一阶段相似的是规划依然秉持着主观理性思考的传统,不同的是,随着战后重建规划实施反馈效应的显现,产生了两方面对规划自上而下的权威地位的反省:① 来自其他学科(主要是社会学)研究方面的质疑;② 来自规划自身对前一阶段规划实践的反思。这两方面的力量促成了规划在下一阶段开始主动地了解和把握更多的目标信息,并尝试通过一些规划措施更积极地关注社会成长及其对规划的反响。

2.5 实质阶段(1961年至今)——规划的积极思考与实践

2.5.1 基本体系的形成(1961—1979年)

(一)系统理性的规划及过程控制

20 世纪 60 年代以前的规划过于注重物质与美学,因此不论是理论或是实践都缺少对城市社会和经济生活的客观理解。进入 60 年代以后到 70 年代末的城市规划受科学技术发展的影响,以对城市运作系统的客观了解为目的,规划主题是理性主义系统规划和过程控制论。麦克罗林(Brian McLoughlin)于 1969 年出版的《城市与区域规划:系统方法》(Urban and Regional Planning: A System Approach)一书成为当时规划师的标准教材,其主要观点为:城市规划就是从系统角度出发,对城市以及区域范围进行分析和控制(见图 2-12)。与

---

① Nigel Taylor, Urban Planning Theory since 1945, SAGE, 1998: p. 46.

系统规划相应的是对规划过程的理性控制（见图2-13），过程控制论由 Melvin Webber（1963）、Andreas Faludi（1973）等人提出。这些理性主义的系统理论与战后 Keeble 从设计角度出发的物质性规划有着明显差别。

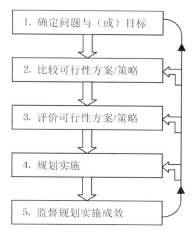

図 2 - 12　规划作为理性行为的过程

资料来源：Nigel Taylor，Urban Planning Theory since 1945，Figure 4.2

　　理性系统规划思想及理性过程控制论的产生直接源于现代化运动的推动。对城市规划思想的进步而言，其意义更在于形成了不同以往的、关于城市及社会发展对策的一种科学思路，而不再仅仅局限于建筑与艺术方面，与之相应的规划进步是，蓝图式的规划被可以随时间发展不断调整的"弹性"（trajectory）规划所替代。20 世纪60 年代以前的城市规划方法比较偏向于艺术和感性，而系统理性与过程控制思想从根本上扭转了这一基本法则。从本体论角度看，城市规划应当是作为公共干预与协调的手段存在的，而究竟需要规划干预和协调些什么呢？以系统的概念，广义上的技术、社会甚至社会心理（主流文化、边缘文化等）都是构成规划理性系统的组件，城市中各类现象的相互关系，例如用地与交通、住区的空间系统构成（用地与内外部社会网络的关系）等，都成为规划的系统干预和协调对象，城市物质空间不再是唯一的对象。这为以后规划在各个领域的研究奠定了理论基础；从方法论角度看，各学科的发展促进了整体科学思维的提高及对事物的逻辑把握能力，而技术的进步也使定量分析与数据模型的建立成为系统理性规划的有力工具，为规划更具有说服力加上了必不可少的注解，与凭主观判断及个人价值标准的定性分析相比显得更为科学。从规划支持研究（这里作为规划支持的研究是泛指，包括了拓展领域中的其他内容）的角度看，上述在本体论及方法论方面的突破是系统理性规划与过程控制的思想对规划发展具积极意义的贡献。

　　尽管系统理性与过程控制思想在认识论方面是一大进步，但当时的城市规划显然还处于精英操作的状态，规划决策所依据的价值判断并不能代表大多数使用者的意愿。20 世纪 60 年代的系统理想规划思想将技术理性的发挥作为主流，似乎凭借科学理性的目标设置与合理的过程控制就可以解决城市发展策略所

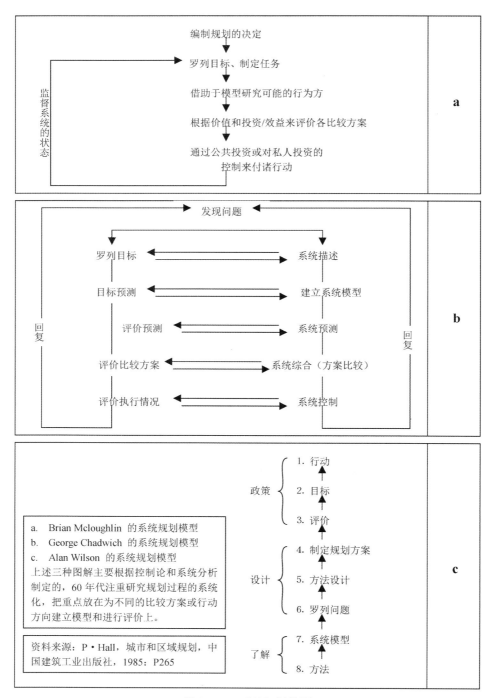

图 2-13 系统规划模型

包含的所有问题。而社会科学的发展规律始终是只有更完善，但没有最完善。在系统理性和过程控制理论被规划广泛接纳与运用的同时，城市规划对是否可以像自然科学那样只遵守逻辑理性不断提出质疑。70 年代规划界出现了对战后城市规划的第二次批判浪潮，矛头指向系统理性思想和过程控制论，批判主要来自两方面，一方面是针对规划过程控制论基于经验主义而不是实际情况，即对缺乏实质内容的批判①；另一方面是针对理性规划模型偏离政策有效性的批判。虽然系统理性思想和过程控制论在 70 年代受到了批判，但这种批判并非全盘推翻，而是对理性规划思想不足的补充，事实上不断得到修正和充实的理性规划思想至今在规划中仍然是规划的基本行动原则之一。

（二）规划外延与规划有效性的探讨

在规划自身思想发展的同时，西方规划理论界关于规划外延领域的思考也在进行，首先是规划处于怎样的一个社会系统中——资本主义市场及政治体制的相对稳定发展的背景，规划从理论角度——规划的政治经济视角，认为规划并不孤立于特定的政治经济环境之外，相反，市场体系在规划的用地发展方面起着决定性作用。

20 世纪 70 年代英国的规划将注意力放在规划自身宏观层面的角色及有效性方面，由此综合发展规划（comprehensive development planning）开始获得重视，"城市规划目标向整体或社会工程方向发展"（Popper，1957，Chap. 3）。而在实践中，过于整体综合的规划使政策的变化受太多因素的影响，造成最后很难弄清哪项政策起到怎样的作用（Reade，1987，p. 84）。对此，Popper 建议，作为公共政策的规划应当就社会工程进行"一件件"（piecemeal）拆解，以达到解决的目的；而 Reade 则主张从微观层面研究规划政策的有效性，他提出了三条方法论准则：① 区分每一项规划政策的目标指向，不与其他政策混淆；② 当一项规划政策实行一段时间后，应当检验这项政策在物质方面起到的作用是否与预期的相符；③ 同时应当检验这项政策的社会影响，或是这项政策所涉及的对不同社会集团的影响。

对规划有效性的探讨自 70 年代以后一直是规划理论研究的重要内容，不论是规划自身体系的完善，还是对规划外延领域的探索，最终目的都在于提升规划的有效性。

---

① 　A. Faledi 于 20 世纪 60 年代曾经倡导规划过程控制论，而到了 80 年代则认为过程控制论"没有将规划视为一种公共行为"，"脱离了城市规划所根植的社会背景"，"没有在规划过程其本身内在的关键环节上提供具体的知识基础"（Thomas，Scott and Roweis，1977）。

（三）规划实施理论(Implementation Theory)：对理性主义的责难

关于规划实施的讨论由 John Friedmann 于 1969 年提出①，针对规划能否有效实施，他认为，问题不在于怎样作出更理性的决策，而在于怎样完善规划操作。规划的编制与实施是相辅相成的过程，但规划的实施却一直是规划理论所忽略的问题。针对理性的规划过程，他提出规划操作(action)的概念。因为理性的规划过程是一套标准的步骤，每一个步骤都是相对独立的，按照这样的过程规划师们就很容易陷入每一个相对独立的问题中——先制定规划再孤立地去实施。而实际情况是理性与操作性之间的关系是由操作成本决定的：如果决策不够理性就不具有操作性，因此，问题的关键并不在于决策是否理性，而在于理性规划过程的构想和表述，即规划操作。换言之，如果在制定规划的同时没有考虑规划实施的阶段问题，规划将很难实施。在此基础上，Friedmann 提出"以行动（操作）为核心"(action-centered)的理性规划模式：将规划与操作融入每一项独立的工作中，强调只有在制定规划政策的同时考虑规划操作才能保证规划的有效性。这一观点后来在 Friedmann 1987 年出版的《公共领域中的规划》(Planning in the Public Domain)一书中有了进一步完善：规划是在公共领域中将科学和技术的相关知识与行动相结合的努力，其作用范畴在于社会引导和社会转变的过程之中。

虽然在制定规划政策的同时考虑规划操作对规划的实施具有积极意义，但以行动为导向的规划概念仍然是建立在线形的规划过程控制模型基础上的，因此还是无法摆脱决策与实施的既定规划步骤，对此，Barrett 和 Fudge 在辩驳 Friedmann 以及 Pressman 和 Wildavsky 的观点的基础上提出"以政策为核心的努力"(policy-centered approach)——以政策作为规划起点，激励行动，一步一步地实施政策。Barrett 和 Fudge 观察发现，在实际规划过程中，政策往往表现为对行动②的响应而不是先于行动的初衷③。综合以上有关规划实施的论点，Eugene Bardach(1977)认为，规划之所以能够成功实施，其原因在于政策和行动两方面的综合，两者之间不存在对立二分，最重要的是从基本概念把握上设计政策和程序，使其能够适应实施过程中遇到的不断变化的政治和社会压力。同时

---

① Pressman 和 Wildavsky 也于 1973 年提出有关规划实施角度的过程控制的修正观点。
② 这里的行动指的是已有的（他人的）行动。
③ 政策与行动之间存在悖论，例如一项政策为配合某项行动产生，同时并不排除这项政策的参与本身就是为了实现它自身这样一种情况。因此从这层逻辑上讲，政策是对行动的响应并不意味着行动之前不需要政策作为目标。

Bardach 也指出，由于一些固有的不可预计的因素，即使设计得再完美的政策和程序都可能在实施中被扭曲。Eugene Bardach 对系统理性及过程控制论的这一修正，受到混沌学思想及思维方式的影响。的确，在规划实际实施过程中，随状况不断发展，规划师或决策者不可能总是掌握着新涌现的问题或条件，因此，以目标和决策为导向的规划实施理论在理性主义基础上使规划更能够适应外部情况的变化。

规划界对规划实施的争论其实反映了规划对自身社会科学属性的认识过程，系统理性思维试图将规划科学化、模式化，而社会发展过程受外部条件的时刻影响，并非如化学反应或动能定律那样精确，由此引发的关于行动和实施的讨论正是希望为规划在"社会过程"反应中的条件加上理性的注解。

（四）作为社会过程的规划探索

与系统理性规划思想和过程控制论同时发展的规划研究还在于对规划作为社会过程、政治过程的探讨。针对城市管理主义过于夸大城市规划的作用，20 世纪 70 年代，一些新马克思主义者试图通过规划体系与资本主义市场体系的对比来揭示规划的弱点和无效性。缘起于 20 世纪 20 年代，兴盛于 20 世纪 60 年代的新马克思主义（Neo-Marxism）[①]其理论实质对于规划而言具有直接的社会引导意义，在私有制为基础的资本主义背景下，在西方新马克思主义者的理论概念中，严格意义上的所谓"公共利益（public interest）"并不存在，只存在资本利益，而规划正是资本利益通过国家机制实现对公众控制的一种手段。新马克思主义的代表人物 David Harvey 认为，城市化是与资本积累同时发生的，即城市是在资本主义发展压力下，通过积聚效应适应不断增长的利润要求，实现劳动力和资本积聚的结果。相应地，规划作为国家利益的延伸，通过完成各种使命以满足资本积聚的需求，提供实现国家干预（土地、资本等具有公共产品特征的资源）的必要条件（Allmendinger，2002，p. 77），城市空间发展与社会结构的联系由此明朗化；新马克思主义认为，社会集团利益的分割和权力的运作是城市空间布局的主导力量。

新马克思主义对规划支持研究的意义在于其对城市及城市规划本质的理解，以及由此产生的对规划价值取向的突破。此前的规划师角色定位及价值取

---

① 又称"西方马克思主义"，在城市规划研究领域运用社会经济学方法分析城市发展即规划问题，认为城市规划不仅仅是一个技术过程，还是一个政治过程，城市问题是社会矛盾的空间反映，其本质核心在于生产方式和阶级关系，因此又被称为新政治经济学（Neo-Politic Economics）。

向都趋于模糊,而新马克思主义的"资本主义公共利益不存在说"使规划师的实际职责得以明确,即资本主义的社会生产关系和利益的不可调和性,使得城市规划最终不可能为全社会接受,因而在满足部分利益群体的同时必然牺牲了另一部分人的利益,这取决于规划师和决策者的价值取舍。而在价值取舍方面,如何衡量及评估不同集团利益及相应的价值观是问题的关键。在这层含义上,不同利益集团参与规划过程,影响规划决策成为规划社会过程的重要内涵。

在规划实践中,对不同利益者意见的征询并不属于新概念,规划的社会过程(包括政治、经济、社会心理等)也不是一个新鲜的概念,相反,在规划实践主动地参与到这一过程中之前,规划理论界已经意识到了这点(例如在 1947 年关于规划对私有财产权力在公共领域控制的争论),讨论的焦点在于规划所体现的价值判断。对系统理性的科学思想与社会价值通常存在一种误解,就是认为两者是不能兼顾的,其实不然,系统的理性思维模式正是因为城市中存在的多元社会集团利益而形成。过程控制论的提出者之一 Andreas Faludi 承认,Edward Banfield[①] 是首次将理性决策过程引入城市规划的学者,正是物质规划的社会批判使规划希望借助科学的逻辑和过程而变得更公正有效。美国规划理论家 Norton Long(1959,p. 168)曾提出:规划是民主及相应的政策过程,而在此过程中,规划师代表的是怎样的价值观,是谁的价值观? 研究表明[②],城市中存在各种利益集团(或各类人群),并不是公众利益这一笼统的概念可以囊括的。

20 世纪 60 年代以后的城市规划已开始向以人为中心的方向偏移,1960 年至 1970 年的许多研究都围绕着城市规划中的公共利益问题。从上述历史回顾中可明显看出,20 世纪 60 年代之前,整个社会对规划的认识和期望都是寄托在规划师的意志和想法上的,公众并没有意识到规划与自身的直接关系。而这种无意识也使专业人士对自身的职业定位和职业自信产生过高的估计,可以看到,当时的规划界普遍崇尚的是以规划师为中心的自上而下的规划,公众作为规划过程的旁观者、作为规划结果的接受者处于被动地位。这种局面的转机出现在 60 年代之后,整个西方社会在经历了战后社会经济高速恢复与蒸蒸日上的发展后,开始反思高速发展及上一阶段物质规划带来的社会问题,同时也开始检讨现

---

① Edward Banfield,美国规划理论家,致力于研究城市公共政策。
② 受芝加哥学派的研究引导,美国社会学及规划界学者一直致力于调查和研究城市中的各种与建设有关的政策及不同利益集团的不同利益分配和态度。

行主流的技术理性规划实践的不足，由此引发了各类反贫困和言论自由民权运动。J·雅各布斯（Jane Jacobs，1961）的 *The Death and Life of Great American Cities* 引起当时规划界对传统规划理念的颠覆性反思，此后，越来越多的社会学者开始关注规划的社会影响以及公众态度，这也促使规划界在经历了对自身价值判断的自负及对技术的极端崇拜后，不得不顺应社会主流意识的变化而将视角转向社会大众及相关的组织制度等，逐步开始讨论规划如何代表公众利益、服务于社会的问题，并且，这种讨论不再是限于某一领域的某些精英，公众的声音逐步受到了重视。

2.5.2　社会研究作为规划的有机构成（1965 年至今）——规划向实施接近

（一）倡导性规划的提出

规划理念与方式的转变影响了 60 年代以后的规划发展，在这股思潮中较突出的是 Paul Davidoff 于 1965 年发表的《规划中的倡导与多元主义》（*Advocacy and Pluralism in Planning*）。Davidoff 首次提出"实现自下而上（bottom-up）的规划及多元化的规划理念"[①]，这种自下而上的规划形式对规划师长期以来的权威地位、职业性质无疑是一种挑战。城市发展受到城市中各种社会团体利益的影响，只有了解才可能寻求解决途径，而并不是每个团体都有能力影响主流社会。而规划能够积极主动地参与政治（广义上的政治概念）过程当中，为不同的利益群体，尤其是弱势社会群体争取权益。以关注社会的角度来评价，多元与倡导显然是规划思想从权威走向公众的一种公开的改变，公众利益不再是一个抽象的词语，这一思想被接纳意味着公众将有机会正式参与城市规划过程中。这对于经历了快速发展阶段后的规划内容与方式的更新起到了一定作用——公众参与制度逐步被接受和采纳。"倡导性规划"和"联络性规划"都主张要走向民间，与不同的居民组群沟通，为他们服务。

（二）公众参与的理论研究与规划实践

整个 20 世纪 60—70 年代的城市规划理论界对规划的社会学问题的关系超越了过去任何一个时期[②]。与此同时，这期间的规划实践是在系统、理性和控制

[①]　于泓，Davidoff 的倡导性城市规划理论，国外城市规划，2000/01：p.32。
[②]　吴志强，《百年西方城市规划理论史纲》导论，城市规划汇刊，2000/02：p.13。

论的指导思想下进行的,理性系统的规划指导思想及规划过程控制方法成为主流,这造成了这期间规划对社会问题的关注存在理论与实践的差距,规划理论界不断对规划实践进行着研究与反思,规划实践虽然一直与理论研究间存在一定距离,但可以肯定的是,理论思想的先行对规划实践起了积极的作用,60 年代至70 年代后期的十几年中,城市规划致力于建立和完善规划的公众参与机制,显示出向平民化方向发展的趋势。

从公众参与的实际发展角度观察,规划的公众参与在西方国家有其民主政治的背景,因此,当规划界认识到规划是广义上的政治过程时,公众理所当然地应当参与规划决策过程,并且加以程序化。在此之前有过类似的公众参与现象,20 世纪 50 年代前后,市民开始被邀请参与政府主导下的城市再开发计划等与城市问题有关的政府计划的制定,同时政府相继成立了市民咨询委员会(美)和规划委员会(英)。但这一改变的发生本质上是希望弥补原本对公众利益的考虑不周,从形式到内容对这些缺陷进行反省,并对公众利益有所交代。因此这一阶段公众的参与只是为政府提供咨询,对公共决策几乎没有任何影响力。以英国为例,1947 年的《城乡规划法》(*Town and Country Planning Act*)为公众提供过发表意见的途径——地方规划局需要经过规划公开意见征询才能通过规划议案;递交的规划议案需要公开出版,以便公众监督和修正,这期间的规划对公众参与采取的是较为保守的态度。60 年代中期以后,西方工业国家的规划界倡议公众更积极地参与规划过程,并为此积极建立相关机制,以保证公众有效参与。同样以英国为例,公众参与的正式明文规定出现在 1965 年的 PAG(Planning Advisory Group)报告中,要求保证规划不仅制定政策,同时要保证规划过程中的公众参与。John Friedman(1987)认为这是规划在公共领域中"作为社会学习"和"作为社会动员"的范型形成阶段。

进入 70 年代以后至今,公众参与在西方规划中制度化,参与的对象也扩大到面向所有公众,参与的过程渗透到政策制定的各个阶段并程序化。规划师的角色逐渐由政府体制的维护(所谓公共利益的维护)转向各利益群体的协调联络(David Harvey,1985)。而政府的集权角色也随社会发展的需要逐步弱化,由地方政府就地方发展事务进行协调,试图通过中央与地方的共同合作解决问题。Paul Lacaze(1993)认为,在城市规划中,决策的方式最终要比决策的性质重要得多。且经过长期参与过程决定的环境整治方案,不一定与最初构思的方案有显著差别。梁鹤年(1999)分析了北美式的公众参与的政治经济本质,指出其公众参与的实质是一种"契约式"民主,是权力分配的一种渠道和私益竞争的一种途径。

从公众参与的理论发展角度观察，随着 20 世纪 60 年代西方城市规划理论对社会问题的关注，公众参与的相关论述①也日渐增多，其中著名的 S. R. Arnstein(1969)有关公众参与的"梯子理论"，将公众参与分为三个阶段、八种类型(见表 2-2)，与之类似的还有 Castensson(1990)的"公众参与阶段"理论②。

表 2-2 Arnstein 的公众参与"梯子理论"

8	市民控制 citizen control	市民权力阶段(Degree of citizen power)
7	权限委托 delegated power	
6	合作 partnership	
5	政府退让 placation	象征性参与阶段(Degree of tokenism)
4	协商 consultation	
3	信息提供 informing	
2	治疗 therapy	非参与阶段(Nonparticipation)
1	操控 manipulation	

资料来源：Sherry Arnstein, A Ladder of Citizen Participation, 1969. The City Reader (2nd Edition), 2000.

非参与阶段的特征是政府以其主导性地位给予公众知晓权，公众处于完全的被动地位；象征性参与阶段的特征是政府依然处于主导地位，但公众的地位有所提升，除知晓外，还具有话语权，必要时政府会作出某些让步，给予公众一定程度的安慰；市民权力阶段政府与公众的地位是平等的，"自治"的概念体现充分，

① 主要相关论述包括：Paul Davidoff, T. Reiner(1962)的《规划选择理论》(A Choice Theory of Planning)；Paul Davidoff(1965)的《规划中的倡导与多元主义》(Advocacy and Pluralism in Planning)；F. Robinovitz(1967)的《政治、个性与规划》(Politics, Personality and Planning)；Herbert. J. Gans(1968)的《人民与规划》(People and Plans)、(1969)的《公共决策行为：规划文化》(Community Design Behavior: The culture of Planning)；A. Skeffington(1969)的《人与规划(公众参与委员会的报告)》(People and Planning Report of the Committee on Public Participation in Planning)；R. E. Pahl(1969)的《谁的城市》(Whose City? And Further Essays on Urban Society)；J. Rawls(1972)的《公正的理论》(Theory of Justice)；Manuel Castells(1977)的《城市问题的马克思主义探索》(The Urban Question: A Marxist Approach)、(1978)的《城市、阶级与权力》(City, Class and Power)等等。资料引自吴志强，《百年西方城市规划理论史纲》导论，城市规划汇刊，2000。

② Castensson(1990)的理论要点与 S. R. Arnstein 相类似，将公众参与阶段划分为三个阶段，15 种类型：① 知晓(awareness)，包括独脚戏(monologue)、改变、单向、象征主义、操纵、治疗 6 种类型；② 介入(involvement)，包括对话、互动、双向、协议、咨询 5 种类型；③ 参与(participation)，包括授权、计划、伙伴、市民控制 4 种类型。资料引自 Castensson, R., M. Falkenmark, and J. E. Gustafsson, 1990, Water Awareness in Planning and Decision Marking, pp. 78-89, Swedish Council for Coordination Of Research, Stockholm.

甚至在第八种类型中市民处于主导地位,但这显然是一种理想状态,实践表明,市民控制在公共事务操作中效率低下。从西方国家公众参与的实践来看,较为普遍的是公众与政府间建立良好的合作(partnership)关系,帮助政府施政,其中包括推行规划政策。

虽然公众参与的理论价值和社会意义受到学术界肯定,但就公众参与的实际意义和价值而言,学者们则持两种相反的意见:肯定派以 S. Arnstein,Braizier A. Alrshuler, H. Hallman, C. Pateman, R. Warren 为代表,其理论基础是人类潜能的挖掘以及公众对公共事务积极参与的愿望,认为公众参与的价值在于实现民主主义;反对派以 B. Skiner, J. Willson, P. Rossi, J. Cunningham 为代表,认为直接广泛的公众参与不仅不能体现社会公正,反而妨碍社会体制的限定性和效率性。

观察西方公众参与理论研究,可以看出公众参与只是公共决策中的一种手段,并且是适用范围有限的一种手段。公众参与适用于小规模议题,针对人们熟悉的局部生活环境的规划,收效较为明显。而战略规划上的重大主题则不宜采用(Jean Paul Lacaze, 1993);在参与过程中,参与的目标群体的确定,不同利益群体争取自己权益能力的高低,都会为参与的初衷——社会公正带来不公平的可能。因此,在规划过程中,公众参与是有益的补充手段,而非全部。

(三) 联络性规划(Communicative Planning)

在 Friedmann 提出的以行动为导向(action-oriented)的规划过程中,规划师必须擅长于协调人与人之间的关系,即规划实施需要人际网络的协调技巧——交流与谈判(Pressman and Wildavsky, 1973)。这一概念成为 20 世纪 80—90 年代规划研究的一个重要领域:联络性规划理论(Innes, 1995)。

20 世纪 90 年代初期,规划理论围绕规划的交流和谈判过程展开。Sager(1994)提出"联络规划理论"(Healey 1992 年也发表过相应的观点),相对于倡导性规划和公众参与,联络性规划更偏向于社会学研究的工作方式,即强调人与人之间的交流和谈判技巧。在此之前的规划并非没有规划交流的概念,例如在综合性规划占主流的时候,规划师需要就规划方案进行公开陈述,这是当时规划师与政府官员以及公众的一种主要的联络方式,这种交流基本上是一种团体行为,以告知和获知为目的,并没有将注意力放在人与人之间的对话交流上,90 年代的联络性规划则着重于研究规划中不同角色之间的交流问题。需要指出的是,交流与谈判是两个概念:前者是指普遍意义上的联络,而后者是人与人交流的一种特定的形式。具备良好交流能力的人不一定具有较强的谈判能力①。这一时期的规划研究对待规划实施的问题不再局限于"怎样做、怎样实现",而是将重点转移到更有实效的方面——如何通过谈判交流,说服投资者进行投资,目的依然是保证规划能够得以实施。

当然,规划并没有完全将力量用于影响规划实施的权势阶层,受 J. Haberrmas 理论的影响,以及规划自身的理想主义色彩,联络性规划是建立在相当普遍的公众参与交流基础上的。John Forester 在《权力面前的规划》(Planning in the Face of Power)(1989)中对规划的最终目标有明确表述:"规划的目的是为了人民。"在西方民主社会,规划实践很大程度上受到资本主义社会政治的约束,Forester 认为,规划师的职责就在于怎样在权力面前为了大多数的民众发挥规划的最大效力。而规划师每天基本的工作就是联络,不仅要与掌握权力的开发商谈判,而且需要了解并保护各种社会群体(尤其是社会弱势群体)的利益。在这一系列工作中,规划师的作用非常重要,规划师可以权衡规划是否受政权的左右,从而决定规划过程中民主成分占多少,专家(可能包括政治方面的专家)成分占多少,这些都是由规划师怎样组织规划材料以及公众参与所决定的,在此过程中,规划师不仅可以控制向公众开放的信息,而且对引导公众的意见有很大的影响。

(四)机制与规范理论(Regime and Regulation Theory)

第二次世界大战后近 30 年的时间内,欧美国家基于社会民主的共识,将很大部分的公共财政支出移交给地方政府。在 20 世纪 70 年代中期经济危机爆发时,公共财政支出不断削减,对地方政府产生极大冲击,在此经济背景下,地方政府职能也相应转变,不得不从地方服务供应者的角色转向去吸引私人投资的支持。到了 80 年代,地方政府的注意力主要投向了振兴地方经济上,David Harvey(1989)将这种政府行为方式的变化总结为"由 60 年代的'管理化'(managerial)倾向转为 80 年代的'企业化'(entrepreneurial)倾向"。在此环境中,规划的实施需要建立在各方协调并达成共识的基础上,因此地方政府不再是独立承担规划目标的自主行为者,为了规划能够最大限度的实施,地方政府必须与非政府组织接触、磋商并达成共识,在这个过程中,政府有时不可避免地需要

---

① 20 世纪 80 年代曾出现过一些关于谈判的理论研究,如 Fisher 和 Ury(1981)、Raiffa(1982)、Susskind 和 Cruikshank(1987),但规划研究的重点并未放在谈判上,而是在联络和交流上,这种研究受德国哲学和社会学界很大影响,如哈贝马斯(J. Haberrmas)。

作出让步,以保证若干个规划目标能同时兼顾。针对这种政府行为方式的转变,制度理论由 Clarence Stone 于 1989 年在美国提出,意图在于指出规划结果是由政府参与社会控制的社会产物①。私人利益应政府意图,介入公共领域并对其进行非正式的安排,以保证政府措施的实施,Stone 将这种合作方式称为机制(regime)。虽然机制受具体情况制约在实施过程中不尽相同,但可以肯定的是,当地方政府越来越依赖于非政府组织实施政策时,规划实施就越来越趋向于各方联动、讨价还价以及谈判(Keith Bassett,1996)。这一变化对规划发展而言更增加了规划的社会复杂性,政府在规划中的权威地位逐步转变为主导、协调和规范作用,对规划师而言,规划涉及的利益方也相应增多,规划的实施理论以及联络性规划理论继续成为规划的流行内容。

(五)围绕问题为中心的规划理论(Problem-centered Planning Theory)

战后的西方规划理论基本观点都着重于将规划视为一种社会行动,而一些规划理论研究者认为,规划理论必须根植于规划真正需要解决的实质性问题中,从 20 世纪 70 年代后期开始,规划研究的注意力开始从规划的重大问题(grand theorizing)转移到规划实际需要解决的问题上来,例如城市公共政策,并且受对公共领域价值判断的影响,规划研究越来越注重问题的特殊性和具体事项。与此同时,规划受到市场导向因素和新自由主义的影响②,研究的注意力自然而然地集中到探讨究竟是市场策略有效还是政府公共干预有效。显然,就算持市场主导观点的人也不得不承认,在完全开放的市场体系中,受各种社会因素影响(例如经济腐败现象),规划政策不可避免地会受到歪曲。对此,规划学者提出以问题为中心的规划理论,将国家和社会因素纳入规划研究,其主要观点包括以下五方面:① 城市-区域持续的经济衰退使城市经济复苏的研究成为重点;② 持续的社会分化及社会不平等现象使规划研究关注于弱势群体及社会公平;③ 自然生态威胁程度的上升使规划致力于环境可持续发展的研究;④ 后现代城市环境美学观念的重现使城市设计的理论研究得以更新;⑤ 土地开发、规划的过程向地方政府进行民主公开,这意味着公众参与规划研究依然重要。

---

① Stone 认为,在政府与非政府组织之间作为合作形式的管制中,非正式的安排形式只是为了帮助正式的内容可以实施。

② 20 世纪 80 年代受当时政治和市场经济的导向,西方国家规划师普遍存在一种认识:规划师是市场经济和私人开发商的合伙人。

2.5.3 本节评述

相比上一阶段(转折阶段)规划对社会关注的主观性而言,20 世纪 60 年代以后,规划根植于社会的观念逐步得到肯定,并且与其他社会学科一样,在学科发展认识论和本体论方面,受自然科学研究方法的影响,规划开始注重将影响规划实施的社会因素以更富有逻辑的程序组织到规划过程中来,其中最显著的特征就是城市规划系统论和过程论。系统论的提出使规划的视野越来越宽泛,客观上促进了规划对相关学科研究的关注,学科之间的相互借鉴和交叉研究在这一阶段开始活跃,并逐步形成对交叉领域的专门研究;在方法论和具体技术手段方面,规划不断补充、完善着规划的方法论体系,逐步运用各种手段量化社会实际对规划的需求(或要求)。虽然在方法论体系中仍然存在目标与手段之间的差距,但从规划学科发展的趋势来看,这一差距在各学科的交叉融合过程中有逐步缩小的态势。

与本阶段系统、理性思想同时并进的是规划的民主进程。规划的信息来源主要包括地理信息和社会信息两方面,地理信息相对比较单一,获取方式及信息的完整程度可以通过一定的技术手段保证,而社会信息方面则由于其涉及面广泛而呈现较为复杂的状况,很难仅仅从技术层面保证信息的质量,从规划供给方(包括政府、规划师或开发者)角度,客观了解社会实际要求成为保证并促进规划实施的先行条件[1],规划需要具有对各类社会状况的基本了解,这对于个人或某团体而言是十分困难的,需要有来自社会的帮助。此外,整体社会民主意识也随着市场体制的成熟步入主流社会意识形态之列,因此,从规划受众角度,知情权和话语权成为有效表达社会需求的前提。在这两方面动力的推动下,公众参与纳入规划的正常程序就具有了充分的理由。不过从目前的参与方式及规划采纳的实际成效来看,公众参与是否在各个层面规划中都能起到应有的作用依然是规划探索的热点问题。

此外,城市规划的人文化研究趋向在区域规划理论框架更新方面也有反映:调整了政府在区域发展分析框架中的位置,政府被看作是发展的主体之一,强调建立政府—企业—市民社会(Civic Society)三元社会组织结构,在区域和城市发展规划方案比选和实施各个环节上重视基层大众参与;改善公共管理(Public

---

① 虽然之前的规划大部分没有必要的民主程序保证,但对市场体制越来越被广泛接受并日益成熟的社会而言,民主成为公共事务处理的必要条件已成为社会共识。

Management)与提高区域和城市的管制(Governance)水平被作为主要的规划目标。有关政府宏观管理的体制改革的争论也同样成为焦点,如调整中央—地方关系的问题;更新"基础设施"观念,在发展战略和规划中一方面强调提高对自然和物质基础设施的管理水平,另一方面重视加强社会性基础设施建设,尤其是建设符合大众利益的社会安全保障体系,以及加强社会文化环境的建设,包括为建立社会网络组织提供必要的支持条件等。

第3章
规划的社会研究现状

从以上西方城市规划中社会研究的历史纵向探究中可看到,大约在 20 世纪 80 年代,应对全球性的城市发展趋势,各国城市规划体系开始显现明显的阶段发展特征。从城市化发展阶段角度考察可发现,城市化程度和阶段不同的国家或地区对城市规划的要求也不尽相同:处于快速城市化时期的区域,人口向城市集聚趋势占人口流动的主要比重,造成城市空间地域的拓展,因此城市规划在这个阶段的主要任务是协调城市化地区的空间秩序,以土地使用控制为核心;而对于城市化已达到相当成熟阶段的区域,人口的集聚和地域空间的拓展趋势逐步减弱甚至出现逆城市化,此阶段规划的重点转向建成区的改造和再开发,与空间拓展阶段最大的区别在于空间秩序内部的社会内涵,因此对社会研究的重视程度和介入比重越来越大,社会科学中的相关学科领域在城市规划中的综合运用也成为趋势,以下将从规划学科发展、职业教育和项目实践三方面探讨近十年城市规划中社会研究的进展状况。

3.1 学科发展方面

从理论角度上讲,规划学科发展可归结为哲学、科学和技术三个层面的发展。哲学层面的发展主要是探讨有关城市规划本体论、认识论及方法论方面的问题;科学层面的规划发展主要就规划自身及规划对象进行科学的(可证伪的)研究探索,以掌握城市发展中属于客观规律的内容;技术层面则侧重于规划作为实践行动的过程及选择中的具体技术路线和操作方法。城市规划的总体发展需要这三个层面的协调共进才能真正进步。一般情况下,作为规划支持的社会研究在这三个层面中往往被定位于科学层面,这是受社会学研究的特性影响及城市规划对自身研究对象无法洞悉的双重原因作用下的结果。同时,也正是由于这样的定位,使城市规划对社会学等相关学科始终持"借而不合"的态度①,这种状况影响了城市规划的进一步发展,尤其在全球化和信息化影响下,城市发展有向城市内涵和人性化方向回归的明显趋势,这意味着城市土地空间的社会意义的重要程度上升。作为行动的城市规划,如果只是堆砌相关学科的相关研究内容是毫无意义的,只有研究如何有效地综合相关学科内容以支持规划决策才能真正促进规划学科的与时俱进。

从学科传统来看,城市规划本身涉及社会科学、人文科学和自然科学等领域,但城市规划的产生与建筑学及工程技术学密不可分,而且在相当长时间内,建筑学和工程技术对于城市规划的影响远大于社会人文学科的影响。然而,城市规划学科向相关社会学科的靠拢可以说是不以人的意志为转移的一种客观趋势,这是由城市发展的复杂性决定的,现代规划学科在 19 世纪以来的发展已证明了这种趋势的存在,在现代城市规划的发展过程中,规划吸取了自然科学、社会科学、工程技术、视觉美学等知识,这种融合成就了城市规划自身的学科特点。

城市规划在对社会关注的过程中,随着对社会认识的不断加深,所关注的问题越来越切入城市发展本质。从 20 世纪 20 年代对工人阶级居住条件的改善,到 50 年代的基于物质环境改造的社会批判,到 60 年代关注社会弱势群体的利益、社会贫困等,一直到 70 年代后至今,规划将视点从物质空间扩展到社会研究的过程中,关注的焦点开始从社会表象问题转向城市公共政策,将物质关怀转为机遇平等的条件创造上。

从规划支持的角度,总结城市规划中的社会研究现状,其涉及的规划领域主要包括:国家和区域政策、社区规划、住宅政策、城市更新政策、某些城市问题人群、社会行政管理、休闲与娱乐等领域。见表 3‒1。

表 3‒1   社会研究领域与研究重点

	涉 及 领 域	研 究 重 点
1	国家和区域政策	如何统筹各地方规划管理机构的目标与国家战略目标
2	社区规划	社会流动、社区间的交流、社会冲突、社团组织

①   城市规划本身在 20 世纪 60 年代之前,注意力过多集中于城市土地及空间形态方面,之后虽然开始关注城市经济社会方面的问题,但可以看到是非主动而为之的。而早在 20 年代初,社会学界已主动开始了系统的城市社会(空间)方面的研究,并由此衍生出社会学分支——城市社会学,对此规划的保守借鉴态度成为学科间有效交叉的一种桎梏,学科交叉不仅仅是在研究或实践中加入相关学科的内容,更积极的意义在于将相关学科的内容有效地成为规划的组成部分,支持规划。

	涉 及 领 域	研 究 重 点
3	住宅政策	住宅再开发、住宅开发与地方及区域的联动、租金(价格)、
4	城市更新政策	区域社会均质性研究、社会特征、区内就业平衡、社会吸引力
5	某些城市问题人群	不同文化背景的移民、老人、儿童、妇女、残疾人、边缘人群
6	社会行政管理	地方政府在规划中的角色作用、动员和协调能力
7	休闲与娱乐	人群需求、选择性提供与引导、组织策略(供给)及个人策略(提升)

3.2　职业定位方面

谈及城市规划研究,首先需要明确规划事业从业者的职责所在。由于在市场经济体制下,城市规划作为社会协调的作用越来越重要,规划领域的任何变化对规划师的角色地位都会产生一定影响,因此近年规划界对规划师职业地位的研究较多。

3.2.1　规划师角色地位及职责向社会研究的偏移

西方城市发展史上对城市的研究是随着城市的逐渐发展和成熟而逐步兴起的,直到现代城市规划形成以前,规划师的工作都由一些出色的艺术家、建筑师或是社会实践家担当的,并未形成固定的职业。规划师成为一种面向客户的专业角色,应市场经济对城市发展规范的客户需求产生,这一概念首先由 Paul Davidoff 和 Thomas Reiner 于 1962 年提出,在当时技术理性占主流的情况下,他们认为规划师应当将自己的角色限定在与规划条件相关的技术处理中,例如理清可能的选择项,列出这些方案实施的预测结果等。但更为关键的是,他们同时也意识到规划师需要参与规划的价值判断中。因此,职业规划师的概念不仅将技术问题与项目具体问题区分开来,而且也将价值判断与政治决策区分开来。Davidoff 后来在《规划中的倡导与多元主义》中进一步探讨了规划师作为专业从业者的问题,他认为作为专业人员,规划师应当主动参与规划的决策过程,通过倡导积极地为当事人,尤其是社会中的弱势群体争取利益。Davidoff 对职业规划师的角色理解有一个重要的前提,就是 Davidoff 是将规划视为一种政府行为,因此在政府通过规划手段进行公共干预的立场上,规划师代表的价值判断理论上是公众的,与市场行为中的非政府干预是两种概念。Davidoff 对规划职业的认识使规划师的角色有了很大的转变——20 世纪 60 年代以前的规划师对政治(这里指的是广义上的政治概念)几乎没有任何兴趣,此后逐步认识到规划与规划决策都与政治过程密切相关,而规划师在这个过程中的作用就是作为专业人士,懂得怎样做才是比较适宜的。新马克思主义的代表人物 David Harvey 认为,规划师在社会运作中被教育成社会再生产的工具,其职责和使命是使投资配置实现最优化。为实现规划目标,规划师需要一定的职业权威,而这种权威的基础建立在规划的乌托邦理想社会的初衷上,即为社会提供投入大而利润小的公共产品,同时这种权威地位也来自公众对规划师专业地位的认同和遵从(Harvey,1985)。

对于职业化的规划师,现代城市规划开始时并没有给出明确限定,最初作为社会政治行动的参与者,规划师参与城市问题的处理事务中,从公共健康、卫生法规、住房政策到城市美化运动,规划师角色由社会改良者发展为国家对城市发展进行公共干预的专职人员①。此后有关规划师角色及职责的研究随着社会发展主导方向的变化不断涌现,例如 Udy(1994)运用类型学方法研究并提出的规划师类型矩阵(the matrix of planner),以说明规划师在实际规划中的作用(见图3-1)。此外,P. Healey(1991)对规划师角色的分类也有过类似的界定:① 作为城市建设管理者(urban development manager);② 作为公共官员的规划师(public bureaucrat);③ 作为政策分析者(policy analyst);④ 作为中介者(intermediator);⑤ 作为社会变革者(social reformer)。之所以规划师的角色会出现这样的类型区分,与其角色的影响因素有关,以目前城市规划及规划师职业现状来看,影响规划师角色的因素主要有整个社会的价值体系的状态(包括社会体制、主流文化等)、技术传统、规划设定的系列目标、规划师彼此之间的工作认同度,以及规划师的政治主张。

城市规划的作用在于"促进和支持资本的利益,同时又防止这些利益对公共生活基础的损害"(Friedmann,1987)。换言之,规划师的职责就是在坚持社会理性的同时,考虑并促进市场因素(规划的实施运作),以保证规划成功实施,在经济利益与社会利益之间取得一定的平衡。根据社会发展主导方向的需要,规

① 规划师作为专职,人员来源背景广泛,1914 年左右一些国家相继成立规划学会,学会组织成员包括规划师、建筑师、市政工程师、律师、测量师等。

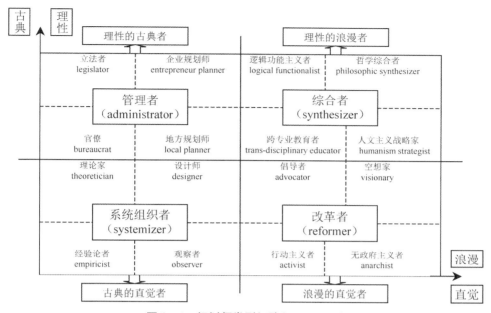

图 3-1　规划师类型矩阵(Udy，1994)

资料来源：孙施文，城市规划师的职业地位，规划师[J]，1998/01：p. 21

划对这两方面的侧重会相应地有所偏移。在市场经济运作比重上升或已占主导的情况下，规划师是顺应市场及以投资为主导，还是以公众为出发点来决定城市土地使用的分配，直接影响土地投入的经济和社会产出，而其中经济产出的衡量比社会效益的衡量要容易并易于事先被接受，因此，当今规划所面临的挑战是发展在实际运作过程中的认识和可以运用的方法，以促使规划不盲目追随市场，也不天真地去建构市场(Healey，1993)。从规划师职业发展历史来看，规划师职业的产生与城市规划的社会关怀有着密切联系，虽然规划师在规划实践中的工作远非其职业理想及规划理论所期望的那样，但不论是规划理论界或职业道德准则方面，都始终没有放弃服务于社会的理想。

3.2.2　规划师的职业教育的社会研究内容

值得一提的是，20 世纪 60 年代以前，西方规划教育的发展，基本还是以物质环境规划方案的编制训练为主，对于规划如何思考问题的方法教育和训练很少(P. Hall，1975)，这种情况与目前国内城市规划专业的主流教育状况非常接近。西方的规划教育的转变发生在 1945 年前后，受美国商业学院的几位基础理论家 C. 巴纳德（Chester Barnard）、P. 德拉克（Peter Drucker）和 H. 西蒙

(Herbert Simon)等在管理教育中吸取哲学和政治学思想,使其发展成为一种决策科学,并同时运用了经济学、社会学和心理学等大量社会科学的思想于其中。这种学科发展方面的突破和互通趋势形成一种新的传统——协同规划(corporate planning),并于1960年前后开始影响物质环境规划教育的方向和内容。20世纪60至70年代,与此差不多同时出现的是技术方面的突进,计算机功能的日益完善对于研究中的大批量计算问题及模型的建立与系统虚拟提供了可能。思想基础及技术手段上的日臻完善使城市规划中理想蓝图式的规划模式逐渐被淘汰(或者说被规划从业者所抛弃),观念与技术的颠覆性[①]变化促使新的规划模式产生。新模式着眼于对规划过程的掌控,因此被称作控制论规划(cybernated planning)。基于规划自身随情况变化而不断修订的特性,新的规划模式是一个不断循环的过程——罗列规划区域发展的目标(goals)和任务(objectives),并在规划过程中不断修订,规划方案在这一规划模式中始终围绕目标和目标引申出来的任务,规划通过对方案的比较和评价,产生策略性的控制系统。P. Hall 将新的规划模式顺序归纳为:目标—连续的信息—各种有关未来的比较方案的预测和模拟—评价—选择—连续的监督。如前文所述,系统理性与过程控制论在20世纪70年代中后期开始受到批判,Gordon E. Cherry 认为,规划最基本的出发点应该是它所根植的社会背景[②]。因此除土地使用及空间形态之外,规划师的知识基础还应当包括社会、经济、政治以及生态环境,甚至交叉学科间知识的运用,而这样的知识基础无疑是庞杂的,规划师不可能对这些知识都专业到可以规划安排的程度。因此,进入80年代中后期,规划师的角色和工作相对于他们传统的概念有了很大变化,规划的可实施性越来越重要,与不同的团体进行谈判,协调各类群体之间的利益关系成为更实际的工作,呼应这种职业角色及工作需要的转变,规划师的职业教育内容和侧重也相应有所变化。一般而言,规划师职业要求从业者具有系统的专业知识、服务于社会的理想和职业行为道德标准,相应的职业教育主要内容在于建构规划师的专业知识体系,而对于后两者则需要通过职业信念及职业规范来约束。

规划的职业教育在各国及地区受该地区教育体制及区域城市发展进程的影响。从教育体制方面看,主要区别在于学科设置的独立性及其归属的类别(如归属于工程技术类,或社会科学类等),独立性表明了学科自身的发展位置,而其归

---

① "颠覆性"应该是在政治语境中才有确切含义的用词,在这里援用,以说明20世纪60年代观念与技术发展带来的变化是之前所难以想象的。

② Gordon E. Cherry, Town Planning in its Social Context, Leonard Hill, 1970: p. 163.

属的类别则影响着学科的发展方向。以下简单介绍英国和美国的规划教育，以观察这两个国家规划教育中对城市社会方面的关注。

（一）英国规划职业教育——制度体系严谨

英国作为最早建立规划师执业资格制度的国家之一，于 1919 年成立皇家规划学会（RTPI），对规划师职业资格进行审定，同时负责评估院校的城市规划教育。英国建立规划职业资格考试制度是为了弥补当时规划教育体系的不足，这种不成熟从 1950 年以后得到改善，从单一的职业考试制度转向依靠系统的城市规划教育保证规划师的职业素质①，同时，逐步开始摆脱以建筑学和工程技术领域为主的用地及形态规划。政府设立沙切斯特委员会，要求规划人员首先了解涉及用地的经济、社会方面的知识，其次才是用地规划技术方面的知识，强调城市中社会、经济、环境等的综合功能，规划人员应具有相应的多学科综合知识与政策方面的能力，物质性规划蜕变成为综合应用与表达的技术手段。英国规划职业教育集中于大学本科和硕士阶段②，以满足职业需要设置教育课程内容。

英国皇家城市规划学会 1991 年制定的城市规划教育大纲对规划师提出三方面要求，强调的是规划师知识的综合及应用能力。

（1）知识要求

① 城市规划的本质、目的和方法。主要内容涉及规划本质、目的及方法等方面的论述；哲学、自然科学和社会科学的各种思潮；规划技术手段；规划师的作用。② 环境与发展相关知识。包括自然环境、人文环境及其发展过程；环境评估与管理。③ 政治、机构组织方面的相关知识。内容涉及英国政治、政府、法律、组织、政策及相关程序。④ 城市规划专业知识。RTPI 要求规划师具备在上述三类知识中建立相互关系的能力。

（2）技能要求

包括以下 9 个方面的技能：① 问题诊断能力；② 研究技能和资料收集能力；③ 定量分析能力；④ 美学和设计方面知识；⑤ 战略思考能力；⑥ 将知识综合并应用于实践的能力；⑦ 协同解决问题的技能；⑧ 书面、口头及图面表达能

---

① 规划师的职业素质由一系列的教育程序保证，经 RTPI 评估承认的城市规划专业课程的硕士或研究生文凭获得者，经过一定年限的职业实践，经推荐，即具备 RTPI 规划师资格。
② 英国规划教育的学位分为职业学位和学术研究学位两种，分别满足职业需要和研究需要。其中学士和硕士学位一般为满足职业需要，属于职业学位；博士及少量研究硕士专门为学术研究需要培养，属于学术研究学位。

力；⑨ 情报技术、计算机技能。

（3）价值观念

要求规划师具有对规划工作价值及规划师职业道德的认知。

值得一提的是，RTPI强调规划师除必须掌握上述核心知识和技能外，各校规划院系可提供有侧重的专业教育课程，为规范规划教育，与教育大纲同时制定的还有规划教育评估指导大纲①。从搜索到的英国规划院系教育课程设置来看，内容几乎都包括规划的社会过程及相关知识，其中社会研究与物质形态规划具并列地位，同属于城市规划的一个专门化分支。

（二）美国规划职业教育——综合职业性强

美国于 1917 年设立美国城市规划学会（ACPL，后改称 AIP），随后于 1923 年设立美国区域规划协会（RPAA），1934 年又设立了美国规划行政官协会（ASPO）。在此期间，哈佛和麻省理工开设城市规划专业教育课程。作为职业教育的城市规划课程集中于硕士阶段②，在全美各地的综合性大学中，分别设置有城市与区域规划（City & Regional Planning）、城市研究（Urban Studies）、城市/公共政策（Urban/public policy）等相关学科研究方向③。现阶段美国规划教育通常将城市规划专业设置于与公共政策、公共事务联名的学院，或建筑学院内（原隶属于建筑学院的规划专业有逐步分离出来的趋势）。专业方向设置体现了很强的社会综合特点，并且注重经济、政策及分析方法的训练，加上攻读城市规划的学生（硕士）专业背景差异非常大，因此美国的规划教育很大程度上已脱离了城市规划的建筑传统。由此可看出，美国规划教育主要将规划师作为与公共政策及事务相关的职业并加以考虑和培养，重视规划师的知识综合与社会协调能力④。根据美国注册规划师协会（AICP）和美国规划院校联合会（ACSP）为规

---

① RTPI 于 1991 年通过的教育评估大纲主要包括 5 方面评估内容：① 知识要素；② 技能要素；③ 价值观念要素；④ 专门化领域；⑤ 规划院系的质量。

② 城市规划专业一向被认为是一门交叉学科，专业特点要求学生具有一定的社会学、经济学、政治学或其他专业的本科基础，部分学校提供本科教育，但不授予城市规划学士学位。

③ 经 ACPL 统计，现在美国城市规划学科的主要研究方向有以下 11 个：土地使用规划（Land Use Planning）、环境规划（Environmental Planning）、经济发展规划（Economic Development Planning）、住房与社区发展（Housing and Community Development）、卫生与服务规划（Health and Human Services Planning）、规划政策研究（Policy Planning and Management）、城市设计（Urban Design）、交通规划（Transportation Planning）、历史古迹保护与规划（Historic Preservation Planning）、国际发展规划（International Development Planning）和规划信息系统（Planning Information Systems）。

④ 规划专业教育内容涉及社会、经济、管理、法律等领域，注重实际操作中关于公共领域的一些技能培养，如社会调查、经济分析、公众参与、合作能力等方面。

划院校制定的规划硕士①教育标准中,要求一名合格的规划师必须具有知识、技能和价值观三方面的素质。根据张庭伟(2004)的总结归纳:美国规划师应具备的这三方面素质主要包括以下内容(见表 3-2)。

表 3-2　AICP/ACSP 的城市规划硕士培养标准

知识	1	城市和人居的结构与功能	城市及所在区域的城市地理、形态及变化
			城市结构:政治结构、经济结构、社会结构
			城市问题:经济问题、财政问题、基础设施问题、土地使用问题、社会问题
	2	城市规划过程及实践	城市规划理论:规划的规范理论、规划工作的理论依据、规划的决策方式、规划工作的现状和理论目标的比较
			城市和区域规划工作的历史:规划工作的起源和发展、变化,尤其是发生变化的历史背景
			规划工作实践的理论:规划作为一个过程以及规划师如何对此形成共识;规划如何应对社会、经济结构变迁下新的城市问题
			一般性理论:包括经济学、政府和公共事务管理理论、决策理论,规划模型问题,规划在社会生活中的角色定位理论等
	3	规划编制和实施	规划编制及其实施的社会、经济环境:城市立法体系和规划法规在其中的法律定位,了解实施规划的执行机构,了解规划编制及实施的全过程
			不同形式规划的编制:包括区划法规、总体规划和各种规划法规的制定
			规划的实施:包括政治学和组织行为学,公共财政管理
	4	规划专门化知识	专门化知识:城市住房规划、土地使用规划、经济发展规划、城市设计、城市环保规划、交通规划、国际发展规划
			专门化知识中包括的种族、族裔、贫富、性别不同带来的不同的规划问题
技能	1	研究问题的技能	提炼、抽象出研究问题的能力
			掌握研究的方法 research design
			具有建构研究假设(hypothesis)的能力
			设计问卷、搜集第一手资料的能力
			定性分析的能力

---

① MUP 学位,是美国规划师的标准职业学位。

技能	2	定量分析与计算机技术应用	运用数理统计和其他定量分析技术的能力	
			计算机软件的应用	如 GIS/SPSS/CAD/Photoshop etc.
			建立分析模型，能分析得到的数学结论，并在现实条件下作出解释	
			书面、口头、图纸的表达能力	能通过编写规划文本、举行公众报告会、放映视觉形象来表达规划的目的、意图和公众进行交流
			协同解决问题、编制规划、编写设计项目任务书的能力	团队合作精神、组织能力、调停能力、协商能力及谈判能力
	3	综合运用知识的能力	在实际条件下运用规划知识解决问题的能力	
价值观	1	目的	为了培养出有职业道德的规划师，使规划师认识到他们的决策可能造成的社会、经济、环境影响，并要求规划师能为此导致的后果承担责任	
	2	原则	使规划师理解、重视人类普适的价值观，理解其社会责任、人道主义、民主决策等价值观念和具体规划工作的联系	
	3	基本价值观	必须体现社会公正、公平，为公民提供经济福利，在使用资源时讲求效率	
			理解民主社会中政府的角色定位，重视和保证公众参与，在保护个人权利的同时保证集体利益和公众利益	
			尊重多元观点、尊重不同意识形态的共存	
			保护自然资源、保护蕴藏在建筑环境中的重要的社会文化遗产	
			遵守专业实践和专业行为中的职业道德，包括规划师和业主的关系、规划师和公众的关系，注意在民主决策过程中市民参与的地位	
	4	培养方式	通过每一门规划课程和规划实践体现，不一定设专门课程	

注：本表内容根据张庭伟，知识·技能·价值观——美国规划师的职业教育标准，城市规划汇刊 2004/02：pp.6～7 相关内容整理。

　　美国与英国规划教育不同之处在于，美国的规划职业教育及学位设置对市场的敏感程度非常高，学校可以根据市场需求自主设置相应的课程。

　　以 MIT 城市规划与研究系近两年的硕士课程设置来看，除必修核心课程、研究性课程与不同研究方向的专业课程外，最具选择性的课程是跨专业课程，涉及高等统计学、分析方法、政策研究分析、法律基础、微观经济学、社会学等领域，这些课程的目的在于帮助提高政策研究水平和解决实际问题的能力。就课程内容而言，研究方法、资料信息的采集与分析以及预测应对能力方面的课程占了绝对比例(见表3-3)，可见美国规划职业教育对学科综合与社会实践的重视与培养。

表 3-3　MIT 2003—2004 城市规划课程

核心课程 Core Subject	不同研究方向 的专业课程	研究性课程 Research Subject	跨专业课程 Department Wide Subject
● 规划及制度程序(国内) ● 规划及制度程序(国际) ● 入门：规划操作 ● 入门：规划经济学 ● 微观经济学 ● 规划联络与数字媒体 ● 公共管理中的计算机应用介绍 ● 规划师的微观经济学 ● 规划中的定量推理与统计方法Ⅰ ● 关于博士研究的讨论会	● CDD 城市设计与开发 ● CRE ● EPG环境政策 ● HCED住宅与社区发展 ● IDRP市政设施发展规划 ● UIS城市信息系统 以上为MIT城市规划研究系设置的6个研究方向，具体专业课程略	● 毕业指南 ● **制度规划与发展基础——面向校园及社区规划师** ● 经济发展规划技巧 ● **社区自结算：为邻里人口调查进行的协作式社区规划** ● 美国改革与区域发展 ● **都市野外工作与实习** ● 不动产研究：职业谈判、统计分析 ● 网络在线社会经济资料的规划用途 ● 非营利组织领导的管理基础 ● 校园与社区 ● **法律、律师和社会变迁** ● 不动产融资讨论会Ⅰ、Ⅱ ● 都市研究阅读指导 ● 研讨会 ● 博士非正式讨论会 ● 博士研究论文	● 规划中的定量推理与统计方法Ⅱ ● 辩论与交流 ● 关于高级写作的讨论会 ● **社会科学在社会变革中的运用** ● 研究设计与方法论 ● 付诸意义：设计师与规划师的定性方法 ● 分析计划与组织 ● **性别、就业，与公共政策** ● 城市规划中的回归分析应用 ● **IT与美国劳动力市场** ● 教育中的经济学 ● 调查与教育的计算机模型 ● **公众方面的谈判与纠纷解决途径** ● 谈判与纠纷解决途径的比较研究 ● 高等谈判专题讨论：多方谈判 ● 决策过程 ● **公共政策分析探讨** ● 组织与环境 ● 公共政策领域 ● **关于社会政策的论辩** ● 经济制度与组织 ● 可持续发展规划 ● 土地使用与产权的法定内容 ● 生态系统管理

续　表

核心课程 Core Subject	不同研究方向 的专业课程	研究性课程 Research Subject	跨专业课程 Department Wide Subject
			● **关于将事实发现融入科学决策作用的争论** ● 市民社会与环境政策及规划 ● 剑桥的民主与联络政策 ● 过渡经济中的规划 ● 可持续发展 ● 住宅市场 ● 城市景象的过去与未来 ● **公共政策中的观念、概念与理论**

（三）中国规划职业教育——亟待提高与完善

从严格意义上讲，中国的规划职业教育开始于 20 世纪 50 年代①，发展于 80 年代以后②，在 2000 年开始实施注册规划师执业资格考试制度后，我国的规划职业教育逐步走上正轨。建设部用以保证教育质量、加强管理的途径主要是通过规划教育评估委员及学科指导委员会进行规划教育考察和交流等方式（见图 3－2）。目前，我国高校城市规划专业的学科背景基本为建筑类（65％）、工程类（15％）、理学类（15％）和林学类（5％）（赵民、林华，2001）。我国的城市规划专业评估很大程度上来讲是一种政府行为，而非职业协会行为，这与英美等西方国家的职业教育制度存在很大区别（赵民、林华，2001）。制度体系的欠完善对于提高规划教育质量是一个瓶颈，对此，有学者提出要有规划专业设置的"准入"机制，通过专业评估机构保证质量（赵民，2001）。为适应经济社会转型时期的需要，国内一些规划专业设置了经济、社会、管理及法规方面的相关课程，以提高规划人员在知

---

　　①　同济大学原建筑系于 1952 年全国高等学校院系调整时合并而成，同年，同济大学由金经昌教授主持在国内首先创办了城市规划专业（四年制），当时的名称为都市计划与经营专业，并设立都市计划教研室。1956 年该专业分为城市规划专业和城市建设工程专业（五年制）。1960 年开始招收城市规划专业硕士研究生。1986 年成立城市规划系。1986 年开始招收城市规划专业博士研究生，1992 年设博士后流动站。同济大学城市规划专业是全国重点学科。——摘自同济大学网页相关院系介绍。

　　②　改革开放 20 多年时，城市规划从业人员从寥寥千人发展到今天 5 万余人，城市规划专业教育也从恢复走向了繁荣：20 世纪 50 年代初，中国只有两所高等院校设有城市规划专业，80 年代初达到 6 所，到 2001 年，为适应社会对职业规划师需求的增长和高校自身发展的需要，设有城市规划的院校已增至 40 余所。引自赵民、林华，我国城市规划教育的发展及其制度化环境建设，城市规划汇刊，2001/06。

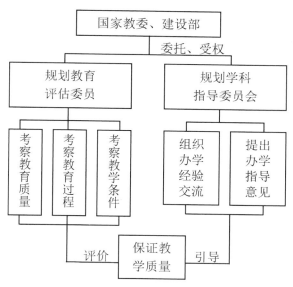

图 3-2 城市规划专业教育质量保障机制框架

资料来源:赵民、林华,我国城市规划教育的发展及其制度化环境建设,城市规划汇刊,2001/06。

识方面的综合应用能力,但不论在内容及方法上都需要提高和完善,这一方面是由于人员学科覆盖面局限性较大,另一方面也受到目前主流规划思想及方法的影响,客观上尚未形成具规模的需求。但从发展来看,职业教育体系和制度的完善将是势在必行。

(四)规划师职业教育评述

从英国和美国的城市规划职业教育现状来看,虽然两国均有自身的制度和体系,但规划教育基本都将社会研究相关课程作为核心课程以外的跨专业内容,由此可看出,英国和美国规划教育对城市社会研究的定位:作为必要的相关知识和规划的社会关怀意识。从其他发达国家的规划职业教育来看,作为规划知识基础(对经济、社会、政治方面的城市研究内容)的教育内容基本都具有与英美相似之处,而以中国为代表的发展中国家的规划教育(尤其是本科规划教育)则更偏重城市物质形态方面的技能,其中最大的区别就在于教育中对相关知识体系的建构方面。总的来看,职业教育发展状况与本国或本地区的城市发展所到达的阶段和面临的问题是相对应的:对于经济发达地区和国家而言,已基本完成城市化扩张的过程,进入城市型社会,城市规划的重点转向对城市建成区的改造和再开发,与之相应,对规划职业的要求除对空间结构形态把握外,偏向于相关学科领域的综合能力,和与各层面人士谈判沟通的能力培养;而对发展中地区和国家来说,城市化的基本表现还是以扩展为主,人口大量向大城市集中导致建成区不断向外扩张。与此同时,伴随扩张的是外来人口群体及郊区农村社会向城市型社会靠拢。而由于中国城市发展程度差异较大,以上两种状况在中国城市中均有体现,因此对目前中国的规划职业教育而言,更重要的是如何建构起适应这种状况的职业教育体系。

3.3　具体实践中的社会研究现状

3.3.1　规划实践侧重

　　社会与经济从理论上讲应该是城市规划中并列的问题,虽然现代城市规划最初在欧洲起步时以社会改良为核心目标,但必须承认的是,规划实践中对社会发展的干预远不如对经济增长的干预,这有技术方面的原因,但更重要的原因在于经济增长是工业革命以后促进城市化的最显著动力,经济因素往往成为城市发展中最重要的一项要素。因此,从 20 世纪至今的城市发展中,不论城市管理层或专家学者或市民大众,都有明确的经济意识和指导思想。相比之下,人们的总体社会意识要薄弱很多。造成这种状况的原因,一方面由于社会是一个集体概念,从社会心理学角度,通常集体意识总是后于个体意识;另一方面社会效应的量变积累过程通常比较长,一般在量变积累过程中不易被察觉,只有达到质变并表现出明显效应时才会引起关注(隐性主导),而经济效应的显现通常随着积累过程表现,且可量化性较高,容易被感知、接受并加以控制(显性主导)。工业革命至今的城市发展受经济主导的主流思想左右,导致规划干预在哲学认识论层面有所侧重,在方法论层面有所偏好,并以城市经济增长为主要目标。

　　随着政治经济学研究的深入发展,地方化研究和规制观等理论思潮构成了20 世纪 90 年代经济地理方面的文化研究趋向。全球化、信息化以及与之相伴随的所谓后现代化改变了,并正在进一步改变着世界经济活动的空间格局;科学技术进步加强了人类跨越空间的相互作用,使分散的而且相距较远的地方之间的相互作用成为可能。世界不同地域之间的相互联系日益紧密,似乎要抹煞经济空间的地域差异。国家主权受到挑战,并由此激发人们建立国家和区域个性认知的兴趣——希望发扬一个国家或地区的地方性文化,以此抗衡市场经济和全球化的负面影响,把确立地方性看作建立地方之间的相互联系,并形成区域组合体和加强国际交流的基础。另外,伴随经济高速增长的环境问题和社会问题的广泛出现及其产生的严重影响引发人们对城市发展模式的重新思考。例如以人为本的可持续发展观日益流行,环境意识的觉醒。学者和决策者共同认识到人力资源以及人与人、人与区域环境之间的相互联系和依存才是最关键的发展要素。因此,构造良好的社会环境与经济环境一样重要,适居性成为环境评价和环境建设的最重要指标。自 20 世纪 80 年代中后期以来,以英国和美国为代表的欧美国家的政府公共政策框架有了较大调整,其中最为关键的变化就是开始把社会和文化发展问题当作其公共政策的核心内容之一。

3.3.2　实践指导思想

虽然 20 世纪 60 年代左右的规划崇尚系统理性及过程控制论,但相对在此之前的自上而下的精英决定论而言,已经标志着规划开始从城市发展基本因素方面考虑城市各方面的协调发展。自然科学及社会科学的研究成果总是以潜移默化的方式影响着规划实践的指导思想,比如 60 年代的系统工程思想与社会科学中的量化研究方法(占据当时社会科学中的绝对主导地位),都由现代科学主导思想而来。而随后的后现代思想则将矛头直指现代主义的核心,现代之后的城市整体呈现异质性,与之相应的是需求与意愿差异性的增大。如果将规划视为某种商品,显然提供满足统一公共意愿的规划会失去意见不同者的支持;针对多元的意愿和需求,规划应当提供选择的可能。同时权力(权力在这里是一个广义的概念)的分配与运用也成为争取选择的前提和保证。对于城市进入现代之后的整体特征与状态进行总结与反思是 20 世纪 80 年代后期的事情。后现代城市(Marc Cuillaaume)的概念距离后现代的提出已有二十年左右的跨度,受不断发展的社会文化意识的引导,城市发展总体已显现出受现代主义思想侵蚀的明显特征。如果说现代主义的关键词是“功能结构”和“理性”,那么从目前的总结来看,现代主义之后的关键词是“模糊性”“多元化”和“选择”①。规划研究对此作出的响应在外部表现为规划越来越注重与整个社会体制与制度的配合协调,

---

① 现代之后的城市整体呈现异质性,与之相应的是需求与意愿差异性的增大。如果将规划视为某种商品,显然提供满足统一公共意愿的规划会失去意愿不同者的支持,针对多元的意愿和需求,规划应当提供选择的可能。同时,权力的分配与运用也成为争取选择的前提和保证,权力在这里是一个广义的概念。

在内部则体现在对城市发展相关的各种因素的更确切而有效地把握上[①]。进入90年代后,关于现代与后现代的争论减少,也很少有人以后现代作为自己的立场来发表观点。尽管如此,后现代主义作为对现代主义的反思与批判,是人类认知过程中的一种进步与发展,其倡导的一些观点和理念对人们的思想产生了潜移默化的影响,具体表现在用以说明社会发展状态的某些语汇的出现频率激增,如复杂性、模糊性、多元化、边缘化等。规划与之相应的变化也表现在其逐步适应多元、复杂的社会需求方面。

3.3.3 规划实践方法

目前国内规划主流实践中对社会研究的态度大多"借而不合",社会研究内容与方法往往不作为规划本职研究出现,而是通过罗列一些数据或直接引用一些研究结论作为依据。这种方法存在两方面的潜在危险:首先是数据再使用中可能出现的不当,原始数据在采集过程中往往有一定的条件约束,再使用时应当注意其约束条件是否可转译为再使用中的约束条件,而这一步骤往往被忽略;其次,相关研究的结论建立在一定的前提假设基础上,在引用过程中需要比较两项研究的假设前提是否具有互通的平台,并在此基础上选择引用。对于应用性研究而言,研究变量与实际情况的契合度和适应性是研究可应用程度的重要影响因素,上述引用(即非介入性研究)中可能出现的问题,在介入研究中也可能由于变量与研究问题间的匹配程度差异而有不同程度的反映。因此,规划中的社会研究不论采取文献或第一手资料都要注意其与规划所面对的问题之间的匹配性。匹配性的筛选和检验根据实际需求通过经验(如参照既有指标体系、专家咨询系统等)实现,鉴于篇幅和研究侧重点,本书对此不加赘述。

第二部分小结：规划发展进程中社会理性的形成

（一）规划的社会成长脉络

一般认为,现代城市规划思想受工业革命的推动而产生。产业革命引起的

---

① 这种把握不论从技术方面或是思想方面均体现了与现代主义阶段的不同:技术发展成就了现代主义时期的辉煌,相应地也造成现代主义时期对技术理性的推崇达到一个顶峰,现代之后对于技术的认识趋于理性。这种理性与现代主义推崇的技术理性存在本质区别,是建立在对技术崇拜反思基础上的对技术的理性认识与运用;由此,基于人本主义回归价值观的介入,对人类自身理性与非理性方面的重新认识构成了更进一层次的意识导向——建筑在价值理性基础上的技术进步。

技术进步使城市发展因经济增长速度猛增而骤然加快,但城市自我消解和平衡消极因素的能力并没有因经济增长而自然提升。两者之间的矛盾和差距促成了现代城市规划的产生与发展。研究发现,近代欧洲的规划传统确实一直以社会改良为核心,从最初倾向于感性认识的社会改良初衷到企图通过技术理想实现社会公平,规划始终没有放弃其实现社会理想的努力。而在不同的发展阶段规划却表现出明显的以主流问题为导向的倾向性特征,导致社会发展核心地位偏离的原因主要存在于以下三方面:首先是由于初期的社会改良思想忽视了推动城市迅猛发展的经济力量,同时也未意识到政治权力在社会发展中的作用;其次是由于社会效应的滞后性及改良思想及措施的先天性不足,理想色彩较浓,无法及时有效地应对社会问题;再次是因为美国作为近现代史上迅速崛起的经济大国,其城市发展与现代经济技术同步,相当程度上以城市新开发为主,规划条件与历史久远的欧洲城市有所不同,土地投机与自由市场经济在初期占据了主导地位,并且在短时间内发挥了显著的作用,使得这种规划模式受到推崇和效仿。

从本书第二部分前文对规划理论思想及实践的回顾来看,规划在认识论与本体论方面的认识与进步是规划支持研究的前提,但对城市发展实际过程而言,更为重要、直接的探索在于有关规划方法论的探讨。从规划实践在社会发展方面的努力可看出,随着规划视角的下移(很大程度上受到市场经济力量的推动),规划理论与方法也相应越来越注重社会实际成效,尤其是其中关于规划意图通过怎样的途径得以体现。纵观城市规划发展的历史传统,其最终目标总是锁定人群和谐、社会进步;作为社会实践的城市规划,必然依赖于一定的社会制度背景及社会运作过程,并始终是该社会发展阶段主流社会意识形态的反映。由此表明,**城市的发展之所以在各阶段表现出显著的特征,是因为在各个时期被人们认为影响城市发展的主要矛盾因素不同而已,专业人士针对矛盾的解决思路总是在治标和治本之间徘徊,治标为主的思想集中于运用技术手段直接解决城市的土地空间问题,治本为主的思想则倾向于在采取具体行动前考量城市空间背后的社会影响因素。**由于现代城市规划受现代技术及经济增长的影响,有效干预成为规划的重要原则之一,由此造成的现代城市规划的专业特性(主要指脱胎于建筑工程的物质形态思想和形成于第二次世界大战后至 60 年代的功能主义理性思想),以及直接、直观并具针对性的主流规划方法,治标的思想和做法在城市规划中一直占据优势地位,治本的思想则往往成为一种理想形式不能贯彻始终。

历史演进证明,城市规划并不只是涉及城市空间形态布局的问题,而是关注以此为核心的一系列的问题,关于社会问题的研究也始终是城市规划一系列问题中的一个组成部分(虽然仅仅是组成部分,但始终是重要的、不可或缺的)。从心理学的角度分析,当人们面对(社会)问题显得无措时,常常希望通过看得见的形式来缓解这种无措的彷徨,因为社会问题的改变过程相对物质形式的改变过程来说是一个漫长的过程,人们受到心理暗示的作用希望通过有形的东西不断刺激无形的过程的持续,这种状况根据社会矛盾激化程度强弱不断调整。但规划随着对这一问题认识的明朗化,规划的社会学习及社会动员意识越来越强,从规划的历史发展来看,规划的理想色彩越来越接近社会实际,相应的指导思想和理论实践也逐步偏移向社会,有关城市社会问题的认识和关注程度越来越高。20 世纪 80 年代以后,西方规划界普遍存在探求城市物质规划问题的社会含义的趋势,并且,物质空间形式与社会研究的结合成为理论和实践研究的一种主要方式①。总结现代西方城市规划发展,从作为规划支持的社会研究角度来看,可以理出两条发展主线:即思想主线和方法主线(见图 3-3)。值得肯定的是,进步是体现在双方面的:规划思想在日臻完善的过程中,社会对城市内外变化的

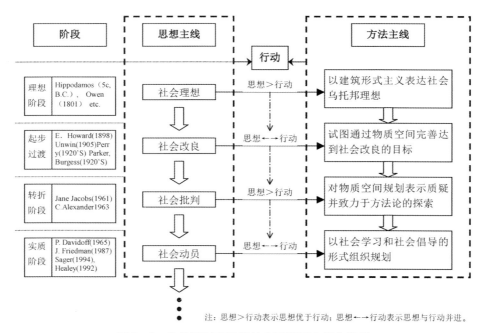

图 3-3　作为规划支持的社会研究历史纵向进展

① 近 30 年来欧美的规划理论研究普遍偏重于城市的社会性方面,本质目的在于引发社会各界对曾遭到忽视的城市的非物质性一面及社会公正问题的重视。

认识和态度也在逐步成熟——两者之间的互动越来越表现出相互促进的良性循环趋势。并且,社会因素作为规划本源的构成,与规划之间已基本完成由"合"至"分"再回到"合"的辩证上升过程。

(二) 规划的社会理性渐进

通过回顾和总结西方(尤其是欧洲)城市规划的社会历史演进可发现,规划出于社会理想主义,不论在思想上还是方法上,对城市空间形态发展进行理性干预是规划贯穿始终的最本质的作用。

理性(rationality)属于哲学范畴概念,与人类行为中的主观性和随意性相对,在近代哲学史中,理性代表的是与事物发展客观规律相联系的概念。理性思想创始者 Plato 对他所处时代(2 400 年前)知识混乱的状况进行思考时认为,事物发展是存在一定规律的,并且只要予以足够的思考,规律是可以被揭示的。然而 Plato 的观点直到文艺复兴时期(the Renaissance)才受到重视,Rene Descartes 在其思想基础上发展出靠推理形成的归纳方法——即后来所指的理性主义方法(Toulmin,1991)。自 Rene Descartes 之后,自然科学构成为探求事物本质的基本知识体系,同时理性主义方法也被运用于社会科学范畴,以帮助其认识和把握日益复杂的社会结构。因此,理性一方面指对客观系统的本质性的规律认识及形成的知识体系;另一方面指根据认知形成的知识体系来指导行为实践。理性主义在发展过程中受到来自各方的挑战(如来自经验主义者的责难),因此理性主义在争议中逐步调整,以解决问题为导向,形成一系列标准实践方法及思路①。从理性的哲学层面看,客观真理不依赖于感观经验,而在于理性认知(思考),并且,事物的本质在于其自身,与研究者密切相关的同时又独立于研究者之外。就理性主义者而言,追求的是一种在永恒规律指导下的行为程式,其方法带有普适性特征。但由于认知的局限及客观世界不停顿的发展两重因素,理性主义方法往往表现为有限的局部理性。完全理性只存在于理论上的理想状态,规划往往试图本着理性思想的原则努力优化城市干预政策,以使其更具社会合理性。因此,理性在以行动为导向的规划中包含有两层含义:① 理性思想,即本质理性(substantial rationality),指导思想及行动目标原则上的理性,将社会发展追求目标视为一种特定的价值;② 理性主义(方法),即功能理性

---

① Jens. Kuhn, From Rationality to Mutual Understanding: the Case of Planning, www. saplanners. Org. za/SAPC/papers/Kuhn - 31. pdf (functional rationality)，基于指导思想及行动目标的合理性，运用技术手段进行评估和预测结果，并在此基础上通过一定的技术手段实现目标。

规划在 19 世纪末以前主要研究思路倾向于建筑工程及巴洛克美学或以社会改良运动思想为指导（Mumford，1959），直至 20 世纪 30 年代，受社会科学向自然科学进行方法借鉴的主流发展影响，规划试图寻求其科学性及职业定位，并加入实证研究的阵营，以理性干预的面貌介入城市公共事物中。这一理性主义趋势在 60 年代中期以后逐步走向成熟，系统理性规划及过程控制为规划行动提供了相对科学的依据，随着科技的发展，对社会问题进行量化研究的趋势越来越明显。对现代城市规划发展而言，这是一次从量变到质变的飞跃。虽然此后的规划研究对系统理性和过程控制论不断提出批判，反对观点认为：首先，系统演进不可能如自然科学中的规律那样按部就班、一成不变，而是随着发展不断出现新的条件影响整个系统；其次，理性主义方法只适用于公式化、系统化的过程，在规划中并不完全适用；再次，规划受价值标准的制约，在目标设定及决策方面往往不可避免地带有主观性。仔细研究这些批判观点可以发现，批判观点基本出于对系统理性及过程控制的理想状态假设及技术理性的合理性发生质疑。从严格意义上讲，理性思想与理性主义之间存在区别——理性思想作为一种科学研究的指导思想和态度是必要的前提；而理性主义则将理性思想作为科学研究中唯一的准则和方法，期望通过科学的量化技术理性手段达成社会系统的理性发展目标。因此，从这层意义上讲，这些批判并非直接针对规划的理性思想，只是对理性主义如何更合理表示关注和质疑。

规划的理性主义倡导者 Karl Popper 认为，理性主义是一种随时能够倾听批判意见，并努力调整的态度①。由此，Popper 将理性思考作为知识社会化的一种产物，即在社会交互中寻求合理性的过程（Popper，1946，p. 225），在此语境下的理性与后来规划中所提出的倡导性规划、公众参与及联络性规划等在原则上是一致的。然而人们往往将对理性主义规划的批判认为是一种颠覆性的改变，这种认识显然是偏激的，纵使 Jane Jacobs 对规划的实际作用表示强烈的怀疑，并由此引发规划界对于规划理性的反思，但这并不能说明理性在规划中的作用变得不再重要，相反，对当时规划理性主义的批判恰恰成为促成规划理性思想在内涵与外延上更精益求精的推动力量。发展到更高层次的系统与前一阶段的

---

① 理性主义者必须具备这样一种态度："或许是我错了，也可能是你错了，然而再努力一下，我们可以向真理更迈进一步。"

系统已经发生了内涵和外延上的变化，不应当再用原有系统的准则来限定现有系统的发展。规划此后的发展证实了理性思想不仅仍贯穿于规划的技术领域中，并且更广泛地体现在规划的各个领域，如目标设定、组织公众参与、决策、管理等。现代城市规划理性主义在整个 20 世纪的发展过程中，从直观技术走向科学方法，从个人经验走向社会综合①。在这一发展趋势中，城市规划合理性问题一直处于探索当中，并未得到实质性解决，与此同时（尤其 20 世纪 70 年代之后），虽然系统理性方法逐步从主流位置退出，但理性思想仍引导着规划的发展。规划界对于规划理性的认识不断更新，理想主义（Idealism）与理性主义构成了整个规划学科的两个基本支点（韦亚平、赵民，2003）。以上这些学者关于城市规划理性主义的阐述在本书的界定中可以认为是规划的理性思想，而非单纯的理性主义方法。

西方现代城市规划的理性思想主要来源于基础学科领域（如数学、物理等）中关于客观事物发展规律可以被揭示的观点，自然科学领域的飞速发展使社会科学领域在研究指导思想及方法论方面受到启发，将定量研究作为分析和解决问题的有效途径及有力工具，试图从中归纳并建构相应的科学模型。这一理性倾向在 19 世纪表现得尤为突出，产业革命引起的生产力解放不仅为城市带来了巨大的经济增长，也使社会阶层分化更为复杂，不同利益集团的冲突在更为广泛的社会基础上产生，由此，规划的规范与控制概念必须以理性准则作为行动的科学依据，这一理性准则的标志就是城市立法，通过法律强制性手段进行公共干预②。从本书第二部分对西方现代城市规划的社会思想传统的纵向历史演进研究表明，孕育于资本主义私有制和市场经济的西方现代城市规划，其产生伊始就带有理性干预的要求。这种理性思想首先表现为规划干预的社会价值理性思考，其次是在价值理性前提下干预手段的技术理性。对于这两者间如何均衡一直是城市规划理论与实践实效评价中探讨的杠杆问题。而社会研究作为价值理性前提确立的途径之一，介入规划是社会理性前提下顺理成章的结果。自系统理性及过程控制论之后，规划中的理性往往被视为唯实证主义，其核心是由于人们将城市系统看作是客观事物，可以通过科学方法认知。而作为社会历史范畴

---

① 童明，现代城市规划中的理性主义，城市规划汇刊，1998/01：p. 5。
② 最初的城市立法内容围绕城市居住卫生健康问题展开，英国于 1846 年发布有关伦敦及周围地区的最低卫生标准的法令，并于 1848 年颁布了第一部《公共健康法案》（*the Public Health Act*），此后，各项更能反映社会经济干预要求的法案相继出台，如 1890 年的《工人阶级住宅法案》（the Housing of the Working Classes Act）。

的城市规划,是由客观存在、社会历史沿承及群体经验共同构成的产物,需要将城市发展的复杂认知系统与合理的价值判断结合,通过合理的价值目标设定指导适当的实施行动。

从专业发展角度评判规划的社会理性渐进,可以大致形成这样一个概念,规划师角色逐步从城市空间发展的策划者转变为城市综合发展的协调者,这意味着规划师社会职责的明朗化,其工作内容已参与部分社会治理过程中。从制度层面来看,规划始终为其代理的目标服务,这一目标必然代言着一定群体的利益,并可能会牺牲部分人的利益。因此,从治理的角度,只有当其他利益主体更为理性并有能力与之抗衡(或有可能相互协商并共处)时,规划才有可能向更理想的目标演进。从市场理性角度来看,规划越来越作为一种公共物品的形式存在,其供给取决于社会各阶层达成的利益均衡,理论上,规划的这种供给应当取决于制度的收益与成本的比较。但实际上,规划还受到社会人为因素的左右,存在着路径依赖。因此,规划的"供给"往往朝着有利于某些利益集团的方向倾斜,不过正如制度层面的规划所表现的那样,市场所代表的社会需求也存在利益间的制衡。所以,不论作为权力的代言或是利益的代言,规划作为一项社会责任极强的工作,都有可能通过一定的程序和手段保有自己在公共利益方面的权威代言地位,从而实现规划在其理想与理性之间的跨越。

综上,本书认为,规划对城市社会的关注逐步由感性向理性发展,同时,在此过程中经历着由自然科学的理性主义方法向社会理性思想过渡的转变,这种转变作为规划的一种主流趋势存在——现代城市规划的思想和行动原则越来越向更成熟的社会理性发展,与规划对社会发展理解的辩证演进相对应的是,规划与社会研究之间的关系也呈现"合→分→合"的辩证发展态势,社会研究从一开始在规划中的不确定存在,到规划意识到空间背后深层的社会影响,从而形成目标指向非常明确的、以规划为导向的研究,随后再到规划回归至各类社会因素作为规划本体所涵盖的内容综合考虑。

虽然20世纪90年代后规划呈现多元发展的局面,关于理性主义的思辨似乎也已尘埃落定,但理性思想随着社会的多元发展,以及技术的不断更新始终贯穿于规划的本体论、价值论和方法论中,并形成了一种更高层次的理性——规划认识到城市社会混沌偶然性的存在,并且不排除这种存在①,但规划的本质目的在于在有限范围内尽可能认识并使混沌及偶然的作用在理性干预下减小,从而

---

① 非理性主义在规划中的只是一种表象形式,其本质仍然是理性的。

使城市很大程度上按照社会理性的轨迹发展①,即将社会利益始终置于个人利益之上。本篇后文的论述也相应建立在规划的社会理性前提下,试图通过理论与实证研究在规划的功能理性与本质理性之间找到一个平衡。

正如本书绪论中所述,之所以选择社会科学中的社会学作为社会研究的代表学科,一方面是由于社会学本身存在的模糊性,使其从很大程度上可以涵盖更广泛的城市社会问题;另一方面则是因为社会问题相对于经济问题显现的滞后效应及可预测性较差,使规划一直对之采取敬而远之的态度,或即便有意考察城市发展中的社会影响因素,也往往无法很好地达到预期的目标。因此,在对规划与社会研究的历史演进及现状形成较为系统的概念的基础上,本书第三部分的论述将通过横向比较对城市规划与社会学进一步进行交叉比较研究。

---

① 作为公共干预的城市规划先天具有理性的特质,只是这种特质受总体科学发展的状况影响在不同阶段表现出一定的主流特征。规划应当从本质上去理解这种理性特质,而不是从规划在各阶段表现出的特征中寻求答案。

第三部分

横向比较研究——城市规划与
社会学相关比较

社会学与现代城市规划之间可作比较的一个重要前提条件是它们的产生渊源与中国的本土研究。社会学作为社会科学中较晚近的一门学科，创立于19世纪上半叶的欧洲，并于19世纪末20世纪初传入中国；现代城市规划形成于19世纪末20世纪初的欧美，随后因殖民势力对中国的入侵，使西方的经济、社会、政治制度乃至文化进入中国，由此，受现代城市规划思想的影响，中国近代城市与古代城市发展的方式出现了明显的不同。此后两者在中国本土研究的发展都非常注重与本土情况的结合，并且受国内大环境的影响，两者的发展周期起伏基本一致。以下就社会学与城市规划学科现阶段在研究对象、内容侧重及方法方面进行比较研究，以解析两者在研究及实践领域中的共通范畴。

　　20世纪60年代以后，西方规划界面对城市发展的诸多社会问题及受社会学界的影响，开始思考规划中的社会问题，并从理论和规划实践两方面着手将社会学对城市问题的研究融入规划。与此同时，规划尝试着从自身研究和解决问题的角度观察、发现并试图解决城市社会问题。经过40多年实践，城市规划具有社会性意义已是共识。但首先需要区分的是，学科交叉与学科综合之间的差异，现代城市规划是一门多学科交叉的综合性学科，这一客观描述表达了规划学科研究的内容可涉及社会学、经济学等多门学科，并与这些学科在某些领域的某些范畴具有共通的部分，因此理解为学科之间有交叉（本书将在第7章探讨社会学中与城市发展相关的主要研究领域）；学科综合则需要通过对学科交叉部分进行专门研究，应对其中两门或多门学科在交叉领域的部分进行更专门的研究，以达到整合与更为深入的目的。学科综合过程中，往往会逐步形成专属于某个交叉领域的特定的研究对象及相应的研究方法，由此而产生新的边缘学科，如城市社会学、人文地理学、社会心理学等。

第4章
研究对象、研究内容侧重及研究方法比较

4.1 城市规划的研究对象、内容与方法

4.1.1 城市规划的研究对象

一般认为,城市规划学科研究的对象是城市[①],也有些学者认为城市的概念过于广泛,这就意味着城市规划并没有像经济学、地理学等学科那样有专属于学科自身特定领域的研究对象。毋庸置疑的是,城市规划是应研究和致力于改善人类生存环境而产生的,所以人类与(城市)环境以及它们相互间的关系始终是城市规划不可回避的主题,而城市正是两者共同的载体。1974年联合国教科文组织(UNESCO)公布的学科名录将城市规划列为29个独立学科之一,这意味着城市规划应当有自身特定的研究对象、范围及相应的内容。规划学科的特点由其研究对象决定,而事实上,城市规划能否像其他学科那样具有特定的研究对象一直是一个值得斟酌的问题。尽管有许多与城市相关的学科,如城市经济学、城市生态学、城市社会学等,但显然各门学科间的研究侧重有所不同,且研究角度存在差异。从城市规划研究对象的综合性与模糊性角度来看,城市空间及与之相关的各方面因素,包括它们之间的相互关系都成为城市规划需要考虑和研究的内容,而且与各种地理学(如人文地理学、经济地理学等)不同的是,规划更需要的是对城市发展的一种综合研究,而不是分项的独立研究,这种综合研究最突出的特性表现在其带有强烈的社会背景和时代烙印的城市空间发展策略上。因此,在确定城市是城市规划的研究对象时,必须同时具备这样的概念——规划所研究的城市是综合了所有城市发展要素的四维空间体,规划落实的对象是这

---

① 张庭伟,城市的两重性和规划理论问题,城市规划,2001/01: p.49。

些发展要素作用下的城市物质空间。

首先是关于城市的四维空间概念,即同时具有时间维度的三维空间概念,如果不从城市发展的角度看,四维时空是一个十分空泛而且不知所云的词语,只有在城市发展的情境中,四维时空才具有实际意义。时间维度在城市发展的不同时代与其他三维之间的相互作用也不同。对于前工业化时期和工业化时期的城市而言,城市的三维空间是城市建设的主要载体,时间对空间发展演变的影响是缓慢而潜移默化的。在城市空间形态发展规律方面,规划师和建筑师付诸了大量的理论研究和工程实践。进入后工业化时代(也称信息时代),时空概念对于处在信息化时代的城市而言比以往所有时期的城市更关键,因为虚拟与现实的界线比以往任何时候都更模糊,且有越来越模糊的趋势,这种模糊性对传统的城市空间形态造成一定的挑战(空间概念上的集中显得不那么重要),而对无形城市资产的构成则要求更高、更清晰明确(表现在信息、政策、社会资本等方面),这两者在城市发展中并非对立关系,往往具有正反两方面的相互作用(表现在有形空间的有效布局一定程度上可以使无形资产累积,无形资产的增加也可以促进有形空间的优化;相反则具有消极作用),因此城市建设的主要载体在原有的三维概念上需要增加考虑空间发展与时间(发展时机与发展时序问题)契合的因素,这直接关系到城市发展战略的决策及部署问题。

其次是关于城市发展的要素综合问题。城市的概念可以从多种角度去定义,而不论从哪种角度定义,可以达成共识的看法是:城市绝不仅仅是人和建筑物的简单加和,也不是纯粹物理性质的地域空间,而是有着复杂社会活动背景的社会的产物。因此,城市具有物质性和社会性两重性质①。"城市的产生、发展和建设都受到社会、经济、文化科技等多方面因素的影响",这样的定义出自城市规划专业教科书对城市发展及规划的一般概念,说明城市因社会而产生,同时其发展也必须适应和满足社会发展的要求。这里的社会是一个十分宽泛的社会科学的概念,囊括了经济、社会人文、科技等等方面。研究对象的社会属性及规划中不可预计的可变因素造成城市规划多元(multi-dimension)、多目标(multi-objective)的特征。这种特征使城市规划研究需要大量的信息和相关知识支持,要求规划从业人员具有通过现有各种手段对信息进行处理、筛选并在此基础上做出判断的能力,而规划师的权威大部分也是来自对社会科学中的理论与方法的掌握和运用。城市规划作为一项复杂的社会活动,目的是协调城市的空间发

---

① Peter Hall, Colin Ward, Sociable City, John Willy & Sons, 2002.

展策略以适应城市社会的综合协调发展。这里,协调与综合是城市规划中的关键词,对应于上文的应用性和综合性。协调建立在综合的基础上,只有具备了良好的综合基础,才可能较为恰当地协调。具体而言,城市的基本要素包括人口、产业和地域三方面,这三方面要素根据规划目的不同又可分解为若干子要素和相关因素①,城市规划的职责在于怎样找到或分解出这些关键因素并了解它们之间的关系(综合),然后根据一定的目标和理论依据重新整合(协调)。由此,以城市规划的角度观察城市,城市就是由许多要素组成的机体,它是具有进化能力的生命,它的生命力来自这些要素的有机构成。

城市规划落到空间问题上的主要内容与城市地理学有部分内容交叉,但毫无疑问,两者之间存在区别。让·保罗·拉卡兹(1993)认为,唯一能够将城市规划领域和城市地理学领域区别开的是行动意愿的存在以及在改造城市空间时行使权力的前景。对这一论点的诠释在于规划本质上带有的政治倾向,作为政府公共干预的一种手段,从供求角度看,政府(包括可以左右政府意见的因素在内)的兴趣所在就是城市规划的市场所在,从这层意义上讲,城市规划学科的社会含义远远超越了科学含义,这也是规划越来越从纯物质对象转向社会政治的根本原因。

4.1.2　城市规划的研究内容

城市规划通常意义上是一种以城市土地或更广泛一点讲包括了城市空间资源的规划,其主要作用是为城市中的各种活动(也可说与土地使用有关的城市活动)提供空间支持。一般而言,这种规划也称"物质"(physical)规划。物质规划的核心是空间要素,而且最终通过空间形象表述规划思想。因此,从这层含义来看,规划首先在某种程度上必须是一个含义较为确切的"规划方案"。从目前国内的城市规划主流内容来看,基本上每项规划内容都包括了制定规划方案和相应的文字表述说明;在规划的主流实践中,城市规划以相应规划深度比例的现状图解实证为工作的开始,并以具体的形象规划蓝图和文字说明作为规划成果。规划的直接指导意义在于实现城市的物质环境开发或再开发。作为独立的学科,城市规划以城市物质空间及相关要素作为直接的研究对象,其内容可具体归纳到五个基本方面——城市土地使用配置、城市空间组合、城市交通网络架构、

---

① 例如从城市系统构成来看,可分为经济系统、社会系统、生态系统、空间系统等,这些系统均由人口、产业及地域派生出来。

城市基础设施设置和城市政策的制定与实施。

城市土地使用配置是长期以来城市规划的重要内容之一,不论处于城市型社会或城市化社会的城市均希望更合理地使用有限的土地资源及达到最优配置。土地资源除具有自然属性特征外,对使用者而言更具意义的是其社会属性:土地价格及产出效益、土地权属及使用形式(包括转让形式)等。因此,在城市规划对用地的研究中,除对生态环境的专门研究外,基本上都需要协调与综合上述社会因素与生态因素,使土地使用效益(包括经济效益、社会效益和生态效益)达到优化。

城市空间组合是在城市用地基础上发展起来的三维空间概念,换言之,城市用地在形态上是城市空间组合的构成部分(或基础),由于城市空间是城市可识别性的构成因素,同时也是提供城市活动的载体,因此,其形式自城市产生起就具有某种象征意义,这种象征意义在城市后来的发展中(尤其是工业革命后)受功能的影响逐渐微弱,但空间的适用性与感观美学方面的意义却一直是城市规划区别于某些城市研究学科的独特之处。

城市交通方式的改变无疑是对城市发展(无论是空间形态或社会经济方面)影响最显著的因素之一,对信息化时代的城市而言,广义的城市交通应该还包括信息的传递,因此城市道路与交通系统的统筹安排是城市规划的首要任务之一。

城市基础设施的建设与城市发展呈相辅相成的关系,规划对各类专项基础设施的设置主要起协调和综合作用,尤其是与城市其他发展方面的协调与综合,因此,城市规划对这些工程系统设施除大致的了解外,更重要的任务是协调其与土地使用配置及道路的关系,并使其有潜力应付城市未来发展的需要。

城市规划中的城市政策涵盖面广泛,亦是对上述规划内容的研究,并针对城市规划过程中涉及的问题、目标等,明确地提出对策,例如城市的土地使用政策、交通政策、开发政策等。这里的政策与一般意义上的政府行政政策有一定区别,一般均以实际城市发展问题为导向,指导城市物质空间方面的建设,并配以相关的机制设计。

上述这五方面的研究内容是城市规划的基本研究内容,随着城市规模扩大及结构趋于复杂,规划对城市认识的深入,规划需要研究考察的范畴越来越宽泛,需要协调与综合的内容也随之拓展。从广义上讲,城市所涉及的所有问题几乎都可能成为城市规划研究与考察的对象(见图 4 - 1)。但上述五方面始终是城市规划研究的基本内容,构成规划研究的核心范畴。同时,这五方面内容并非

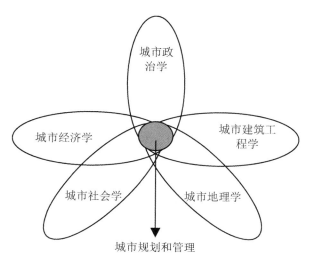

图 4-1　城市学科的领域重叠

资料来源：周一星，城市地理学，商务印书社，1995。

孤立存在，所有研究内容都与城市社会需求直接相关，社会协调发展作为城市规划的诉求目标，需要彼此协调与综合才能使城市规划的研究完整和奏效。

4.1.3　城市规划的研究方法

城市规划的思想方法的发展是与整个学术界（包括自然科学和社会科学）的发展相一致的。作为一种"目的性"行动①，规划的行为取向是筹措各种手段，然后从中选出最适于达到明确目标的行动，这种行动覆盖了其所要控制范围内的所有个体行动者，因此是具有战略性，且"具有工具性"的行动。如本书第2章对历史的回顾中所述，规划的目的理性及手段理性在现代主义发展过程中逐步走向巅峰，20世纪70年代以来，有关客观世界的规律性、历史发展必然性、知识的客观真理性以及各种决定论的思想观念都遇到了挑战。人们越来越认识到随机性、偶然性、主体性在社会发展过程中所起到的作用，认识到传统的知识模式需要改变。城市问题仅仅通过规划控制是难以从根本上解决的，很多城市问题超出了城市规划手段和目的能够发挥作用的范畴，因此，作为"目的性行动"的城市规划并不是解决城市发展问题的万能钥匙，真正的规划理性在于意识到"理性存在于与规划所涉及的对象的沟通行动中，而不是存在于规划行动的目的性当中"。

---

① Jurgen Harbermas，The Theory of Communicative Action，Boston：Beacon，1981：pp. 85～102.

　　严格意义上讲,城市规划学科自身未形成系统的方法论。城市规划的思想方式和研究方法随整体社会的进化而发展,逐步从单向的封闭思想方法转向复合发散型思想方法,从终极蓝图状态的静态思想方法转向动态过程的思想方法,从刚性规划转向弹性规划,从指令性规划转向引导性规划①。P. 霍尔(Peter. Hall,1975)在总结了第二次世界大战前后大多数国家的城市规划情形后,认为当时城市规划的实际情况是将空间规划做得很细——往往包括非常精确的大比例尺图纸,标示出各种用地、活动项目和建议开发项目的分布状况。1920年至1960年前后,经典的规划专业训练教授内容顺序一直遵循着英国著名规划师 P. 格迪斯(Patric Geddes)创立的"调查—分析—规划方案"。P. 霍尔所描述的这种状况与我国现阶段城市规划界的主流导向、内容及操作顺序均十分相似②。

　　这种"精确"的规划方案模式在20世纪60年代遭到西方规划界的非议——当时的批驳论点是:规划需要更多地注意广泛的原则,而不是细节;应强调实现目标的过程或时序,而不是详细地表述规划希望达到的终极目标状态;在任何时候都应从一般的空间分布图形(现状地图)着手,只有在必要时才一点一点地补充详细内容③。这类规划无论在空间上还是顺序上,基本仍然属于空间性规划,涉及城市各种不同问题在空间方面产生的影响,以及各种政策在空间上的协调④。从上述存在于城市规划中的专业交叉情况来看,城市和区域规划与其他专业之间的关系,和地理学科与其他相关的社会科学学科之间的关系相似,即地理学也涉及很多不同的方面,每个方面着重与一门相关学科有着空间上的关系⑤。据此,有观点认为:"物质环境"的城市规划——空间规划或城市和区域规划实际上是把上述不同方面的人文地理学应用于实际行动,以实现某一特定任务。对此观点持保留看法的观点是:城市规划与地理学毕竟还是有着本质区别

――――――――――

　　① 李德华主编,城市规划原理,中国建筑工业出版社,2001:pp. 33~35。
　　② 国内理论界90年代后对此有很多探讨,但实践中的主流状况依然没有明显改观,只有个别案例对规划的动态与弹性进行研究,如广州总体概念规划的追踪研究等。
　　③ 这些论点体现在英国1947年的城乡规划法规定的地方城乡规划体系与1968年城乡规划法规定的取代体系之间的本质区别上。引自 P. Hall 著,邹德慈、金经元译,城市和区域规划,中国建筑工业出版社,1985:p. 4。
　　④ 事实上,在规划中各学科方向的研究基本也最终落到城市地域空间政策的范畴:规划关于经济方面的研究,往往会以经济发展的特定空间影响为出发点考虑经济活动的地理空间和距离等变量的影响;规划关于社会方面的研究则根据人口的社会分布及人口结构等因素,研究个人和群体的需要、人口的社会结构变化、职业流动及这种流动对生活模式和活动方式的影响在空间上的反映及引导控制。
　　⑤ 例如经济地理学分析地理空间和距离对生产、消费和交换机制的影响;政治地理学关注的是位置对政治行动的影响。

的,虽然社会科学的主体(经济学、社会学、政治学和心理学)的确构成了城市规划的主题,即城市规划的实际内容;但针对城市规划本身的规划研究方法,即为实现预定的结果,施加于物质、人文事务的控制手段是真正属于城市规划的,而且相对于地理学各分支的专研,城市规划更重要的是在于博览与综合。因此,怎样将人文地理学中的内容更恰当地运用于规划当中,一直是规划研究过程中需要解决的问题,这种运用是对社会科学研究成果的规划范畴应用再研究。除研究技术方面的问题外,对社会科学研究成果按照规划应用要求进行梳理也是规划研究的重点。城市规划的研究方法与其他社会科学有很多相似性——基于观察、实验、问卷、数理分析及空间表达。随着城市规划的社会动员功能发展,社会学中的访谈(在规划中不仅是访谈,还延伸为谈判)等互动的方法也逐步引入了城市规划的研究方法。

城市规划的目标对象是带有社会活动特征的城市空间;同时规划过程涉及人类行为,规划过程中多数控制过程属于人类行为。规划师有运用传统工具手段的习惯,为城市建设提供有形空间的描述,这种描述既建立在实证资料的基础上,同时又依赖于特定的社会背景。从规划所面对的现实问题来看,很多问题需要考虑其重要性和紧迫性,在权衡多方面的利弊后作出决定,在此过程中多方面的利益得失是影响规划决策过程的重要因素。例如,我国大城市的旧城改造过程中,中心城区旧房屋往往成片拆除,土地功能被置换,居民从现有的生活环境中迁出,这种大规模的搬迁引起众多社会学家关注,但观点和立场各有不同。部分社会学家认为断裂性的搬迁安置使原住居民赖以生存的环境受到破坏,随之而来的社会隐患将逐步显现;也有支持者认为原住区对城市发展的进程起到了阻碍作用,且旧区中有相当部分的住民更希望迁到新的居住区。各方面的声音代表了城市发展过程中不同利益集团的利益争执,事实上对于这些利益争执并不存在肯定而明确的解决方法,专业的规划从业者能做的只是试图通过一定的方式对这些声音进行协调和统一。

4.2 社会学的研究对象、内容与方法

4.2.1 社会学总体研究对象

社会学在 150 多年的发展过程中出现了为数众多的定义,不同国家、学者,以及不同时期都会有不同的诠释。孙本文在《社会学原理》一书中曾系统介绍过

从 19 世纪中叶起到 20 世纪 30 年代初为止的 9 种关于社会学的定义：① 社会学为研究社会现象的科学，持此说的有孔德（Auguste Comte）[①]、美国的 E. A. 罗斯和英国的 E. A. 韦斯特马克等；② 社会学为研究社会形式的科学，其代表是德国的 G. 齐美尔；③ 社会学为研究社会组织的科学，美国的 E. 梅尧-斯密和 W. I. 托马斯主张此说；④ 社会学为研究人类成绩或文化的科学，其代表是美国的 L. F. 沃德；⑤ 以社会学为研究社会进步的科学，美国 T. N. 卡维尔和蒲希持此说；⑥ 美国的 J. 赖特和 C. W. 哈特认为社会学是研究社会关系的科学；⑦ 美国的 A. W. 斯莫尔认为社会学是研究社会过程的科学；⑧ P. A. 索罗金认为社会学是研究社会现象间的关系的科学；⑨ 美国的 R. E. 帕克、E. C. 林德曼以及德国的 L. von 维泽等主张社会学是研究社会行为的科学。

美国社会学家 H. 巴利和 B. 穆尔的研究表明，在 1951—1971 年的 20 年间，由美国出版的 16 种普通社会学教科书中关于社会学对象的提法就有 8 种，即社会互动、社会关系、集团结构、社会行为、社会生活、社会过程、社会现象、社会中的人。众多的定义概括起来，主要可归纳为以下三大类型：

第一类侧重以社会整体为研究对象。这类观点的主要代表是孔德、斯宾塞、E. 迪尔凯姆等人。其中孔德、斯宾塞在研究整体社会时，强调的是一般社会现象，而迪尔凯姆则强调特殊的社会现象，即"社会事实"。这种观点形成社会学中的实证主义路线。

第二类侧重以个人及其社会行动为研究对象。这类观点的主要代表是 M. 韦伯等人，形成社会学中的反实证主义路线。这两类观点对后来的社会学发展影响至深，后世的许多看法多为这两类观点的变形或综合。马克思主义学派的社会学者中，既有主张第一种类型的观点的，也有赞成第二种类型的。但他们都以社会和个人的统一为指导，赞成马克思的下述观点：个人是社会的存在物，应当避免把"社会"当作抽象的东西同个人对立起来；反之，社会又是人们交互作用的产物，是社会关系的总和。

至于不属于这两大类的其他社会学定义可以看作是第三大类，其中有些观点颇有影响，但都没有成为社会学发展的主流。

---

① 作为社会学创始人的孔德（Auguste Comte）在提出社会学之初就秉持"社会学作为一门科学出现是可能的"观点，同时孔德也于 19 世纪早期就认识到社会学作为科学的地位是不稳定的，为此他提出了"三阶段法则"以证明社会学的科学性：① 早期阶段——解释事物的依据是宗教信仰或某些超自然力量；② 形而上阶段——逻辑、数学和其他形式的理性体系成为解释事件的主导方式；③ 实证主义阶段——只有在事实基础上经过严格的检验才能产生规范的陈述。

4.2.2　社会学研究的大致内容

除社会学本体论和方法论研究外,社会学大致有以下 12 个社会研究方向(表 4 - 1)。

表 4 - 1　社会学研究方向

	研究方向	涉 及 内 容
1	社会及其构成要素	① 社会本质:人们相互交往的产物,全部社会关系的总和 ② 社会结构:社会整体构成要素及其相互关系,构成要素包括人口、自然环境、经济、政治、思想文化
2	社会文化	① 文化的社会功能:为人类提供适应和改变自然的能力;影响社会组织形式和运转方式;影响人们生活方式;影响人类自身素质 ② 文化运行规律:文化的纵向积累与传承;文化的横向传播与渗透
3	人的社会化	① 个人与社会的关系:辩证统一 ② 个人社会化:个人通过学习群体文化、学习承担社会角色,发展自身的社会性,社会化过程贯穿人的一生,受家庭、学校和社会影响 ③ 社会角色:作为社会地位的外在表现,是一整套行为规范和行为期待,反映人的多种社会属性和社会关系
4	社会群体	① 基本群体(首属群体):家庭、邻里、同伴、同事 ② 社会组织(次级群体):为实现特定目标而建立的共同活动群体
5	社会组织	① 组织功能:使众多个体行动得到协调与整合,目标得以集中统一,人力资源和其他资源得到充分利用,从而使社会及其成员的多方面需求得到满足 ② 组织手段:权威、规范、资源 ③ 结构及内外部关系 ④ 运行与管理
6	社会分层与社会流动	① 社会阶层:根据人们不同的社会特征进行多角度划分而形成的社会地位阶梯 ② 社会流动:社会成员在社会关系的空间中从一个社会位置向另一个社会位置的移动
7	社　区	① 社区类型:根据社区的结构、功能、人口状况、组织程度分为农村和城市两大基本类型 ② 社区发展与社区服务:社区发展途径与社区服务方式
8	社会制度	① 制度构成:概念系统、规范系统、组织系统和设备系统 ② 制度功能:行为导向功能、社会整合功能、文化传递功能 ③ 制度改革与配套、组织与制度间的协调

	研究方向	涉　及　内　容
9	社会生活方式	① 生活方式的社会制约及其对社会过程的反作用 ② 基本内容：劳动生活方式、物质生活资料的消费方式、精神生活方式、闲暇生活方式
10	社会变迁	① 变迁形式：社会渐变、社会革命 ② 变迁动力：生产力发展、生产力同生产关系的矛盾运动
11	社会控制	① 社会控制的功能：正面功能和负面功能 ② 控制类型：分类标准——性质、层次、手段、实现途径、表现形式 ③ 控制手段：习俗、道德、宗教、纪律、法律、政权
12	社会保障	① 社会保障作用：作为一种社会安全网络 ② 社会保障内容：社会保险、社会福利、社会优抚、社会救济

注：本表中关于各研究方向的涉及内容，根据本书关注范畴有所删节。

4.2.3　社会学的研究方法

社会学最初由孔德所提出时希望的是一门以实证主义方法研究人类社会基本法则的科学，在法国社会学家 E. 迪尔凯姆（Émile Durkheim）之前的社会学家们以叙述社会现象及社会学的困境为主，他们（如孔德、斯宾塞等）著作中对社会本质、社会领域和生物领域的关系以及社会进步的总进程的研究，都没有超出散文式的漫谈，几乎没有一位涉及论述社会研究所使用的方法问题。1919 年 Durkheim 在《社会学方法的准则》（Les Règles De La Méthode Sociologique）一书中明确指出了当时社会学研究中的方法论的缺陷，并在此基础上提出了若干关于社会学研究的基本准则，包括观察社会事实所需要采取的严谨态度、提出问题所应采用的方法、研究过程中所应掌握的方向，以及研究所要进行的专门实验等内容，从而为社会学确立了有别于哲学、心理学、生理学的研究对象——社会事实，为社会学研究逐步形成系统的研究方法体系奠定了基础。此后的学者们在研究过程中逐步形成了专属于社会学的社会研究方法体系，大致可从以下三个层次理解：① 方法论层面；② 基本方式；③ 具体方法与技术层面。

（一）方法论层面

一般意义上，所谓社会学方法论，是关于社会学研究方法的理论，方法论层面居于社会学研究的最高层次,有关指导社会研究的原则、逻辑基础以及学科的研究程序和研究方法等问题,是涉及包含经验事实的实质理论。社会学的方法论构成是个集合概念,源于三个方面,即哲学方法论、逻辑方法论和社会学的学科方法论①,它们分别从哲学角度、研究逻辑角度及学科理论角度探讨与学科体系和基本假设有关的一般原理,即指导社会研究的原则、逻辑基础及学科的研究程序和研究方法等问题。

（1）哲学方法论

哲学方法论处于社会学方法体系中的最高层次。主要从哲学角度来探讨与学科体系和基本假设有关的一般原理问题,方法论的研究随着社会学的发展成熟而逐渐成为独立的研究领域,现代西方社会学的各个流派关于方法论的观点大致有实证主义和反实证主义（又称人本主义）两种倾向②。实证主义始于近代社会科学的研究,以孔德、斯宾塞为代表的实证主义思想家们认为,社会现象就是"事实"或"事物",科学的任务就在于描述现象,发现事物之间重复出现的社会规律,经过归纳、提炼,最后形成一般性结论。主张建立统一的科学观,保持价值中立和运用自然科学的模式与方法。实证主义方法论的积极意义在于其追求社会科学领域的客观性,使社会科学从神学及传统行而上的禁锢中解脱出来,具有了真正意义上的"科学"色彩。其缺陷在于过分追求自然科学的研究模式和方法而混淆了社会科学与自然科学间的界限。反实证主义则主张在自然科学与社会科学之间作泾渭分明的区分。

这两种倾向与研究主体对其基本假设③的决定有关:与对社会本体假设相关的两种截然不同的假定形成了社会唯实论和唯名论④。以迪尔凯姆为代表的实证主义者是唯实论的主要代表,社会学中的结构功能主义、冲突理论、现代结

---

① 哲学方法论从哲学世界观和方法论高度指明社会学研究的方向和途径;逻辑方法论作为系统的科学思维形式和思维方法的理论体系,为建立和发展社会学研究的具体方法和技术手段提供思维方法指导;社会学的学科方法论指各种社会学专门理论在社会学研究中的指导地位和作用。

② 也有将马克思主义方法论与实证主义和反实证主义并列称为三大倾向的观点。国内社会学界将马克思主义方法论与前述两种方法论（实证主义与反实证主义方法论）并列,认为其具有哲学思辨和具体实证研究两层方法论含义。

③ 对具体研究具有指导意义的基本假设一般包括两方面:① 关于社会本体的性质;② 关于社会秩序的形成原因。

④ 社会唯实论认为社会本身是一种实在,存在于个人之中,社会现象只能由抽象的、普遍的本质加以说明而不能归结为个人因素。唯实论重视整体研究,主张摒弃个人的主观因素,对社会现象作客观描述;社会唯名论则相反,其本质在于否定共性,否定超越于个人之上的一般社会规律。唯名论认为社会是由个人组成的,除此没有任何超个人的实体。社会、文化、结构、制度等都是不具有实体性的抽象名词,必须由个人的动机和行为来解释,不能由自身的整体性质来解释。

构主义、历史社会学等学派在不同程度上都具有唯实论倾向。而韦伯、K. R. 波普尔等人以及符号互动论、现象学社会学、民俗学方法论和交换理论等学派都在不同程度上坚持社会唯名论主张。实证主义倾向与唯实论相对应，而反实证主义倾向与唯名论相对应。

与不同基本假设相对应，各理论学派所侧重的分析层次有所不同：**宏观社会学理论注重研究社会整体与社会结构；而微观社会学理论注重在社会心理层面上分析个人行为和倾向；介于两者之间的互动理论和交换理论则侧重于分析个人之间、个人与结构之间的相互作用，从人们之间的交往关系入手，以沟通宏观结构与具体行动者的联系。**虽然研究方法与具体理论学派没有必然联系，但基于研究传统，尤其是研究策略的选择问题上，各学派往往有较为固定的研究模式和相应的一套研究方法——实证主义学派和宏观社会学研究常使用较为严格的定量方法（quantitative）（如结构式的问卷调查或统计调查），对资料进行较精确、复杂的统计分析，并通过严谨的操作化和逻辑推演以验证理论假设；而反实证主义学派和微观社会学研究则常常使用定性（qualitative）方法（如参与观察、访问、个案研究）、文献研究，对资料进行综合归纳，并结合主观思辨或阐释得出研究结论，建构理论假说。从研究目的与研究偏向上看，实证主义将所有社会现象视为客观事实，并试图从一系列的客观事实中概括出一般社会规律；反实证主义则强调个体行动者的自主性、特殊性，考察特定环境下的具体社会现象，而非一般社会规律。方法论的争论一直是社会学各学派争论的焦点，而社会学研究方法论的争论对社会科学领域中的各学科的方法论都具有指引和借鉴意义。1960 年代，以法兰克福学派的 T. W. 阿多诺和 J. 哈贝马斯为一方，以科学哲学家波普尔和 H. 阿尔贝特为另一方，围绕着实证主义问题就社会科学方法论展开了一场争论。尽管两派在许多问题上存在着根本分歧，但他们从不同角度对逻辑实证主义、规范的科学研究程序进行了批判。70—80 年代较引人注目的发展有：哈贝马斯在《沟通行动理论》（1970）中对功能主义、互动论和批判理论的历史—进化分析进行了综合；卢曼的系统功能主义综合了功能主义、符号互动主义和系统分析；A. 吉登斯的《社会学方法的新规则》（1976）及他提出的"结构化理论"，试图消除社会学中主观与客观、微观与宏观、主体与客体、个人与社会的二元论，改变社会学理论的实证倾向；布劳的宏观结构主义则对演绎理论与经验研究进行了综合，发展了迪尔凯姆所开创的宏观、实证研究。苏联社会学界经过几次方法论的争论，逐步澄清了马克思主义哲学和社会理论，特别是历史唯物主义与社会学的关系，发展了学科的方法论和研究方法。

上述两种方法论倾向在西方社会学中都具有很强的影响,自然科学需要描述事实,寻求一般规律,不属于价值领域,与价值无涉;而社会科学则属于价值领域范畴,研究任何社会现象都与构成这一现象的人的行为有关,人的行为是在一定的价值观引导和一定动机的驱使下做出的,因此必须借助价值判断或价值关系来理解和解释社会现象背后所隐藏的含义,即以参照价值对人的行为意义做出理解,并最终认识社会现象。实证主义和反实证主义在社会学研究中的价值问题的冲突,由于其在哲学认识本源上的不同,造成了两者之间的分野。但实证主义与反实证主义社会学方法论的区分并非绝对,许多学派介于两者之间。马克斯·韦伯被认为是最早试图对社会科学方法的两种传统倾向做出理论综合的思想家,他力图使英、法实证主义和德国唯心主义哲学传统结合,以避免 19 世纪社会学在价值问题上所遇到的问题——实证主义为了使社会科学合乎自然科学的标准,强调价值中立,却造成了科技理性的过度膨胀。此外,最为国内熟悉的就是马克思的唯物辩证法思想。辩证唯物主义理论研究方法论被认为是综合实证和反实证两者的方法论——在分析大量历史事实、找出各种因素之间的联系和相关关系的基础上,通过主观逻辑判断,揭示资料背后所隐含的本质特点,形成对社会的整体性认识①。20 世纪 60 年代以后,新马克思主义学派的发展标示着实证主义与反实证主义的相互影响与相互借鉴逐步形成。

哲学方法论只是系统地分析社会现象的最一般方法,给出的是研究对象中各要素间的最一般的联系。从哲学层面的抽象模型中,研究者无法得到研究对象中诸要素的具体联系,因此社会学研究还需要社会学科的方法论作为研究出发点。

（2）社会学科方法论

这是我们通常意义上的社会学方法论,分为一般社会学方法论和专门社会学方法论,前者是后者的基础。一般社会学方法论是建构社会学中层理论②的方法论基础,社会学研究者在进行经验研究之前,必须从社会学的一般理论出发

---

① 在哲学层次上,马克思在认识起源问题上摒弃了先验论假设,强调经验事实先于理论存在,知识来源于实践,主张以现实的"市民社会"和人的活动作为哲学思考的重心。同时马克思在认知和解释客观世界过程中建构了一种动态的认知关系,认为知识的发展也是一个辩证发展的过程,即人类认知的客观世界是经过思想加工的世界,体现在社会价值、社会制度、社会关系和意识形态等上层建筑中,上层建筑随着社会历史的发展而发生变化。

② 中层理论由美国社会学家 R. K. Merton 提出,他认为,社会学研究不应从构造综合（宏观）理论体系开始,而应该从概括经验事实开始。社会学的任务是在经验研究基础上建立能够被实施检验的中层理论,在中层理论充分发展以后,综合中层理论再得到更高层次的社会学理论,即社会学宏观理论。

构建中层理论所需的假设体系,即形成一般社会理论(如历史唯物主义)并找到研究个性理论的基本概念(个性的客观特征及主观特征)和这些概念间的基本联系。但一般社会学方法论不能构成社会学理论向经验研究的过渡,需要由社会学中层理论作为中介,使社会学科方法论由一般取向向专门取向发展。专门社会学方法论是在进一步分析由一般社会理论给出的基本概念及其相互联系的基础上得到的。专门社会学的理论构架可以给出研究者所需要的具体变量及相应的理论框架。

20世纪下半叶以来,由于计算机技术在社会学研究中的逐渐普及,以及多变量统计分析和资料搜集技术的发展,实证研究的方法及其定量化程度日益接近科学化的准则要求。但是研究方法的发展却无法消除社会学理论——方法论的分歧与困境。按照科学史学家 T. S. 库恩的观点,一门学科若缺乏统一的研究范式,说明这一学科仍处于"前科学"阶段(见社会学范式)。有人据此认为,社会学的派别林立以及方法论的多样性是这门科学尚未成熟的标志。但也许多社会学家认为,不能用自然科学的尺度去衡量社会学的方法。社会学有其独特的知识模式,它根据不同性质的研究对象采用不同的研究模式。事实上,自社会学产生以来,建立统一方法论的企图都没能成功。结构功能主义在20世纪中期由兴盛走向衰落之后,社会学理论—方法论曾向不同方向寻求出路,马克思主义、现象学、结构主义、语义哲学、认知理论都对方法论的发展有很大影响。但到80年代末为止,在西方社会学中没有一个学派能占据统治地位。尽管分歧仍然很大,但通过方法论的争论,特别是对实证主义的批判,使社会学理论—方法论中出现了相互补充的现象,产生了一些新的综合。结合社会学研究实际,社会学根据研究问题、时间及研究深度会倾向于使用某些方法论,一般而言,在社会研究中,倾向于采用经验论、实证方法和归纳法。

(3)逻辑方法论

在哲学方法论及社会学科方法论基础上,社会学研究还需要将概念的具体变量转化为可操作的经验指标才可能进行经验研究,哲学方法论和社会学科方法论解决了如何正确地从理论中抽取有待检验的假设问题,并没有解决如何正确检验这些假设的问题,解决检验假设的问题,需要研究逻辑方法论指导如何正确地将作为概念的具体变量转变为可操作的经验指标,以及如何正确地检验理论假设。

作为经验的实证科学,社会学的研究质量取决于研究的出发点、理论根据以及研究逻辑的合理性。研究逻辑作为研究思维活动的特征和研究过程中可能采用的手段及有效的科学形式,关系到研究手段的可靠性、研究过程的科学性。从学术角度划分,逻辑分为形式逻辑和辩证逻辑[①],现代社会研究逻辑一般倾向于遵循辩证逻辑的思维规则,即对具有内在矛盾性、外在不确定性的概念(广义)进行划分和时空定位,并将其转化为形式逻辑概念(广义)的思维方式。

辩证逻辑具有以下特点:① 广义概念包括具有外在确定性、内在同一性的概念和具有外在不确定性、内在矛盾性的概念,通过逐级划分或时空定位将不确定性、矛盾性概念转化为确定性、同一性概念;② 命题包括对立性命题(矛盾命题)和非对立性命题(相容性命题),通过逐级划分或时空定位将非对立性命题转化为对立性命题;③ 概念、命题和推理包括同维、异维和多维概念、命题和推理;④ 肯定是部分肯定,否定也是部分否定。研究的辩证逻辑方法论对社会学研究而言事实上还停留在哲学的辩证法层面[②],但逻辑思维在研究中却是无处不在的,研究中经常出现的就是以下所述的归纳和演绎理论。

归纳(induction)推理是从个别出发以达到一般性,从一系列特定的观察中,发现一种模式,在一定程度上代表所有给定事件的秩序(Babbie,1998:p. 48)。其前提是一些关于个别事物或现象的命题,而结论则是关于该类事物或现象的普遍性命题。

演绎(deduction)推理是从一般到个别,从逻辑或理论上预期的模式到观察经验预期的模式是否确实存在(Babbie,1998:p. 49)。归纳推理与演绎推理的主要区别在于:从思维运动过程的方向来看,演绎推理是从一般性的知识前提推出一个特殊性的知识的结论,即从一般过渡到特殊;而归纳推理则相反,从一些特殊性的知识前提推出一个一般性的知识的结论,即从特殊过渡到一般。从两者前提与结论的关系来看,演绎推理的结论不超出前提的假设范围,即演绎推理的前提与结论联系是必然的,只要前提假设真实,结论必然真实;而归纳推理(完全归纳除外)的结论超出前提假设范围,即其结论与前提之间的联系只具有或然性,前提假设真实并不能保证结论的真实。

---

① 在逻辑学中有两对对立的概念:形式逻辑—辩证逻辑;传统逻辑—现代逻辑。其中传统逻辑与现代逻辑是按逻辑学发展阶段的不同进行的划分,不属于严格的学术分类。形式逻辑与辩证逻辑的本质区别在于:形式逻辑是具有内在同一性和外在确定性的概念与命题之间的必然关系;辩证逻辑是具有内在矛盾性和外在不确定性的概念与命题之间的必然关系。形式逻辑是辩证逻辑的线性展开,辩证逻辑是形式逻辑的空间组合;形式逻辑是研究概念之间的线性关系,辩证逻辑研究概念之间的空间关系。

② 在数学和物理学中对辩证逻辑规律的研究已经达到了很高的程度,但无论是数学界还是逻辑学界,都没有从理论角度总结、归纳出一般规律,限制了辩证逻辑的应用、导致至今辩证逻辑因没有基本规则而无法在社会科学和实际生活中运用。

两种推理建构的社会学研究对应着不同的研究目标需求和具体方法,归纳研究的建构从观察社会事实开始,寻求可以建立普遍性原则的模式,常运用实地调查(field work)方法;演绎研究的建构则首先要选定一个主题,整理既有的知识或观点(包括自己的观察想法及别人已有的观点),然后再从已有的知识中逻辑地推论至选定的主题上。在实际研究中,归纳与演绎往往互为补充。比如,演绎推理的一般性知识的大前提必须借助于归纳推理从具体的经验中概括出来,而归纳推理的目的、任务和方向是归纳过程本身所不能解决和提供的,这只有借助于理论思维,依靠人们先前积累的一般性理论知识的指导,而这本身就是一种演绎活动。而且,单靠归纳推理是不能证明必然性的,因此,在归纳推理的过程中,研究者常常需要应用演绎推理对某些归纳的前提或者结论加以论证。

(二)研究方式、方法

社会学研究方式指贯穿于研究全过程的程序、策略和方法。一般需要根据研究课题和研究目的确定一定的研究类型,并制定具体的研究程序和研究方案,选择研究的实施方式。

社会研究不仅具有一定的方法体系,同时也必须通过一系列相联系的相关步骤组成,以保证整个研究工作的进行。这些步骤应具体研究有所不同,但基本程序大致相同(见表 4-2):① 选择研究课题和建立假设。假设在规划支持研究中的地位非常重要,很多规划目标都作为既定目标存在,因此,社会研究需要在此既定前提下,提出关系型假设,并由此进行整个研究计划的设计;② 制定研究方案(研究设计);③ 调查收集资料;④ 整理与分析资料,解释资料并提交研究报告。研究程序中的每个环节对作为规划支持的社会研究都具重要意义:社会学研究的选题一般分应用研究和理论研究两类,对作为规划支持的社会研究而言,一般都具有非常强的应用特征,属于应用型社会研究。研究设计建立在选题和假设基础上,进一步拟定具体方案,包括调查研究的方式、收集和分析资料的具体方法和技术手段,调查研究的基本程序和时间安排,以及研究过程中可能遇到的各种内外因素的影响和相应控制方式等。这一过程中还包括问卷、抽样以及提纲的设计。在调查研究中会获得两方面的资料,即通过访问、问卷或座谈获得的一手原始资料,另一部分是文献收集得到的次级资料。资料分析是社会调查研究成果总结的最重要工作,用以发现研究对象的总体状况、事物之间的联系及发展变化规律等。

表 4 - 2　社会学研究方式方法

研究类型	按研究目的分* ：探索性、描述性、解释性 按研究角度分：宏观研究、微观研究 按课题性质分：理论研究、应用研究 按研究逻辑模式分：理论构建、理论检验 按研究资料方式分：定量研究、定性研究
研究程序	课题选择 研究设计 资料搜集 资料分析 撰写研究报告

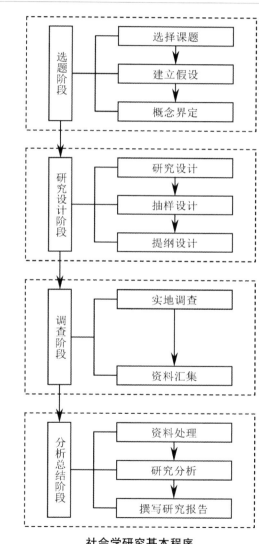

社会学研究基本程序

资料来源：吴增基、吴鹏森、苏振芳主编，现代社会学，上海人民出版社，1997：p.382。

研究方法	● 社会调查：通过调查搜集资料考察社会现象，有普查、抽样和典型调查三种方式 ● 实验研究：通过人为控制环境、情境和影响因素，操纵原因变量，考察变量间因果关系 ● 个案研究：对少量社会单位（如个人、团体、社区等）作长期深入考察，了解其详细发展状况及过程 ● 比较研究**：对一个或多个社会的某些社会现象进行比较，探求其异同，有历史、跨文化、类型等比较思维方式

　　*　根据研究目的不同，相应的研究程序在选题阶段的研究假设方面会有所区别：探索性研究主要目的是通过了解情况发现问题，以建立不同现象之间的联系，并建立起解释这种联系的理论假设，因此探索性研究在调查前不需要建立理论假设；描述性研究以全面描述某种社会现象的状况和特点为主，调查前一般也不需要建立理论假设；而在解释性研究中，必须在调查前建立理论假设，并在研究中进行证实或证伪。

　　**　比较研究属于社会研究基本方式，能够较精确地了解社会整体的一般状况和各种类型的分布情况，对规划支持研究具有积极作用，故本书将其与社会调查、实验研究、个案研究三种社会学研究方法并列。

　　除上述总体上的社会研究方法外，社会学研究还包括很多具体的方式，例如普查、抽样调查、典型调查、个案调查等调查方式，以及观察、访问、实验、问卷等方法，对规划支持研究具有良好的应用性，本书将结合第三部分实证研究中的案例进行说明。

（三）具体方法技术

　　在社会学中，具体方法与技术主要指搜集资料的技术和分析资料的技术，搜集资料的技术有直接观察、访问和文献搜索三种，具体方法见表4-3。

表4-3　社会学研究具体方法技术及工具

技　　术	方　　法		工　　具
搜集资料技术	直接观察	参与观察、非参与观察	观察记录卡片
	询问	非结构或结构访问法*	访问表、问卷、测验试卷
	文献法	纸样文献、互联网资料	各类搜索引擎
分析资料技术	以定量统计分析为主	描述统计、推断统计	统计分析软件（社会学中最常用的是SPSS）
		多变量分析、非参数统计	

　　*　结构式访谈又称标准化访谈，即按照事先设计的、有一定结构的访谈问卷进行访问，是一种限定性很强的访谈方式，可以认为是访谈形式的问卷调查，其形式包括当面访谈和电话访谈；非结构式访谈又称为深度访谈或自由访谈。与结构式访谈的区别在于其不依据事先设计的问卷和固定程序，以调查提纲为线索，由调查者和被调查者围绕调查主题进行较自由的交谈。适合实地个案的深入研究。

　　分析资料的技术主要以定量的统计分析为主。社会学研究通过研究方法保证其科学性，其中定量研究运用数学方法对社会现象进行分析，从量化角度准确把握社会现象的内在规律，与定性研究结合，能够较为全面、深刻地认识社会现象；其次社会学与城市规划在整体综合性方面有着共通之处，社会学是讲整个社会作为观察对象，研究社会的整体结构及运行规律，因此各类社会现象及其之间的相互关系是社会学研究的焦点。

　　此外，在社会学研究过程中有属于学科自身的一些技术保障，以确保资料收集的真实有效性，比如问卷设计技术、抽样技术、访谈技术，分析资料过程中的准确评价标准等，都是为了保证研究的顺利进行。这些研究特征形成了社会学的学科特点。（本书将在在第 6 章中探讨规划中对社会研究方法的借鉴与援用）

第5章
作为规划支持的社会学理论借鉴

从现有的规划理论中经常可以发现社会学理论的踪迹,西方城市规划与社会学的距离比较接近,因此规划理论研究往往与社会人文学科理论相通,例如在联络性规划思想中,研究者总是以 Haberrmas 的沟通理论作为理论依据,探讨规划师与社会各利益集团的谈判过程;而芝加哥学派总结出的城市区域扩张的一般生态学模型更成为规划研究者理解城市社会空间发展与分异的必要工具。然而这些引用或应用都显得偶然性很大且呈片断化分布,这一方面是由于社会学自身的多角度、不统一性——社会学与经济学都属于社会科学,而规划与经济学的融合远比与社会学要积极且有效,其原因在于经济规律相对社会规律而言客观性更强,研究角度相对单纯;另一方面原因在于规划作为应用性学科,在其理论研究的拓展领域中一向以最直接的方式"拿来",而不是系统地吸收,因此不可避免地带有功利主义色彩。主客观双方面的原因导致城市发展中社会方面的研究一直是规划中非常薄弱的环节,本书对此所持的观点是规划学科整体的提升除了在核心领域和本体领域中有所发展外,更有效的途径是学会在拓展领域中如何更系统地汲取经验知识。理论上讲,学科交叉融合应当是双方共赢的局面,即规划借助社会学的理论与方法解释并形成一定的解决问题的思路,社会学通过介入规划研究的契机丰富经验研究的视角。而现实中并非如此理想,即使本书的研究也是站在规划的立场上探讨如何运用社会学的相关内容。第5章和第6章中本书将着重探讨社会学理论和方法方面的借鉴。

5.1 理论类型及研究取向

社会学的发展与所有社会学科一样经历着不断地面临质疑又不断进步的过

程,其自身的发展及不确定性成为社会学最大的特征,因此,社会学的理论构架一直处于完善当中,美国社会学家乔纳森·特纳(Jonathan H. Turner)在其长达 30 年的社会学理论结构研究中,认识到"社会学理论分化如此剧烈,以至于再也看不到这个学科的理论一致性(Jonathan,1998)",但这并不意味着社会学理论架构不存在,事实上在特定的社会学理论传统下,持科学态度的社会学家们仍然坚持理论的一般性,认为社会学理论应该秉承共同的理论模式,并在一定规则下进行整合。虽然社会学理论在历史发展中从开始的某些特定理论(或学派)分化成各种具体理论,但理论总体发展表现为一种结构性变迁。这说明社会学理论形成了一种"延续的传统"(Jonathan,1998),在理论不断分化过程中,有一部分持科学取向的社会学家致力于将这些越来越缺乏一般性的理论整合至共同的理论模式和规则中,如前面提到的乔纳森·特纳,还有法国社会学家让·卡泽纳弗(Jean Cazeneuve)、澳洲社会学家马尔科姆·沃特斯(Malcolm Waters)等,这些对于社会理论共同话语领域的研究是社会学实质性核心所在,对于社会学理论的实际应用具有极大帮助,本书的基本观点也是建立在这一认识基础上的。限于本书研究的目的,本章的理论探讨基本不涉及具体的社会学派理论借鉴;同时本章也无意寻求一种社会学理论借鉴的范式,因为社会学理论研究本身并不存在这样一种公认的范式(Mennell,1974)。鉴于社会学主攻的是理解和解释社会的多样性及复杂性,而规划追求的是能否在已有的基础上作出改善,以促使空间的发展更合理,学科研究的差异必然导致在实践中分工的不同。本章试图做的是使规划了解社会学理论的建构来源,通过认识这些来源从而可更清晰地理解理论视角与观察到的社会现象(问题)的对应,这对于认识和掌握某类社会现象(问题)在社会发展中的位置与作用,并在应用的层面上发挥理论的指导作用将具有重要意义。

　　以下就社会学理论体系中的理论概念、研究取向、研究途径等作简要综述,所述主要观点是笔者的一种研究选择①,旨在通过较简捷的结构梳理把握社会学理论的脉络,以帮助理解规划中的具体社会研究在整个社会学体系中的位置。需要特别说明的是,由于社会学理论体系框架的不统一性,因此并不能排除其他角度的选择。

---

　　① 社会学理论综述论著中,往往不能形成最终的诸如"为什么形成社会秩序,如何形成"这样的结论,各类理论研究角度随社会学发展日益繁复且彼此不能说服,面对难以统一的知识结构,笔者从本书需要出发,选择可能与规划相关的理论角度进行阐述。

5.1.1 理论类型

从社会学理论研究的一般性①角度看,大致存在三种理论类型,即形式的(formal)、实质的(substantive)和实证的(positivistic)(Malcolm Waters,1998)。其中形式理论涵盖最广,其理论研究目标是提出一个由一系列概念和陈述组成的图式,以说明社会或整体的人际互动。形式理论往往具有范式化、基础性②的特征;实质理论不寻求说明一切,只想说明具体专有但又枝蔓甚广的事件,或是社会过程的特有类型;实证理论则希望能够揭示从更抽象的理论陈述中演绎出变量之间的经验关系。这三种理论形式对应着不同的方法论,形式理论较适合于宏观社会学领域,实质理论在微观社会学领域最为常见,而介于两者之间的互动理论和交换理论则侧重于实证理论研究,分析个人之间、个人与结构之间的相互作用,从人们之间的交往关系入手,以沟通宏观结构与具体行动者的联系。这三种理论类型可以通过 J. C. 亚历山大(Jeffery C. Alwxander)关于科学连续统的图示获得更直观的理解(见图 5-1):形式理论试图接近连续统的左端,实质理论试图接近连续统的右端,而实证理论则主张从经验观察中推出一定的逻辑。

图 5-1　**Alwxander 的科学连续统(Alwxander,1982)**

资料来源:Malcolm Waters,Modern Sociological Theory,Sage,1998.

对规划干预而言,由于涉及社会公共领域而非私人领域事务,形式理论和实证理论角度所研究的社会问题及相应的理论内容相对实质理论更具有借鉴意义,而实质理论则更多地作为个案参考以及观察社会总体现象的前提(如在社会行动中需要就某项事务达成一定协议时,从客观角度对个体的态度需要涉及实

---

① 社会学理论研究在追求科学性的过程中一直试图建构具有像自然科学那样的一般性理论(general theory),然而在经历了 50 年代的理论整合后社会学一直处于分化状态,理论研究逐步走向更为专业化的领域,与科学取向的对抗研究取向势力逐步扩大,并在社会学理论研究中占据了一定位置。

② 寻求找到一组唯一的原理,作为社会生活归根结底的基础,以说明一切社会现象。

质理论中对经验环境的观察结果)。当然在实际研究中,上述三种理论形式的分野并不绝对。

5.1.2　理论取向

除上述三种以理论一般性划分的理论类型外,针对不同的研究领域和相应的对象内容,社会学理论研究基本可分为七种取向(J. H. Turner, 1998),见表 5 - 1:即功能主义、生物进化理论、冲突理论、交换理论、互动理论、结构理论和批判理论(详细内容参见本章附录 5)。这七种理论取向分别从不同的角度对社会世界的各类现象和关系进行解释,每种取向根据研究的一般性角度会形成上述三种类型的理论。

表 5 - 1　理论社会学研究取向

1	功能主义	以分析满足社会整体需求和必要条件的社会力量及结构为主
2	生物进化理论	将生物进化思想纳入社会理论,用以分析动态社会发展过程
3	冲突理论	研究的是社会不平等如何在不同社会力量间系统地产生冲突
4	交换理论	将个人和集体行动者间的社会过程视为一种有价值的资源交换
5	互动理论	试图解释的是人与人之间的交往互动过程
6	结构理论	认为社会世界被社会关系的文化符号或其形式中潜在的模式所引导
7	批判理论	以批判的方式去看待社会世界的组织方式(并暗示了其他替代性选择)

5.2　关于社会学主要研究领域及概念

由于社会学研究往往基于不同的角度和目的,不在一个统一的体系中进行,因此理论研究状况较为复杂,为了能够在这些角度多样的理论中建立一个适合于规划应用的脉络,以下将对社会学研究主要领域和概念重新组织。

首先需要对社会学理论中的研究领域和相关概念进行明晰。由于社会学研究角度的多元,为了使研究更具有一般性,能与规划建立一种普遍联系,本书选取的归纳观点基本不拘泥于社会学各思想流派,而是针对社会学理论研究中的基本领域和概念。

虽然东西方文化差异使社会学研究在不同的社会环境中呈现各自的特点,

但这些研究基本都涉及人类群体,并对人类群体的结构和运行机制提供解释,基于此,法国社会学家让·卡泽纳弗(Jean Cazeneuve,1976)将社会生活的社会学解释归纳为两大研究领域,即社会和社会运行。其中社会领域包含了社会组织、文明、知识、类型学、古代性和进化论六个社会学概念;社会运行领域包括社会角色、社会分层、社会阶级和社会流动四个概念①,这种概念的归纳基本属于实质理论的范畴。

马尔科姆·沃特斯(Malcolm Waters)则根据社会学研究的特性认为存在四个根本论题,即行动、理性、结构和系统②,除此之外还有四个实质性论题:文化与意识形态、权力与国家、社会性别与女性主义、分化与分层③,这四个实质论题并不脱离上述四个根本论题。

在社会现象及反映的问题方面,这两种分类较为适合于变通到城市规划研究领域,虽然有些概念在规划领域的适用性相对很小。

然而,理论类型的区分和取向的不同、研究领域及概念的归纳并不足以说明社会学理论究竟是怎样的一个知识体系,通过哪些途径、包含哪些主题,这些主题又与规划有着怎样的关系,如果这些问题不能形成一个清晰的脉络,规划对社会学理论研究的借鉴将处于盲目状态,因此本书在结论部分试图理出一个相对统一且适合规划应用的社会研究理论体系,以帮助了解规划中的某些社会研究在这一体系中的位置,并在此基础上能够指导规划中的社会研究(详见第8章内容)。

表 5-2　社会理论研究主要领域及概念

让·卡泽纳弗的社会学概念		
	概　念	相　关　内　容
社会	社会组织	是社会整体诸元素(如个人与群体)的排列组合,这种排列组合自行构成一个具有内在特性的可辨识的统一体(而非元素诸特性的简单总和)。社会组织包括了所有功能不同、规模不一的社会范围

---

① 让·卡泽纳弗〈法〉著,杨捷译,上海人民出版社,2003。

② 马尔科姆·沃特斯(Malcolm Waters)的社会学概念论题依据研究者看待社会各构成要素的性质(是主观的或是客观的)和说明的角度(个体论或整体论)交互形成四种理论建构:建构主义(construction,主观的/个体论的,对应于行动)、功利主义(utilitarianism,客观的/个体的,对应于理性)、功能主义(functionalism,整体的/主观的,对应于系统)、批判结构主义(critical structuralism,整体的/客观的,对应于结构主义)。

③ 这四项论题由于是实质论题而非形式论题,在社会学中存在诸多争论,Waters之所以列出这四项论题是由于他们都具有一般性(是社会生活各个要素都具有的一个方面)、普遍性(任何一种自称完善的理论都必须阐明的论题)、争议性(是现时争论的焦点)和核心性(对有关社会生活任何一个实质领域的分析而言都是至关重要的)。

续　表

让·卡泽纳弗的社会学概念		
	概　念	相　关　内　容
社会	文　明	文明是文化的一种特殊类型,意味着一定的进化程度或具有某种特质的(民族)社会整体现象,是社会为保证对其自身生活条件的控制所进行的创造(例如城市化就是文明的一种表现)
	知识社会学	关于集体的知识功能和认识功能。研究当知识取决于社会环境时,它是否更真实、纯粹;知识涉及的范畴等
	类型学	对社会学的研究对象进行分类系统整理
	古代性	研究古代社会及古代思维(有些学派如结构主义对古代思维弃而不论)
	进化论	探求一系列可观察或可预见的变迁事件演化规律的一般性理论
社会运行	角色与地位	如果将个人作为观察的中心,那么个人所占据的位置决定了他的地位和角色:他的地位就是他本人所预期的他人行为的整体;他的角色就是他人所预期的他本人行为的整体①
	分　层	等级的形成及表现,等级内部的流动。对应于冲突理论和功能理论两大对立角度
	社会阶级	阶级与某种社会分层类型相对应
	社会流动（纵向）	研究决定、选择、改变社会地位的可能性,尤其是纵向的上升或下降

马尔科姆·沃特斯的社会学概念论题		
	概念论题	相　关　内　容
根本论题	行　动	关注当个人在社会世界中着手行动时,在意识中发生了什么。包括主题赋予其行动的意义及其行动的原因或动机。除此之外,行动论题还涉及互动中沟通意义的种种方式,以及在稳定的主体间社会世界借以确立的方式
	理　性	关注如何在行动中可靠地切入主体思维,形成理性的行动。这其中存在两种假设:① 认为只有一部分行动属于理性行动;② 所有行为均受理性支配(又明确目标导向,且建立在自我利益最大化的基础上)
	结　构	结构指的是在直接感受到的经验之下潜藏的各种社会安排所体现出来的模式,结构决定了有自觉意识的经验的内容,从而主体及其行动都消失,只存在于一定的结构定位中
	系　统	集体性的社会安排有独立于参与者主观意识的逻辑和方向,这些社会安排表现为整合成整体的形式——系统

---

① 让·斯塔彻尔(Jean Stoetzel),社会心理学,Flammarion,1963：p. 178。

续　表

马尔科姆·沃特斯的社会学概念论题		
	概　念	相　关　内　容
实质论题	文化与意识形态	关注作为集体现象出现的文化。组成文化的是对于意义、价值和偏好的普遍共享的看法;由观念体系组成的那部分文化,通常称之为意识形态
	权力与国家	富有效力的观念可以左右个人的利益和目标,约束人的行动,对这种约束有着不同的理解:由他人有意塑造并促其生效(建构主义或功利主义);关于社会应该怎样协调所达成的一套非常抽象的共识所产生的结果(功能主义);由那些在很大程度上尚未被认识到的、根深蒂固的现实所产生的后果(批判结构主义)
	社会性别①与女性主义	有关社会性别①的社会理论很大程度上源于对妇女运动实践的关注,其主要观点在于:以生理性别(sex)或社会性别(gender)为根据的分化普遍存在于各个社会;这种分化普遍渗透于任何一个个体社会;社会学理论逐步摆脱从性角色(sex-role)限定社会性别的理论思路,并考虑由社会性别建构的社会结构;社会性别不平等同样普遍存在于各个社会,且总是表现为"男权制"
	分化与分层	探讨社会世界以哪些方式划分成各个部分和要素,这些组成部分和要素又通过清晰的界限保持着相互分离。这些分化中,基于组成社会的各个单元各自不同活动的实际表现发生的,称为功能分化(functional differentiation)或结构分化(structural differentiation);而有一个或更多单元凌驾于另外单元之上而形成的支配或等级排列,是为分层(stratification),其中一种表现形式就是阶级

---

① 社会性别指的是以社会性的方式构建出来的社会身份和期待,在建构时往往会比照真实或假想的生理性别特征。

附录5：社会学理论取向及相关内容

功能主义理论

	代表人物	理论标志	主要思想	备注
兴起阶段	孔德（Auguste Comte, 1798—1857）	有机体类比	开创社会学和实证主义研究先河；认识到生物学中的个体有机体和社会学中的社会有机体之间的对应性，并将一些特殊的社会结构和生物学的概念进行类比	
	赫伯特·斯宾塞（Herbert Spencer, 1820—1903）	分析功能主义	通过系统的比较社会有机体，发展了有机体类比；论述了有机体和社会之间的相似和相异比；发展了必要条件功能主义思想	
	埃米尔·迪尔凯姆（Emile Durkheim, 1858—1917）	功能主义	重视整体分析，并将系统的组成部分看着成能达到确定的常态并满足系统需求的事物；（但迪氏常摇摆于不合理的目的论的边缘）在社会学理论中，迪氏的有机体论的原则几乎存在了三个分之四个世纪，其对实际问题的杰出分析和分析中体现的思想影响巨大	迪氏和布朗都假定存在社会基本需要，即整合。然后根据这种满足系统心要的方法来分析系统的组成部分。这种分析方法对关心得极为呆板。而社会的那些社会学家对分析法对那些不能对整合产生积极作用的系统组成部分来说难以奏效
	拉德克利夫·布朗（A. R. Radcliffe-Brown）	功能（结构）主义和人类学	对迪氏功能主义理论中目的论倾向的修正；他认为可以用社会结构，特别是社会结构对团结和整合的需求来解释文化要素，如宗族准则和宗教礼仪。但最终布朗的分析也由于忽略了整合仅仅是一个实际应用的假设而陷入循环论证	

续 表

阶段	代表人物	理论标志	主要思想	备注
兴起阶段	马林诺斯基 (Bronislaw Malinowski, 1884—1942)	功能(结构)主义和人类学	重新引入斯宾塞的研究方法,即系统观点,在其基础上引入两个重要观点:系统需求复杂多样。马氏的理论构架有三个系统层次:生物的、社会结构的和符号的。人们能识别在每个层次上的基本需要或生存的必要特征或"要素"。提出所有制度都具有某些普遍的必要条件。人事组成、规章、规范、物质设施、活动、功能	马氏提醒社会学家在分析系统的必要条件时关注系统的层次,并强调每一系统层次均存在普遍的必要条件。指出任一层次上都存在四种普遍的功能需要——经济适应、政治权威、教育和社会控制。马氏描画了现代社会学功能主义的大致轮廓
兴起阶段	马克斯·韦伯 (Max Weber, 1864—1920)		关于行动的见解;剖析社会结构的方法。理想类型分析方法韦伯社会功能理论的精妙在于:在理想类型分析方法中对范畴体系的强调	理想类型分析方法:从经验现实中抽象出来的理想类型意在说明相似过程和结构中某些共同特征,并通过比较不同背景下的经验事例,用于对照和比较种种不同背景下的经验情境。这种分析方法强调概念框架和范畴
成熟阶段	默顿 (Robert K. Merton)	经验主义分析方法	默顿的目标是最大限度地减少功能主义假设;同时他认为建立宏大的总体理论体系是不切实际的想法,因为那只是"华丽而空乏的思想";默顿提出在社会学中采用"中层理论":既是抽象的理论,又已经验世界相联系。默顿的功能分析范式:修正功能一致性假定,强调社会整合是整合的类型、方式、程度、范围以及	默顿对宏观的理论体系的建构认为是困难和不可能的,而他对只注重微观层面的经验世界的研究也明显不赞同,因为他认识到理论家的研究也必须关注"将具体的理论同更为一般的概念和命题融合起来"。对默顿而言,功能主义代表了一种整理概念,即从一般社会过程中挑选重要内容的方法。默顿的"结构情境"和"结构限制"能够定义

续　表

功能主义理论

	代表人物	理论标志	主 要 思 想	备 注
成熟阶段	默顿 (Robert K. Merton)	经验主义分析方法	社会系统各部分中既存事件的各种影响；对功能进行全面的分析（正反、显潜），并衡量事件相互之间以及事件对更大系统的"结果净均衡"；修正功能普遍性议题：应该详细分析社会结构成的各较大的社会结构成的各种结果或功能，并对不同的结果分析，衡量事件净均衡。衡量事件相互平衡，衡量某更大系统的"结果净均衡"问题：具体系统的功能必要条件不可或缺性，但是理论上应确定哪些结构通过什么具体过程对这些必要条件产生影响。默顿认为，在研究中，重要的是对社会系统内部各种类型的"功能选择物"，即"功能等价物"和"功能替代物"进行功能分析，从而避免循环论证的错误（为确保某一系统的存在与延续，功能事件必须存在）	选择物的范围，并解释一事件阻止另一事件的原因。对这些相互关联问题的考察，为分别分析构成事件的原因和事件产生的后果提供了条件
	帕森斯 (Talcott Parsons)	分析功能主义	行动的唯意志理论：构造了关于社会组织的功能理论。并将分析对象放在行动的基本单位——单位行动上。行动单位向社会系统转化：单位行动牵涉到动机和价值取向。对每个行动者来说，其主要的价值和动机的结合决定了单位行动的基本方向。当各种不同取向的行动者（根据他们	帕氏在理论分析上所涉及的范畴越来越庞大，进入社会变迁和人类状态后，更是一种庞大的形而上的宇宙观，且有别于人类存在的真实状况，并不再是社会学而是哲学范畴的问题。他建立了一个松散的体系，并在一系列独立的领域促进了研究的发展

续表

代表人物	理论标志	功能主义理论 主要思想	备注
成熟阶段 帕森斯 (Talcott Parsons)	分析功能主义	的行动和价值取向的配置)互动时,便逐渐产生了约定,并维持互动的模式,这就是"制度化"。帕氏认为这种制度化模式之为社会系统。帕氏以二分法对模式变量(人格系统的取向模式,文化的价值模式,社会系统的规范要求)进行类别化。 强制功能主义:AGIL的引进,使帕氏的概念框架由结构分析偏向了功能分析。 控制的信息等级:等级体系。 一般交换媒介,社会变迁,人类状态:依然在AGIL概念上深入	
亚历山大 (Jeffrey C. Alexander)	新功能主义	后实证主义:一般性话语(*generalized discourse*),一般性预设,用来描述和解释社会过程和系统的一般模型,以及明确的意识形态取向或者有关特定陈述的意识形态暗示;研究项目(*research programs*):旨在解释具体的经验结构和过程	亚历山大在连续体中的明细化方法可以借鉴:明细化方法涉及对更经验性的研究所作的抽象的社会科学性的重要性和相关性进行判定(明细化意指在社会科学连续体中从左向右的移动)。原则上,只要某种陈述比明细化的层次更加抽象,那么在连续体任意两点之间都可能出现明细化。尤其是p46的社会科学思想的连续体。p53

续表

功 能 主 义 理 论

	代表人物	理论标志	主要思想	备注
成熟阶段	卢曼 (Niklas Luhmann)	系统功能主义	**一般系统方法**：围绕系统-环境的区别展开讨论。系统需要在时间的感知、行动者在空间的组织和符号的使用方面降低其环境的复杂性。降低复杂性的过程被概念化为功能机制，即三种类型的系统——互动系统、组织系统及社会系统。用于发展为不同的媒介和系统中的反射性以及自我主体化的沟通都会形成系统过程。 **社会进化概念**：卢曼将进化视为系统在与其环境的联系中不断分化的过程。这种不断的分化允许许多系统与其环境发生更有弹性的关系，从而增加系统的适应程度。卢曼在早期的进化论的基础上增加了几种新手法：进化的潜在机制（变异、选择、稳定）；进化与社会分化（7个意义上的分化）。 **社会的功能分化**：系统具有自调节功能——随着社会变得复杂，降低复杂性的新结构构也随之出现。卢曼使用概念性的隐喻深刻地分析了特定的制度过程，将社会进化视为个人、角色、程序和价值的分离。 **法律系统的自治**：系统对它其他子系统的重要性和它对其他子系统的重要性（传输的时间维度），产生了对其风险消除机制的需求 **作为社会系统的经济**：正是经济的这种复杂性和它对其他子系统的重要性的复杂性，改变了环境的时间维度），产生了对其风险消除机制的需求	卢曼的环境维度的概念可以和物质规划结合：在物理空间中人们创造了什么机制来调节相关的行动，这种调节关系的结构和形式是什么

续表

阶段	代表人物	进化论		备注
		理论标志	主要思想	
兴起阶段	赫伯特·斯宾塞（Herbert Spencer，1820—1903）	第一个生物生态社会学家	将生物学与社会学联系起来——把生物学的类比和隐喻带入了对社会动力学的思考，并在孔德有关生物学与社会学的联系有含糊不清的地方，为社会学与生物学理论如何能够结合在一起进行了实质性和详细的论述	在道德与哲学层面使用"适者生存"这一概念，社会进化不断提高社会结构的复杂性，并与文化密切相关，这种复杂性又提高了人类适应环境和生存的能力。后为功能主义者发展为功能分析方法
	埃米尔·迪尔凯姆（Emile Durkheim，1858—1917）	生物生态学类比	迪氏启发了功能主义的理论化——迪氏的社会分化论模式：增加人口密度或缩小个体"社会空间"都会加剧竞争，竞争反过来也会导致社会细化或劳动分工	
	查尔斯·达尔文（Charles Darwin）	自然选择理论	环境"选择"有机体的特点，这些特点使有机体能够参与竞争，维护资源，生存和再生。当有机体的不同特点成功地被环境选择时，自然选择驱动了物种的进化	
成熟阶段	伯吉斯（Ernest Burgess），哈里斯（Chauncy Harris），帕克（Robert Park），麦肯齐（Roderick McKenzie）	芝加哥学派	关于城市区域扩张的各种模型（同心圆、扇形、多中心）	由于这些模型过于依赖从芝加哥获得的数据，因此模型过于简化和狭隘
	孟德尔（Gregor Mendel）	遗传学和自然选择	个体遗传学：自然选择是基因物质或保存或遗弃的机制 群体遗传学：进化不是个体有机体的整个基因，而是一群基因型	社会生物学主要观点：人类行为和组织可以通过其他生物种的自然化的影响来理解——基因变异，自然选择和作为基因相应价值的适应性

续表

	代表人物	理论标志	主要思想	备注
延续阶段	霍利(Amos H. Hawley)	宏观生态学理论	理论假设：适应(adaptive)和增长(growth)和进化(evolution)，即为生存和适应特定的环境，人类整体变得有所差异并由相互依赖的系统加以整合	
		城市生态学理论	中观层次的社会学理论方法。在芝加哥学派研究基础上，将城市过程一般地概念化为影响一个空间内组织人口模型的基本过程。研究寻求解释诸如定居规模、居住区人口集中程度、居住地地理扩张比例和形式以及居住区之间联系的性质等变量	这一理论推动力可适当看作是生态学的，由此形成的各种模型都归功于芝加哥学派的生态学家
	汉南(Michael Hannan)，弗里曼(John Freeman)	组织生态学理论	源于生态学视角的组织动力学分析。主要观点认为，作为一个既定类型的组织的总体(population of organization)被视为资源而竞争，它有利于那些最适应既定环境的组织	与达尔文自然选择过程相比，组织生态学强调组织在资源环境中的竞争，如果失败就消失或迁到新的生存资源环境中去
	麦克弗森(Miller McPherson)	生态学理论	在组织生态学基础上建立，根据组织中成员的特征进行分类，提供了一种使理论中变量之间因果关系形象化的方法	竞争和选择过程被看作是造成整个社会、城市区域的空间设置和复杂组织的人口分配等社会差异的深层力量

进 化 论

续表

	代表人物	理论标志	主要思想	备注
	范登伯格（Pierre van den Berghe）、洛泊雷多（Joseph Lopreato）	社会生物学理论	以生物学视角看待人类事务，采用社会生物学方法解释人类社会行为的差异性	
	麦克海勒克（Richard Machalek）	社会形式的跨物种比较	将现代进化论应用于传统社会学问题，通过证明人类与非人类有机体中社会生活的基本形式、关于物种中的组织特征是如何集合起来的信息就能收集起来。创建了真正的比较社会学	
进化论 延续阶段	伦斯基（Gerhard Lenski）、诺兰（Nolan）和伦斯基夫人、桑德森（Stephen K. Sanderson）、弗里兹（Lee Freese）	进化的阶段理论	阶段进化模型：①将生物学理论加入社会发展阶段模型，力图说明生物种和社会进化之间的相似性和差异性；②借用生物学里进化论的概念分析社会历史发展阶段；③生物社会文化制度模型	新进化论的理论视角可能反对中观层次的人类生态学方法，但反映了一个简单的认识：人类和他们的社会文化创造物仍然面临如何调整和适应环境的基本问题
新进化论	尤德莱（J. Richard Udry）、马里安斯基（A. Maryanski）	返回对人类本性的理论化	尤德莱的性别理论：社会限制水平越高，由生物差异影响的行为差异性就越少。马里安斯基于人类社会起源的跨物种比较分析：像当代猿在种类上接近人类一样，最近的共同祖先的整体性证实了一个易变的组织结构，这个结构由相对低的社会性水平和在一段时间内缺乏两代群体之间的连续性组成	

续表

	代表人物	理论标志	冲 突 理 论 主 要 思 想	备 注
兴起阶段	卡尔·马克思（Karl Max，1818—1883）		资源分配不平等产生固有的利益冲突。当社会的被统治群体意识到他们在资源再分配中的利益并寻求减少不平等性时，他们将对系统的合法性提出质疑，冲突越具有暴力性……统的合法性提出质疑，冲突越具有暴力性……社会结构与资源分配模式的变迁程度越大	
兴起阶段	马克斯·韦伯（Max Weber，1864—1920）	冲突理论	韦伯认为历史的发展是由具体的经验性条件决定的，如果被统治者撤销了政治权威的合法性→冲突产生	韦伯发展了冲突理论，但批判革命性的冲突并非像马克思所说的那样演愈激烈
兴起阶段	齐美尔（George Simmel）		对基本社会过程形式（form of basic social process）的陈述：一个高度合作、一致、整合的社会表现为"无生命"过程。在……条件下冲突表现为暴力水平会上升，如果冲突的作用，在……条件下，冲突对整个社会将产生整合作用其暴力水平会下降，冲突的作用，在……条件下，冲突对整个社会将产生整合作用	分析依然建立在提高团结一致的基础上
成熟阶段	达伦多夫（Ralf Dahrendorf）	辩证冲突论（dialectical theory）	ICAs中的准群体成员可以意识到其客观利益并形成冲突群体，冲突有可能发生。组织的技术政治和社会条件越是得不到满足，冲突越激烈。权威的技术、组织的技术，冲突越激烈。统治与被统治群体间的流动越小，冲突越激烈。组织和社会条件越得不到满足，冲突越激烈。冲突将会越具暴力性。冲突越激烈，结构变迁与再组织的程度越大。暴力性；结构变迁与再组织的速率越高	达伦多夫对帕森斯主义和功能主义的静态整合社会形状进行批判，将马克思、韦伯，齐美尔的洞察结合起来

续表

—129—

冲突理论

	代表人物	理论标志	主要思想	备注
成熟阶段	科塞（Lewis A. Coser）	冲突功能主义	关于各群体功能的命题：群体同冲突导致群体的权力向中心的强制，群体内部冲突越有可能发生。关于社会整体的功能命题：系统中的单位越是分化与功能性相互依赖，冲突越有可能是频繁但低烈度与低暴力性的。……冲突越能够实现……则社会系统内部的整合水平和系统适应外部环境的能力越得到提高	科塞借用并发展了齐美尔最初的洞见。科塞的功能主义代表对辩证理论的修正
延续阶段	特纳（Jonathan Turner）	综合冲突理论	冲突的过程模型	
	柯林斯	新韦伯主义理论	社会学应以面对面互动的概念为基础。柯林斯认为宏观现象从根本上讲，是由个人之间的微观际遇产生并支撑的。柯林斯提出人际互动基础上建立社会理论	

交换理论

	代表人物	理论标志	主要思想	备注
兴起阶段	亚当·斯密	古典经济学中的交换理论	"理性人"假设：人们在自由和竞争性市场里同他人交易或交换时，总是寻求物质利益或效用最大化。以后的社会学家对此假设进行了借用和修正	
	弗雷泽（James Frazer）	人类学中的交换理论	预见到现代交换理论关于基本交换过程如何产生更复杂的社会机构这一普遍性问题，还预见到当代交换理论关注的另一个问题：社会体系中特权和权力的分化	

续　表

阶段	代表人物	理论标志	主要思想	备注
兴起阶段	马林诺斯基	人类学中的交换理论	马林诺斯基把交换论从功利主义的局限中解脱出来,对物质性或经济性的交换与非物质性的交换符号的交换进行区别	
	莫斯(Marcel Mauss)		力图系统地阐述集体主义或结构主义交换观点的大致纲要,第一次将功利主义交换原理与迪尔凯姆的结构主义集体主义思想联系起来	
	列维·斯特劳斯		交换不仅满足心理需求,也不能从个人动机来理解。所有交换关系都包括了个体所付出的代价;社会上所有稀缺有价值资源的分配都受到规范与价值观的制约;所有交换关系都受互惠规则制约	
	沃森(J. B. Watson)	心理行为主义与交换论	心理学研究的是刺激—反应的关系,行为主义很多方面类似于功利主义	人类行为受到规范制约;所有交换关系都受到社会结构和文化的规定,加之人类具有复杂的认知能力,使得持久、间接的交换网络得以存在
成熟阶段	马克思	社会学传统与交换论	辩证冲突理论	
	齐美尔		批判了马克思的"劳动价值论",认为社会交换包括以下要素：①对自己没有的有价值的物品的渴望；②某一可辩识的人拥有这一物品；③提供有价值的人拥有这一物品以从他人那里得到自己想得到的有价值的物品;④拥有这一有价值的物品的人接受其物品	
	霍曼斯	行为主义	霍曼斯复兴了功利主义对于个体自身利益的关注,把人类行为当作是互动中的个体彼此进行报酬赏(或惩罚)的交换来看待。基本交换原理。成功命题、刺激命题、价值命题、剥夺/满足命题、攻击—赞同命题、理性命题。并提出许多案例子说明行为主义原则如何解释社会心理学的研究结果	
	布劳	辩证方法	强调在从交换中产生整合的倾向下,存在对立的力量和潜在的冲突。布劳努力发掘在微观和宏观层次上的交换过程的形式	

续表

阶段	代表人物	理论标志	主要思想	备注
成熟阶段	埃默森（Richard Emerson）	交换网络理论	借用行为主义心理学的基本观点，研究个人与集体行动者之间的各种交换能否以同样的原则来理解	
	帕雷托（Vilfredo Pareto）、伊恩纳孔（Larry Iannaccone）	交换理论中的经济与博弈论模型	新古典主义假设——市场中的理性行为建立在人们在决策之前比较预期成本与收益，并寻求边际利益。博弈论：理论假设——行动者行为的结果高度依赖于其他行动者的行动和反应，市场被假设为由大量的潜在交换对象构成，这些对象之间自由交易，对每一个交换对象而言，其交易后果与其他每一个对象的行为相关	
	赫克特（Michael Hechter）、科尔曼（James S. Coleman）	理性选择理论	赫克特群体团结理论：力图解释理性的、资源占有最大化的行动者如何创在并维持群体的规范结构。科尔曼提出了关于理性选择原则的社会组织的一般理论	
延续阶段	埃默森（Richard M. Emerson）、库克（Karen S. Cook）、劳勒（Edward J. Lawler）、摩尔姆（Linda D. Molm）	交换网络理论	埃默森理论的关键动力在于：① 权力；② 权力的运用。库克的理论纲要：① 交换网络中行动者在什么条件下会对其交换对象履行义务；② 网络中的确定性对资源分配的影响；③ 权力运用、公平与公证性思想之间的关系；④ 限制性与广泛性交换的动力。劳勒的理论纲要：考察权力结构是如何影响① 交换关系中讨价还价的本质；② 交换对象同义务的产生。摩尔姆的理论纲要：互惠性交换——资源分配之前布发生直接的讨价还价	

续表

阶段		代表人物	理论标志	互动理论 主要思想	备注
兴起阶段	美国学者	詹姆斯(William Jamws)、库利(Charles Horton Cooley)	对"自我"的分析	人类将将自身看作客体,进而发展自我感觉和关于自身态度的能力。詹姆斯称这种能力为自我(self)的能力,这种能力对人们在这个世界上建构其对自身的反应方式起着重要作用。库利修正了詹姆斯的自我概念,把它看作是个体在其社会环境中,将自身连同他人一起视为客体的过程;同时,自我源于他人的交往,以群体为背景,在互动中产生,提出"首属群体"概念	米德的综合提供了最初的互动论的概念突破,但并未很好地解决社会结构的参与反影响个体行为,以及与之相反的问题
		杜威(John Dewey)	实用主义	强调人类同世界的调适过程,在此过程中,人们不断试图掌握环境中的各种条件,在适应自身所处生活条件过程中,人们形成了其独一无二的特征	
		米德(George Herbert Mead)	观点的综合	综合以上几位学者的相关概念进行,将人类心智和社会结构贯穿于社会互动中	
		帕克(Robert Park)		角色与社会的结构位置相联系,而自我则与社会结构位置规制下的角色扮演系紧密	
		默雷诺(Jacob Moreno)	角色理论	角色扮演概念:生身角色、心理角色,社会角色	
		林顿(Ralph Linton)		通过区分角色、地位和个体之间的概念化,进一步阐明社会组织的本质和个体在其中的嵌入性	深入研究社会结构和个体如何在其中运作,对米德的开拓性概念进行必要的补充

续表

互 动 理 论

阶段	代表人物	理论标志	主要思想	备注
兴起阶段 欧洲学者	齐美尔	互动	社会互动的结果导致了社会现象的出现，因此可通过理解社会现象的产生和延续过程研究社会现象	
	迪尔凯姆	变态	通过两条思路关注个人与社会之间的关系：①对仪式的分析；②对思想分类的关注	
	韦伯	社会行动	着重研究社会和文化的构成物，以及这些构成物之间的相互影响	
	胡塞尔（Edmund Husserl）	欧洲现象学	提出来自人际间的、经验的、个体的基本抽象（radical abstraction of the individual）	当代现象学、常人方法学和其他理论形式的基础
	舒茨（Alfred Schutz）		强调韦伯的行动概念，认为只有通过观察人们的互动，而不是通过根本的抽象，才可以了解行动者共享同一世界的过程	将胡塞尔的基本现象学与韦伯的行动理论和美国的互动注意融合
成熟阶段	布鲁默（Herbert Blumer）、库恩（Manford Kuhn）等	符号互动论	趋同	
			人类作为符号使用者：强调人类制造和使用符号的能力	
			符号性交往：人类使用符号彼此沟通	
			互动和角色领会：人们通过对他人姿态的解读进行交往和互动	
			互动、人类和社会：社会互动使个体具有特性，社会作为相对稳定的互动模式，有赖于人们情境定义的能力	

续表

互动理论				
成熟阶段	代表人物	理论标志	主要思想（分歧与争议）	备　注
成熟阶段	布鲁默（Herbert Blumer）、库恩（Manford Kuhn）等	符号互动论	个体的本质：布认为人类行动者不是被社会和心理力量所拉动和推动的，相反，他们是其所反映的世界的积极创造者；库认为人们通过社会化获得其自身的稳定意义和态度，从而其行为具有一定贯性和可预见性	沿着米德的观点，这些理论都寻求理解个人、角色行为、社会结构和文化之间的紧密联系，主张自我概念和认同是核心概念
			互动的本质：布认为互动的象征性本质保证了社会、文化和心理结构可以因人的定义和行为的转变而被替换和变更；库认为人们的互动是释放的，而不是建构心。强调核心自我建构对互动情境的规制作用	
			社会组织的本质：布认为应当把社会组织看作是暂时的、不断变化的；而库则强调社会情境中结构化了的方面	
			方法的本质：反映在其对因果律假定及方法论策略方面。因果律假定——布认为社会结构和规范期望是一种客体，必须敬事先解释，然后用以定义某一情景，进而设计可能的行为；库强调社会世界决定论的一面。方法论策略：库强调观察所有科学方法的普遍性——布认为符号互动论有科学方法的直接观察	
			理论的本质和可能：布强调归纳性理论建构，通过对具体互动情境的观察抽象出一般性命题；库认为理论的最终目的在于把握低层次的可验证的理论统属，合并于符合互动论的一般性原则下	
	斯特赖克（Sheldon Stryker）	自我和认同理论	发展了认同层要性产生条件，显要序列中位置高的认同对角色行为的影响，责任担当对尊重的影响以及认同变化的特性	
	麦考尔、西蒙斯		强调角色当个体寻求实现他们多种多样的计划和目标的分门别类的临时准备，角色认同是他们计划与目标的一部分，成为人们行为的力量	

续 表

阶段	代表人物	理论标志	互动理论 主要思想	备 注
成熟阶段	特纳（Jonathan H. Turner）	角色理论	**概念**：角色构成过程，一致性的民间规范，互动的暂定性本质，角色校正过程，自我概念和角色 **建构理论的策略**：博采众多理论研究中的命题，以建构更加形式化和抽象化的理论陈述。这些命题包括角色的产生及其特性，角色作为互动框架，组织安排中的角色，角色与社会安置，角色与个人	
	戈夫曼（Erving Goffman）	拟剧理论	在一定文化情境中，个体向他人发出一些符号以展示自我，获取信息反应。在焦点（非焦点）互动的论述中，戈夫曼对互动发生的类型（相遇，仪式）特征进行了研究；对互动发生的过程（交谈）进行了分析。在此基础上，戈夫曼对社会情境中对经验的主观和客观组织进行论述，建构了经验组织的分析框架	
	加芬科尔（Harold Garfinkel），萨克斯（Harvey Sacks），西库雷尔（Aaron V. Cicourel），齐默尔和威德	常人方法论（ethnomethodology）的挑战	考察人们应对他人的"日常方法"： **概念和原理**：反身行为和互动，意义的索引性（indexicality）；一般互动方法——寻求正常模式，进行视域融合，运用等等原则。 **常人方法论**：加芬科尔强调语言是使现实结构得以完成的媒介，寻求探明人们赋予其世界以意义时所使用的方法；萨克斯倾向于研究语言中的形式特性，将常人方法论的人形式语言学的轨道；西库雷尔寻求发掘人们用以组织他们的认知和赋予情境意义的通用的"解释程序"；齐默尔，波尔纳和威德分别注重语言运用和理解/表现全体性的特性	
延续阶段	霍赫希尔德（Susan Shott）	社会互动中的情感理论	情感的符号互动论	**情感剧场理论**：情感是个体在情境规范下更广泛的文化观念
	肖特（Susan Shott）			**角色领会和社会控制论**：情感不仅设计生理的刺激，还涉及这种刺激所导致的感动和情绪的标识过程
	海斯			**感情控制论**：人们情感性地或情境化地对社会事件进行情感反应，有赖于其对情境特殊性的特定情感反应的感知

续　表

代表人物	理论标志	互动理论 主要思想	思想	备　注
斯特赖克		情感的符号互动论	情感定位论	角色扮演展现其充当的身份,身份呈现趋于与广义义文化价值,社会结构的规范预期和情境定义相一致
柯林斯			互动仪式理论	关注互动仪式产生的情感能量,而不是特定类型的情感
肯珀		地位与权力的情感理论	地位—权力模式	个体在社会关系中的相应权力和地位以及它们的改变,对于他们的情感状态有着极重要的影响
里奇韦,伯杰	社会互动中的情感理论		感情预期状态论	群体中的成员被指定于某一特定的位置,从而就建立了对他们的能力和角色行为的预期
马可夫斯基,劳勒		情感网络理论	群体团结论	以情感的产生作为核心主题,网络的关键特征是其可达性。情感将社会联结在一起,建立并维持社会联结和配置
劳勒			情感和投入理论	
哈蒙德		情感互动进化理论	影响最大化理论	人类生来在生理上寻求积极情感起和避免消极情感发生
特纳			进化理论	为什么人们的确有能力理解和运用多种多样的情感变化
舍夫,特纳		心理互动分析的情感理论	情感心理分析理论	从互动角度观察过程中的情感变化

延续阶段

续表

互动理论

阶段	代表人物	理论标志	主要思想	备注
延续阶段		预期状态理论	核心观点：预期状态表明一种稳定化的预测，指向个体将要作出的行动相对于他人的行动而言会是怎样的 观点运用：权力与声望、地位特征、多重地位特征、公平性分配、自我评估等在状态组概念中、存在态对社会架构及行为情境两个层面的关注	

结构理论

阶段	代表人物	理论标志	主要思想	备注
	马克思、迪尔凯姆、齐美尔	社会学宏观理论传统 功能主义和结构主义 形式结构主义	将社会结构视为行动者当中的资源分配 以统计分析的形式看待社会结构（与孔德相似）； 挖掘个人和群体联系的潜在形式对某些当代社会学思想的影响	
兴起阶段	米德	互动论和微观结构主义	行为结构主义：一个成熟过程中的个体能够掌握有利于调整自己以适应环境的行动能力	
	舒茨		现象学结构主义：强调规范、价值、信仰和角色等约束条件是个人对情境解释的重要部分，"规定"着行为的经验和路线	
成熟阶段	列维·斯特劳斯	法国结构主义传统	列维·斯特劳斯对迪尔凯姆研究传统形成对比，将迪氏的理论假设倒置，即迪氏视为不真实的变成根本的现实	
	拉德克利夫·布朗	英国结构主义传统	拉德克利夫·布朗发展了迪氏的社会结构观点，认为结构功能主义必须强调结构，社会系统是个体间联系所持有性组合成的显露的自然系统	

续表

	代表人物	理论标志	结构理论	
			主要思想	备注
成熟阶段	默雷诺	美国结构主义传统	社会测量图：试图找到一条能概括和测量群体中个体之间的相互吸引与排斥过程。默雷诺引进了现代网络分析的一些关键概念，如行动者之间的关系在形象在图示化以表明这些关系的结构	
	贝弗拉斯、莱维特		群内沟通研究：研究网络结构如何影响沟通流程	
延续阶段	海德、纽科姆、卡特赖特、哈拉里		早期格式塔和平衡理论	
	吉登斯	结构论	认为在社会学中不存在类似自然科学中的普遍和永恒的法则，人类具有作为行动者的能力，可以改变社会组织的性质；吉登斯认为不存在有关社会行为、互动和组织的抽象法则；规则是行动者在各种环境下理解和使用的"可归纳而得的程序"；资源是行动者用来处理事务的工具，规则和资源是"可转化的"和"中介性的"；社会结构是被行动者所用的东西；制度是社会中跨时空的互动系统；社会在制度化的范围和形式作为结构性原则，是指导社会整体性和结构的制度一般原则；结构原则相互依存运作，也会相互抵触；行动者的本体安全和结构的制度化，在时空中都依赖于行动者之间例行化和区域化的互动	
	乌特诺	文化理论	文化分析：乌特诺试图在一定程度上缩小文化分析的范围，信仰和意义从中摆脱出来，通过形象的沟通与互动进行观察	
	布迪厄		建构性结构主义：抛弃一切分类，在经验与概念领域中游刃有余，可用以思考、反思以及行动能力来建构社会文化现象，在现存结构的限制中进行建构	
		网络分析	通过几何学，图表理论和概率论重新进行概念化，分析社会结构的本质——社会单位间的关系模式	网络分析过于偏向于方法，关注在模型中发现整理数据的数量技巧，将模型转化为特殊网络的描述。网络分析基本停留在经验留描述的工具上

续表

结构理论

阶段	代表人物	理论标志	主要思想	备注
延续阶段	布劳	宏观结构理论	超越将宏观现象建构在人际交换过程中的理论，认为人口结构中的理论。这些人口分布于不同的位置，这些位置反过来又限制了他们社会交往的机会。宏观结构为社会交往提供机会的同时，也对谁可能与谁发生关系产生一种限制。布劳试图通过概括宏观结构的特征，从中推演出宏观结构动力的几个基本法则：从区分人群的类别特征包括人口成员的不同分布来看宏观结构。布劳认为，宏观结构最重要的外在特征是参数的相关程度。参数相互整合越高，就为一定人口中不同成员的社会互动与社会流动设置了越多的障碍。反之，则越有可能增加社会关系的流动	

批判理论

阶段	代表人物	理论标志	主要思想	备注
兴起阶段	马克思、韦伯、齐美尔		批判了青年黑格尔派，将其看作是毫无希望的唯心主义者 批判了马克思关于进行革命运动建立新的乌托邦社会的乐观态度 对马克思和韦伯理论的修正	
	法兰克福学派（卢卡奇、霍克海默、阿多诺）	文化倾向	试图维护马克思关于实践的观点，运用理论观点，社会学界的现代批判理论延在一个对实现人类解放目标几乎没有理由的抱乐观态度的时代	
成熟阶段	葛兰西		关于意识形态领导权的理论——经济、政治和意识形态体系显露了它们各自的结构，完成了从马克思理论到比较黑格尔化的转变	
	阿尔都塞	黑格尔倾向	结构主义——结构是深藏在各自的表层之下并由各自的逻辑来运作的	

续 表

代表人物	理论标志	批 判 理 论	
		主 要 思 想	备 注
哈贝马斯	关于法兰克福学派的方案	对公共领域的分析：逐步将通过沟通行动将人们从社会统治下解放出来看作是可能的，这种沟通行动是公共领域在更具概念性外形下的一种化身。 对科学的批判：假定了三种囊括人类所有理性领域的基本知识类型，即经验分析型知识、历史解释型知识，批判型知识 社会中的合法性危机：随着国家日益干预经济活动，国家试图将政治事务转变为"技术上的问题"，由此，这些事务不再成为由公众讨论的主题，反而成了需由科层制组织里的专家们用各种技术手段解决的技术问题 对社会进化的再度建构：哈贝马斯将进化看作是结构分化和整合问题出现的过程，认为被整合了的复杂系统比简单系统更能适应环境。具备世界观或知识库的个体行动者不断学习各种技能和决定社会整体学习水平的信息储存。这种社会学习水平又形成了社会应付环境问题的驾驭能力。 沟通行动理论：将各种思想的各个方面糅合到一个合理的、连贯的框架之中。哈贝马斯认为批判理论的目的在于揭示日常生活世界中的交往行动中的理性以及这种重组的潜在可能性	
沃德（Kathryn Ward）、格兰特（Linda Grant）	女性主义	对主流社会学理论的女性主义批判 功能主义的批判：忽视了权力财的主题 理性选择理论的批判：质疑用目标外代替外部限制和内部偏好的方式来解释社会产物的认识论 马克思主义的批判：意识提升可以被平等地应用到阶级和性别联系上 后现代主义的批判：与后现代主义从不同的角度发展社会批判主义、重新考虑哲学上的认识论基础	

延续阶段

续　表

代表人物	理论标志	批判理论	
		主要思想	备注
利奥塔(Jean-Francois Lyotard)、罗蒂(Richard Rorty)	后现代主义理论	**科学的后现代批判**：后现代主义者挑战了在科学知识符号和现实之间假设的相符性；在权力和既得利益问题上，后现代主义者承认物理世界可能基于一定法则运作，但认为揭示这些法则的过程创造了文化；在知识的连续性问题上，后现代主义者质疑知识是以增加对世界理解的同一性的方式这一观点，认为由于真理不能在人类的意识形态之外存在，所以知识的非连续性是常态，而文化多元性才是人类必须面对的唯一真理	
詹姆森(Fredric Jameson)、哈维、拉希和尤里		**经济后现代主义**：经济后现代主义者可以被看作是批判理论的黑格尔学派转向的一部分。涉及资本，尤其是其过渡其积累及其弥散度在由信息技术驱动的新的世界市场体系中的急剧变动	
布希亚(Jean Baudrillard)、格根(Kenneth Gergen)、登辛(Norman Denzin)、凯尔纳(Douglas Kellner)		**文化后现代主义**：文化后现代主义者将研究重点放在对大众传播和广告的强调上，由于这些内容受市场和信息技术驱动，个体丧失了被框定于静态时间和地点框架中的感觉，经济后现代主义检验出这些力量能够解释文化的断裂性，差异显著性的下降，对时间、地点、地点和社会空间同失去认同感	

延续阶段

注：本表内容根据乔纳森·特纳（美）著，社会学理论的结构（华夏出版社，1998）一书相关内容结合城市问题整理而成。

第6章

研究方法的借鉴与援用

由于城市规划总是以干预和引导为手段和目的,因此应用性很强,一直以来城市规划都以其实用性为首要原则,希望通过合理选择和环境控制来影响城市未来的发展,因此城市规划从这层意义上说是实证主义的。传统的城市规划以城市物质空间作为直接要素,而正如所有的社会科学子学科发展一样,城市规划在发展过程中一直在探索属于学科自身的方法论,这一探索过程虽然属于规划的本体论研究范畴,但在应用拓展领域中相关学科经验知识的过程中,借鉴与援用相关学科的研究方法不仅有助于知识的吸收和运用,而且有利于规划自身方法体系的完善。

与社会学理论相比,社会学研究方法相对体系一,对于规划研究具有更为直接的借鉴意义及援用价值。

6.1 方法论层面的启示

社会科学中主张把"应然"(what ought to be)和"实然"(what is)加以区分,并具有悠久传统。休谟曾经毅然斩断了事实领域和评价领域之间的混淆。他指出,人们不能从"是"推断出"应该"这一命题,即纯事实的描述性说明凭其自身的力量只能引起或包含其他事实的描述性说明,而绝不是做什么事情的标准、道德准则或规定。这一传统在社会科学中表现为实证研究与规范研究的分野。经济学家老凯恩斯(John Neville Keynes)指出:实证科学是一整套关于"实然"问题的系统化知识,而规范科学则是一整套讨论"应然"标准的系统化知识,把两者相混淆将导致诸多谬误。实证经济学方法论创始人弗里德曼(Friedmann,诺贝尔经济学奖得主)指出:实证科学的终极目标是发展一种理论或假说,以便对于尚未被人观察到的现象作出有效的和有意义的预测。这种理论通常由两部分构成：一是作为一种语言，用以提升"系统而有机的推论方法"，另一部分是作为一系列实质性假说，用以从纷繁复杂的现实中将其基本特征抽象出来①。它实际上是一种方法论体系，涉及形式逻辑、抽象方法、论证方式等等。而从理论作为一系列假说的功能角度观察，弗里德曼强调的是理论对所解释现象的预测能力——事实证据是判断理论正确与否，或暂时接受还是拒绝的唯一标准。"检验一种假说的唯一适当方法是将该假说的预测与经验相比较。如果该假说的预测与经验相抵，或者说与其他假说相比，更为频繁地或经常地与经验相抵，则该假说就被拒绝；如果预测不与经验相抵，该假说就被接受；如果它能够很多次避免与经验相抵，该假说的可信度就大大提高。"弗里德曼只使用频率性用语而不用定性用语，是因为"事实证据从来不能证实一种假说，而只能说该事实未能将该假说证伪"，社会科学中的各学科在这一方法论层面是可以达成共识的。

社会学定义理论从正反两方面都可与弗里德曼的说法相互印证。一些社会学家也是用语言来类比理论，认为理论总是以特殊的方式提出问题，用专门的方式定义词语的含义，包容一些可能性，排除另一些可能性。一种"理论"谈不上是否正确，而只能将其看作一种非常特殊的语言形式，用来勾画人们讨论特定问题所使用的一些词语，以及人们用经验来检验自己语言描述合适与否的方式。可见社会学更倾向于在方法论的层面上定义和使用理论，而忽视理论作为一系列假说体系的层面。

从社会科学中相关学科对城市的研究内容来看，与城市规划涉及的内容几乎都有联系。从学科研究传统来看，这些学科更偏重解释现象的"实然"（what is）研究，说明问题是什么，基础性研究成分占据很大比重，应用性研究并不是这些学科的主流内容。而对城市规划而言，通常是带着问题介入城市社会研究，注重"应然"（what ought to be）研究，目标指向是解决问题，因此应用性研究在城市规划中是不可或缺的部分。在实际研究工作过程中，应用性研究通常不能缺少基础性研究的理论支持，而从相关学科借鉴理论支持一向是城市规划的研究传统，因此长期以来，城市规划研究中，学科交叉与融合始终占有一席之地。作为规划支持的社会研究，以辅助规划为根本目标，与社会学的基础研究及该领域

① 社会学思想方法的发展是与整个科学的发展相一致的。70 年代以来，有关客观世界的规律性、历史发展必然性、知识的客观真理性以及各种决定论的思想观念都遇到了挑战；人们越来越认识到随机性、偶然性、主体性在社会中的作用，认识到传统的、"科学的"知识模式需要改变。在新的历史条件下，社会学方法论所面临的任务主要存在于以下四个方面：对人类和社会的本性的重新认识；对社会学学科性质的重新认识；结合社会学理论与方法中所呈现的各种两极对立的因素；把科学的实证精神与社会批判的人道主义精神结合起来。

自身的应用研究有显著的区别。根据上述讨论,本书提出作为规划支持的社会研究的四项方法论原则:

(1) 作为研究前提,规划中的社会研究应着眼于社会研究易于处理的问题,如果原始理论本身尚在探讨当中,将影响其对规划的支持作用。

(2) 到城市社会现实中寻找城市发展真正需要面对的课题,着眼于解决对城市有意义的问题,即看重规划策略的实效性,而不是时髦风尚中的浮华表象。

(3) 作为应用性研究,必须有重点(focus)而不是泛化的研究,因此确定研究目标问题后,要合理界定规划目标对象的社会(学)范畴,建立中层理论假设,选择正确的社会科学理论对目标对象进行研究。虽然理论是否正确,最终要靠实践的检验或者说看其预测的正确与否,但在选择之初也可以从其逻辑判断其是否具有较大的正确性概率。

(4) 如果目标对象的问题对应于多个理论领域,则选择最具有针对性的理论领域作为主要研究视角,对其他理论领域则视关联程度决定其参与程度,试图以最具效果的方式解决现实规划所面临的问题。

6.2　具体方法及技术的援用

本节阐述的是社会科学的具体研究方法。对处于快速发展中的国内城市规划而言,建筑学和工程技术的学科传统较强,以官方的分类并不属于社会科学范畴,其研究方法并没有固定的范式。这对于规划而言既是优势同时也是劣势,其优势在于可以海纳百川,综合吸取广泛的知识和方法,而不足之处在于体系的不严密。就规划的拓展领域而言,涵盖了社会科学、地理学、生态学、美学等多方面学科,其中社会科学(尤其是社会学)是规划在方法上(非指导思想上)较为疏离的方面。如前章所述,社会学理论是一个庞杂而不统一的体系,规划对其的直接取用是一件很困难的事,或者说是偶然性很大的工作。但是规划可以较易借鉴社会学的理论研究视角观察城市,并搜寻可能相关的社会学理论,从方法论上与之相应的就是从一定的视角如何观察并形成经验认知的过程[①]。这对于尚处于社会研究探索阶段的规划而言,这也是一个不可跳跃的学习过程。

① 需要说明的是,规划与社会学观察事物的角度还是有差异的,因此在本书界定的作为规划支持的社会研究范畴中,强调的是一种以介入为前提的借鉴。

在论述具体社会研究方法技术之前,首先需要对规划中以问题为导向的研究实务框架有一个清晰的概念,以帮助理解社会研究方法在此框架中的位置和相应的作用(见图 6-1)。

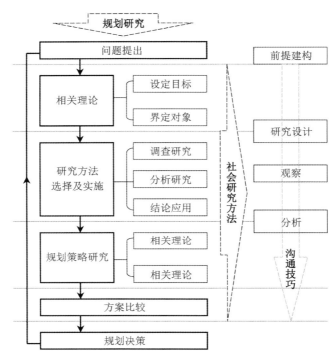

图 6-1　规划研究的实务框架及相应的社会研究方法

6.2.1　研究设计

社会科学中的研究设计是研究的前期计划,是对于一项研究的战略部署,目的是为了尽量明确所要研究的问题,并相应选择最佳的方法进行研究。就特定的规划研究而言,研究主题一般已给定,因此,规划中的社会研究设计基本包括以下五方面的工作内容(见表 6-1)。

表 6-1　研究设计相关内容

	工作内容	规　划　应　用
1	设定研究目的	规划中社会研究的本质目的在于**探索**,探索性研究可以为寻求答案的研究方法提供线索,同时,规划还需要借助**描述**和**解释**研究分别对观察到的社会事实进行精确的描述并解释现象

续　表

	工作内容	规　划　应　用
2	选择分析单元	分析单元(units of analysis)与研究主题、目的及具体研究方法相对应,常见的分析单元包括**个体**、**群体**、**组织**和**社会事实**。规划中的分析单元以群体、组织和社会事实为主。规划研究的多方位特征决定其采用多种分析单元
3	确定关注焦点	社会研究中通常关注分析单元的**特征**、**取向**和**行动**,在规划中特征往往对应于社会背景、人口特征的研究;取向对应于不同人群意愿、评价的研究;行动则对应于人群的互动过程及产生的后果
4	选择时间维度	社会事件和社会状况的时间顺序在因果关系的确立中至关重要(Babbie, 1998)。一般存在截面研究(cross-sectional study)和历时研究(longitudinal study)两种时间维度形式的研究。截面研究在规划中适用于了解社会现状中的特征、取向及行动,历时研究更侧重于发展规律的总结及趋势预测
5	制定研究计划	研究计划的任务是将上述内容选择统筹安排于整个研究过程中,因此,研究计划要做的是针对特定的研究主题将这些内容组织成为一份完整的计划书,以对整个研究过程进行控制。研究计划内容包括前期准备、研究设计、实施、分析及应用中所要用到的概念、抽样分析单元、研究提纲、分析工具、报告形式及时间安排和费用预算等内容

　　* 社会事实是人类行为或人类行为的产物,包括具体对象(指该类对象,如汽车、政府公告等)和社会互动(如婚姻、交通出行等)两种。

(一)设定研究目的

　　对于规划而言,社会研究应该是一系列与空间发展相关的社会事实及发展规律,规划在开始时可能并不清楚哪些社会事实与城市空间发展相关,所以希望通过社会研究找到与之关联的社会因素,这意味着规划中的社会研究的本质目的在于**探索**。探索性研究的主要缺点在于其虽然可以为寻求答案的研究方法提供线索,却很少可以圆满地回答研究问题,因此规划需要借助**描述**和**解释**研究分别对观察到的社会事实进行精确的描述并解释现象。规划中多数社会研究都综合了上述三种基本且实用的研究目的。

(二)选择分析单元

　　在社会科学研究中,分析单元(units of analysis)与研究主题、目的及具体研究方法相对应,一般常见的分析单元包括个体、群体、组织和社会事实。城市规划中的分析单元比较适合以群体、组织和社会事实为主。在社会研究中较多地采用一种分析单元；但基于规划研究的多方位特征，往往也可能采用多种分析单元。研究中需要针对不同的分析单元获取相应的结论。需要说明的是，分析单元的选择是否适当会直接影响结论的客观性，因此，分析单元对于规划研究而言应当明确，尽量避免选取有争议的分析单元。

（三）确定关注焦点

关注焦点与研究主题与目的直接相关，社会研究中通常关注分析单元的特征、取向和行动（当然研究中可能还存在其他的关注焦点），在规划中特征往往对应于社会背景、人口特征等的研究；取向对应于不同人群的意愿及评价的研究；行动则对应于人群的互动过程及产生的后果。

（四）选择时间维度

社会事件和社会状况的时间顺序在因果关系的确立中至关重要（Babbie，1998）。社会研究中一般存在两种时间维度形式的研究，即截面研究（cross-sectional study）和历时研究（longitudinal study）。截面研究在规划中适用于了解社会现状中的特征、取向及行动，历时研究更侧重于发展规律的总结及趋势预测。

（五）制定研究计划

研究计划的任务是将上述内容选择统筹安排于整个研究过程中，因此，研究计划要做的是针对特定的研究主题，将这些内容组织成为一份完整的计划书，以对整个研究过程进行控制。研究计划内容包括前期准备、研究设计、实施、分析及应用中所要用到的概念、抽样分析单元、研究提纲、分析工具、报告形式及时间安排和费用预算等内容。

对规划中就某一主题的社会研究而言，研究设计应该是一系列关系到研究是否贴合规划的重要步骤。即使除却社会研究，规划研究自身也应当进行前期的研究设计，如果认为要专门的社会研究，则在规划研究设计中应当对社会研究部分的设计有明确的目标和内容界定。

规划中的研究计划书包括以下九项基本要素，即研究目标、相关理论基础、研究对象、资料收集（方式及相应的设计内容）、分析、对策，以及时间、人员安排及经费安排。

表 6 - 2 研究计划书内容

		时间	人员	经费
研究目标	研究议题、研究意义、适用范围	阶段部署	专业/人数	总数/分项
理论综述	与议题相关的理论回顾,对议题研究的借鉴			
研究对象	对象范围,适于对象的研究方法			
资料收集	收集方法,收集工具(如访谈提纲、抽样问卷)设计			
分 析	分析方法、目的、逻辑			
对策方案	针对议题的建议、策略制定			

6.2.2 观察方法的借鉴与援用

根据 Babbie(1998)对社会科学研究中的观察方法的总结,大致分为:① 实验法:适用于范围有限、界定明确的概念与假设;② 调查研究(survey research):适用于描述性、解释性或探索性研究,是社会科学领域最常用的观察方法;③ 实地调查:包括参与观察(participant observation)、直接观察(direct observation)和个案研究(case study),调查主要用于获得定性资料,本身不容易化约为数字观察;④ 非介入性研究:对已有文献的搜集与分析研究,可分为内容分析法(对成文文献进行考察)、既有统计资料分析法、历史/比较分析法;⑤ 评估研究:评估目的在于对社会干预的影响进行考察,是应用研究的一种形式,最常见的就是社会指标研究。

上述五种观察方式并非都适用于普遍意义上的规划研究,比如实验法,可能更适用于局部的规划试点,以形成一定范围内的经验;而评估研究在规划中可以作为对规划的后续工作,以观察规划实施行动是否达到预期设想,同时这种评估研究对以后的同类规划会起到良好的参照作用。通常,规划中的社会研究可采用调查、实地观察和非介入性研究三种方式(三种方式的比较见表 6 - 3)。

实地调查和非介入性研究都是规划中通常采用的观察方法,相对较为成熟。在定量研究占社会科学的比重上升的趋势影响下,调查研究也成为社会研究中最常用的一种观察方法。并且受公众参与意识的影响,这种方法在规划中也越来越受到重视。(本章附录 6 对调查研究有详细的阐述)

表 6-3　观察方法比较

	调 查 研 究		实地观察	非介入性研究
	访 谈	抽样问卷		
优点	1. 回答率高 2. 采集资料质量较高 3. 针对的调查对象广泛 4. 弹性大、灵活性高	1. 具有很好的匿名性 2. 调查成本低、样本量大 3. 调查受人为因素影响小 4. 采集的资料便于统计分析	1. 信息直观性较好、信度强 2. 资料新 3. 角度和对象灵活 4. 收集与使用需要切合	1. 信息较全 2. 时间及费用低 3. 收集相对方便
缺点	1. 匿名性*较差 2. 调查成本高 3. 调查双方受互动影响较大 4. 对调查员要求较高	1. 自填式回收率无法保证 2. 采集资料的质量难以保证 3. 对受调查者能力有一定要求	1. 受观察者主观因素影响较大 2. 资料整理时间成本高 3. 资料即时性过强 4. 资料效度较弱	1. 受资料调用条件限制 2. 可能与需要不切合 3. 资料不够新
适用	小范围人群、客观情况 主观意见	大范围人群、客观情况 主观意见	规划范围及所在区域各要素存在状况	历史资料查询相关信息检索

　　* 对于有争议性或越轨的态度及行为、社会禁忌或敏感问题,受访者出于自我保护意识往往采取回避态度。

6.2.3　沟通——参与方法的借鉴与援用

　　社会学中有关沟通的理论属于社会心理学范畴,源于米德的符号互动论(symbolic interactionism),主要观点认为行动者之间的关系是在语言沟通的各种模式中确立起来的,沟通作为社会借以进入每一个行动者内心的中介,各种理解通过沟通达成共享,社会意志由此得以浮现。社会研究中凡介入性研究均存在沟通的过程,这里探讨的沟通是作为一种达成协议的手段或方式,而非作为研究对象的社会事件,但相应的沟通理论研究可以作为沟通行动的指导。

　　由于沟通贯穿于社会研究中,更接近于一种技巧而非方法,这里将其单列出来是由于在规划中,民主保障越来越全面,公众参与规划的意识也不断有所加强,观察西方国家的规划程序及规划教育,谈判与沟通的方式在规划中的地位有上升的趋势,因此有理由认为,沟通是帮助观察获取信息的有效方式。从本书的案例研究中可归纳出，沟通在规划中主要运用在调查获取信息（如座谈、访谈），以及规划方案形成过程中的协调，协调的对象介于管理层、公众以及规划师（包括内部界的沟通协调）之间。以下进一步探讨公众参与（包括精英参与）的沟通原则，即规划师与被访者之间的沟通。

首先是沟通的前提——建立良好的沟通平台。良好的沟通平台是保证沟通的前提基础，为了沟通能有一个良好的开端，应明确三方面的前提：① 双方应明确彼此的角色；② 沟通的议题应当明确，避免模棱两可的问题；③ 对于所要沟通的问题，应是双方都有沟通意愿且有能力进行沟通的问题。

其次是沟通的过程——把握沟通的方向和节奏。目的明确且有重点的沟通是保证沟通质量的有效途径。对在沟通中占主动方的规划师而言，需要① 有得体的着装和举止，形成恰当的沟通氛围；② 熟悉所要沟通的内容，并对一些关键性问题有所准备；③ 沟通过程中的问题要前后相关并由浅入深逐步递进；④ 需要掌握问题回答的深度，避免在某些问题上使用过多时间，而对一些关键性问题则需要深究；⑤ 对沟通内容进行准确的记录。

再次是沟通结果的分析解释——在问题和不同答案间建立联系。对规划而言，分析和解释是否客观准确，将影响到规划决策的恰当与否。

沟通作为鼓励社会各层（或各利益集团）参与规划的手段，以保证和显示规划公正、公平，在各方参与规划的过程中显得尤其重要。公众参与的沟通途径在我国正处于逐步培育中，受多方面因素制约，规划中的沟通和参与并非一蹴而就可以达到较高的参与阶段，必须在有限的条件下，采取具有可操作性的措施进行探索与实践。参照西方公众参与的经验，可以总结出以下十种沟通方式（见表 6 - 4）。

表 6 - 4　不同参与和沟通方式的比较

参与强度	沟通方式	参与对象	对决策影响力	优　点	缺　点
象征性 tokenism	报告 report	所有群体	相关意见提供/决策依据	● 掌握其他有关组织见解 ● 参考有关专家意见	● 与公众利益和意见可能产生差异
	大众媒体 mass media	所有群体	宣传告知/对决策无直接影响	● 使问题公开化，提供信息反馈途径，为居民提供广泛信息	● 成本过高 ● 信息在传播中可能出现偏差

续　表

参与 强度	沟通 方式	参与 对象	对决策 影响力	优　点	缺　点
单向沟通 one-way	通信联络 direct mail	群体 抽样	征询意 见/决策 依据	● 听取多数人的意见 ● 可以保护个人意见 ● 消除对意见的责任感	● 无回应比例可能 很高
	问卷调查 questionnaire survey	群体 抽样	征询意 见/决策 依据	● 节约个人时间 ● 便于分类统计分析 ● 意见采集领域广泛	● 问卷设计中可介 入设计者偏见， 抽样误差 ● 答卷者可能不诚 实应答 ● 调查可能流于形式
对话 dialogue	日常接触 day to day contact	群体 自由 参与	意见沟 通/决策 商议	● 容易沟通，扩大居民 参与范围	● 所采集意见集中 于部分善于发表 意见者 ● 很难统一公众意见
	公众会议 public meeting	群体 自由 参与	意见沟 通/决策 商议	● 可确保信息的完整、 可靠 ● 可运用幻灯、录像、地 图、讲义、宣传册等多 种媒介 ● 具很强的展示宣传 效果	● 会议进行较困难 ● 期待有效的意思 表达困难 ● 少数意见的统一 困难 ● 很难确保信息的 秘密
	研讨 workshop	群体 自由 参与	意见沟 通/决策 商议	● 参与者积极性高 ● 过程中可加入创意性 环节	● 费用和时间花 费多 ● 容易受特定利益 集团的意见引导
	咨询组 advisory group	群体 代表	意见沟 通/决策 制定	● 综合多方信息，决策 理性且慎重 ● 组成成员间沟通顺畅	● 组成成员的个人 意见可能介入 ● 很难有效组织广 泛而多样的利益 和意见
	专门委员会 ad. hoc committee	目标 群体	意见沟 通/决策 制定	● 容易获得公众的支持 ● 决定政策的高度信 赖性	● 可能形成难以代 表全体意见的委 员意见 ● 受委员会规定约 束，难以作出决定
	要员接触 key contact	利益 群体 代表	意见沟 通/决策 妥协	● 将不同有影响的人事 有效集中 ● 容易说明普通成员并 缺的支持	● 要员的个人意见 或其代表的私人 （集团）利益可能 介入

上述十种沟通方式由于各有优缺点，在一项规划中往往同时运用其中的几种方式，而参与过程中的控制可以使参与的程度因目标而不同，即可以达到合作(partnership)的阶段，也可以停留在操控(manipulation)阶段。

如本书第 2 章公众参与理论所述，依据 Arnstein 的公众参与"梯子理论"，我国的公共决策领域中的公众参与尚大体处于"非参与阶段"，即操控(manipulation)和治疗(therapy)层面。现阶段我国规划中的公众参与的特征和支持体系特征，决定了参与程度的局限性，但通过采取适当的沟通方式可以增加参与的有效性。

公众参与的形式应与具体条件相适应，并符合社会主流约定俗成的行为方式和习惯。参与的程度和影响范围要在实际调查的基础上决定，并与既定目标相符。沟通的目标群体和方式是参与有效性的保证，因为在一般情况下，公众的意见和建议相对分散，对规划决策的影响力有限，而进行公众参与的目的有时并不是要求公众对某项规划提出切实可行的建议，而是通过参与或沟通的方式和过程，让公众形成一种受到重视的感觉——"政府的决策是基于公众的意见做出的"，以增加公众对政府的信心。

此外，规划中公众参与的时效性很强，因此及时的沟通和信息反馈对规划的编制和实施关系重大。从目前规划实践来看，常用且较为有效的沟通方式包括目标群体的深度访谈、问卷调查、规划展示、公众听证会(座谈会)、专题系列讲座等。这些沟通方式的操作意义在于：对公众而言，能够知晓规划的内容并有表达自己意愿的一定渠道；对政府而言，能够让社会各层了解城市的公共事务和发展目标，便于取得社会各层的理解和支持；对规划人员而言，可以综合了解多方信息，为规划决策提供更可靠和详尽的依据。

6.2.4　分析方法的借鉴与援用

受自然科学研究方法的影响，社会科学在 20 世纪 50 年代兴起定量分析的方法，并在此后的发展中逐步与定性分析共同成为社会科学中的主要分析手段。本节主要探讨社会研究中可供规划选择的分析方式(不具体涉及数理统计知识及基于软件应用的统计分析)及工作顺序(见图 6-2)，这对于前述理论研究建构中所提的四种类型的社会调查资料的分析研究具有重要的帮助作用。

为保证分析结果的真实可靠，社会研究分析的前提是对资料(数据)进行筛选和整理。对文献资料筛选的标准是要求具有可靠性、正确性和权威性，避免以讹传讹；而对于第一手事实资料的筛选则要求具有问题针对性(典型)、真实并精

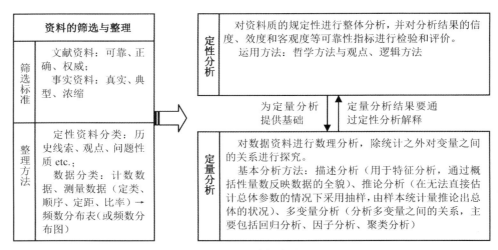

图6-2 分析方法

简。适当的分类有助于资料的系统和便于处理，对属于定性文字方面的资料，可以采用根据不同的标准进行分类，如时间、观点、分区等等；对于数据分类可以根据数据的类型进行划分或初步统计（一般以频数统计居多）。

在对资料进行筛选和整理的基础上，根据研究要求分别进行定性和定量分析。

定性分析是为对资料的质的规定性做（整体的）分析，并对分析结果的信度、效度和客观度等可靠性指标进行检验和评价。除了运用一些哲学的观点和方法，如辩证唯物主义和历史唯物主义、分析哲学、现象学、解释学等外，主要使用比较、归纳、演绎、分析、综合等逻辑方法。

定量分析对数据资料进行数理分析，除一般统计外还要对变量之间的关系进行探究。一般定量分析的基本方法有以下三种：

（1）描述分析。主要用于特征分析，即通过一些概括性量数反映数据的全貌和特征。用以描述数据分布特征的概括性量数主要有：描述数据集中趋势的量数，如算术平均数、几何平均数、中位数、众数；反映数据间彼此差异的程度的量数，如全距、平均差、方差、标准差；反映原始数据在所处分布中地位的量数，如百分位分数、标准分数、T分数等；当事物之间存在联系但又不能直接做出因果关系的解释时，可用一些合理的指标对相关事物的观测值进行相关分析，其相关程度通过相关系数表示，如有积差相关、等级相关、持量相关（点二列相关、双二列相关）等。

（2）推论分析。即在无法直接估计总体参数的情况下，采用抽样方式对样本进行研究,并由样本统计量对事物的总体做出统计的推论和估计。它包括两个方面内容:总体参数估计——根据样本的数字特征推断与总体相应的数字特征,推断有点估计和区间估计之分;假设检验。在许多研究中(如比较两种教学方法、两种教材的优劣,首先需要提出一个假设),为检验某一假设合理或者正确与否,需要抽取样本用其统计量进行检验。通常根据总体是否服从正态分布,将其分为参数检验(如 Z 检验、t 检验、x2 检验、方差分析等)和非参数检验(如中数检验、符号检验、符号秩次检验、检验、秩次方差分析等)。

（3）多变量分析。为分析多方面的、多层次的、多特征的数据间的相互关系,要对变量之间的各种关系需要用多变量统计方法。多变量分析的基本方法主要有:① 回归分析。对于两个具有不确定关系的变量,上述的相关系数可以对两变量是否相关做出定性描述,或对其相关程度做出总的定量描述,但是对如何通过自变量的值去估计和预测因变量的发展变化,相关分析却无能为力,因此需要用回归分析。它一般分为一元线性回归和多元线性回归两种;② 因子分析和主成分分析。当描述事物性质的变量比较多时,常常需要从中提取较少的几个主要的“一般因素”(或称“共同因素”)以简化数据结构,并依据一定的方式对所获得的“一般因素”作出较为合理的解释;③ 聚类分析。即凭借变量指标的定量分析对变量实施分类,使同类的变量比较均质,而不同类的变量差异比较大。除这三种方法外还有如图分析和模糊综合评判等分析方法。

附录 6：调查研究

城市规划的对象是整个城市,因此城市分析的研究单元也是整个城市的综合特征,而非城市中的个案特征。如果规划中拓展领域的研究由各专属学科参与,那就意味着每个参与规划的学科都有自身感兴趣的关注点,但客观上,规划并不因关注点的侧重而有所偏移,因此城市规划的调查是建立在综合了解城市全方位信息的基础上的。调查内容可根据规划实际需要拟定,分别通过访谈、实地观察、抽样问卷调查、文献检索等途径获得。调查工作具体包括以下四方面内容。

（1）调查前提确定

① 目标确定

明确调查目标有助于简化调查程序、节约调查时间和人员成本。调查目标的确定直接取决于规划依据分析的需要,并与整个规划的目标设定有关。如前文所述，城市规划因不同的发展目标会有不同的侧重，这里以城市规划领域中的城市发展为对象进行阐述。

城市规划作为实践性课题，需要了解城市现时的客观存在状况，经过综合分析找出或论证城市主要问题，与初步确定的规划目标比较后，形成较为可靠、慎重的研究结论，与为理论研究提供的调查区别在于，基本以描述和解释城市现象和问题为主，在某些问题上会有探索性研究，比如哪些特定人群与城市中哪些特定空间存在怎样的关系等。因此城市调查的目标在于对城市地域范围内的人群、组织、环境以及三者之间的关系进行系统而结构性的了解。由于涉及解释性研究，城市调查前在某些问题上应有理论假设前提，并在调查内容中设计相应的求证过程和问题。

② 纵横向度确定

规划中不论描述性研究或解释性研究，在时间向度上都有一定要求。一般而言，描述性研究采用横向调查（cross-sectional survey）较多，调查以对城市中人群、组织和环境的近期现状了解为主，用于分析和比较城市各要素及各部分间的特征和相互关系。而解释性研究的调查除横向调查外，为理解城市现状的因果关系，还需要了解城市纵向时间向度上的发展，即纵向调查（longitudinal surveys）。

虽然城市规划是一项长期滚动的研究工作，但从理论上讲，这项长期的工作是由各阶段的工作积累形成。对每一轮规划而言，都是时效性、针对性很强的阶段性工作，因此在各阶段城市规划中，横向调查研究工作是每一轮城市规划必须进行的调查工作，纵向调查可以从文献资料的搜索中获取。

③ 调查单元确定

城市规划的目标指向是城市中各要素的总体特性，因此，城市调查单元以城市中的群体（群体的相关信息包括了与其相联系的组织、环境设施等）为基础。为了区分群体在城市空间分异中的特征，可以根据城市地理边界（如道路）、行政边界（如分区）确定调查单元。调查单元的确定与调查方法直接相关。以中国城市特征来看，以分区或街道为单元进行调查较为适宜。

④ 调查方法确定

规划资料根据来源可分为两类：一手资料（实地调查资料）和二手资料（文献资料）。根据调查方式的不同基础资料可分为三种：抽样问卷自填、访谈（分为结构式访谈、非结构式访谈）和文献检索。规划中依据城市的规模、文献资料的详尽程度以及调查目标，确定选用哪种或哪几种方式组织调查。调查方法的确定决定了抽样方式、调查人员的组成和培训安排，以及调查时间安排。

城市规划中一旦采用问卷的方式，就涉及抽样问题，而问卷是城市规划中比较常用的一种调查方式。因为就一般城市规模而言，城市规划很难普查。随机抽样（random selection）可以帮助根据相对较少的观察，推论到城市总体。一般城市规划中主要使用概率抽样①，如果涉及较复杂的单元或单元组合，较为适用的有简单随机抽样、系统抽样和分层抽样②。

（2）调查方法

适用于城市规划基础资料收集的调查方法包括访谈、实地观察、抽样问卷调查和文献检索四种基本形式，这四种形式在城市规划中适用于不同资料的收集，实践中往往根据规划需要配合使用。

① 访谈

访谈法是调查者与被调查者的直接交流，通过围绕调查主题的谈话，了解相关信息。根据调查所借助的外部条件的不同，有面对面访谈和通过媒介（如电话或网络）访谈；社会调查中，按照访谈方法的差异又可分为结构式访谈③和非结构式访谈④，结构式访谈与问卷调查结合紧密，在后面内容中将提到。

非结构式访谈是这里要阐述的重点，因为在整个城市规划过程当中，随时随地参与规划的各种角色之间就规划议题会发生各种不同程度的交流，可能在严格意义上不能都算深度访谈，但信息的随时积累对城市规划调查而言是一个不间断的过程。在访谈形式的调查中，强调的是"围绕议题的自由交谈"，有利于发挥访谈双方的主动创造性，而这同时也是一项耗时的工作，适用于小范围交流。由于非结构式访谈采集的资料发散性较强，不利于统计分析，因此在城市规划中一般用以前期了解城市发展的各方面概况、就规划的某些议题组织座谈等参与性行动。

---

① 概率抽样是社会科学研究中选取大型和具代表性样本的主要方式；非概率抽样在概率抽样困难时采用，但其抽取方式受主观条件影响较大，样本代表性往往过小，而误差可能性则相对较大且不可估计，因此在社区调查中很少采用。

② 简单随机抽样（纯随机抽样）和系统抽样适用于单一社区调查单元的抽样；分层抽样（类型抽样）适用于由若干个调查单元组成的社区抽样。

③ 结构式访谈又称标准化访谈，即按照事先设计的、有一定结构的访谈问卷进行访问，是一种限定性很强的访谈方式，可以认为是访谈形式的问卷调查，其形式包括当面访谈和电话访谈。

④ 非结构式访谈又称为深度访谈或自由访谈。与结构式访谈的区别在于其不依据事先设计的问卷和固定程序，以调查提纲为线索，由调查者和被调查者围绕调查主题较自由地交谈。适合实地个案的深入研究。

② 实地观察

由于城市规划对城市各要素的客观存在状况要求了解准确,因此实地观察是不可缺少的调查步骤和内容。实地观察是有目的性的对城市各项要素的客观存在状况进行了解和记录,适用于城市中有形要素的调查,以城市的物质环境要素为主要内容。实地观察要求前期准备工作良好,如准确的地形图等,并对观察中的重点内容和项目拟定观察纲要。在实地观察过程中根据观察纲要记录并补充要素信息。

受城市有形要素经常变动的影响,在规划过程中根据需要应补充调查。

③ 抽样问卷调查

作为城市研究数据的来源,社会学中传统的问卷调查是在大规模抽样调查中收集数据的最主要手段。问卷调查与其他资料收集方式相比,其优势在于:首先,由于问卷是由调查者自行设计的,因此问题都有明确的目的性和针对性,问卷所要了解的许多情况在其他现有资料中无法得到,这就使得问卷调查具有特殊的优越性。其次,问卷调查所收集的有关现实情况的资料在时效性上具有优势。此外,由于问卷调查是由研究者自行设计并组织实施的,研究者可以对问卷数据的进行选择,所以问卷调查数据一般比政府统计部门的数据更为切合研究使用。再次,根据样本量和抽样方法,可判断出调查对象的代表性。通过代表性的确定,规划研究就可以把微观调查与有关的宏观分析结合起来,使问卷调查的数据和研究结果可以适用于更广泛的分析研究。

由于城市中抽样对象的不确定因素,为保证问卷的回收率和答卷质量,在实际调查中,往往采用结构式访谈与问卷调查折中的形式,即受访者在调查员的指导下填写问卷。

④ 文献检索

上述三种采集城市基础资料的方法要求调查者不同程度的介入城市进行调查,其收集到的资料其实是为了对既有的文献资料进行补充。通常在城市规划的初步交流阶段之前,已开始对文献资料的收集,并与上述调查过程同时进行,相互补充并协调。

文献检索所获取的资料效度强,且覆盖的纵向历时广,为解释城市发展的因果关系和趋势研究提供依据。

(3)调查设计

实施调查前的准备工作除了确定上述调查前提外,需要将这些前提落实并部署到具体的调查内容中,可以通过调查计划书、调查提纲和调查问卷反映。

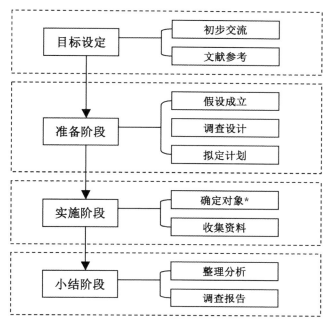

* 确定对象包括① 抽样样本对象;② 选取访谈对象;③ 文献索取部门。

调查程序

① 调查计划书

在实施调查前,安排调查计划书,确定分析重点并列出调查细节,有助于调查的按步实施。

调查计划一般就城市的构成要素(可根据城市实际情况及调查重点选取要素)列出调查内容。调查计划除明确上述四项内容外,还需要制定调查步骤①、时间安排和经费使用。

② 调查提纲设计

根据规定的调查项目和调查指标,列出访谈提纲和细目,内容包括访谈的主题及其主要的问题。用以引导提问和访谈进程,规定访谈的方向和顺序,通过提问,引导受访者谈出事实、想法和见解。调查提纲也可只列出大纲和访谈主题,不开列细目和具体问题,由调查员在调查过程中根据主题或大纲提出。

---

　　① 　社区需求研究的代表人物美国社区研究学者 Warren 认为一个小型或中等规模的社区需求调查过程包括 9 个步骤: 决定调查范围和规模;寻找调查资助者;估算调查费用;组织调查委员会,并确保委员会的代表性;确定调查委员会主席;准备调查表格和问卷材料;实地调查;撰写调查报告;发表调查报告和相关后续工作。(Warren,1977)

③ 问卷内容设计

在较大范围抽样调查中,要求设计统一的问卷表(questionnaire)或访问调查表(interview schedule),问卷大致由五个部分或五要素组成:前言、填表说明、问题部分、编码、登录地址。问卷中的提问按其内容构成,可分为三类:事实问题、认知问题和价值问题。

事实问题是了解调查对象实态、行动的问题,包含有背景问题。在城市调查中,为了对调查结果进行比较研究和相关分析,需要知道答卷者的性别、年龄、教育程度、职业等方面的资料,了解调查对象这些基本特征和基本情况的问题是事实问题的一部分。称为背景问题。背景问题构成记录回答者基本特征、基本属性的"特征表"或"面孔表"(face sheet)。

调查对象的意识调查,主要包括认知问题和价值问题。了解调查对象的认知观念、认知方式以及对客观现象或事物的主观认识的问题,称为认知问题。了解调查对象的价值观念、价值准则、价值判断以及对客观事物或现象的感受、看法、意见和态度的问题,以及调查对象的行动动机和意图等问题,统称为价值问题或价值相关的问题。在城市调查中,认知和价值问题通常是关于城市成员对城市事务的主观认识和评价(详细内容可参见第4章附录:宝通城市调查问卷)。

(4)调查程序

城市调查应该是一个对城市系统而科学的认识过程,因此有其内在逻辑性,这种逻辑结构表现在城市调查相对固定的程序中。从工作内容来看,大致分为目标确定、调查准备、调查实施和调查小结四个阶段。这四个阶段的工作内容虽然在每个阶段各有侧重,但并不孤立,而是在整个调查过程中相互补充和协调的。

调查小结阶段是对城市调查的总结,也是城市规划方案的直接依据所在,因此在城市规划中起着承上启下的关键作用,以下就城市分析详细论述。

第 **7** 章

以城市问题为桥梁的学科交集

——理论与方法在交叉学科中的互通内容

随着学科发展及城市发展,城市规划与社会学之间的研究领域互通呈上升趋势,一方面城市规划在自身的发展过程中,逐步意识到物质空间背后的社会本质及力量不容忽视,需要从社会科学中获取理论及研究方法论支持;另一方面,城市的急剧发展变化带来了社会学感兴趣的众多课题,社会学从注重解释社会现象转向日益重视城市问题的应用性研究,并由此形成了一些独立的应用研究领域,这些研究目的及视角等虽与规划的研究不同,但在理论和方法论方面都对规划更具借鉴意义。从规划对社会的关注及对社会研究的借鉴的历史发展看,城市规划观察社会的视角已逐步从工程设计转向社会行动,作为社会行动的城市规划无疑需要更多的社会研究的支持。本章对城市规划及社会学的共通研究领域进行探讨①。

7.1 应用社会学中关于城市问题的研究

城市规划过程中需要考虑的城市要素与应用社会学中对城市问题的研究有许多共通部分。考察应用社会学中与城市问题相关的研究,内容主要可归纳为城市环境、人群(包括人口、家庭、人际互动以及民族研究)、阶层、组织和社区五部分。以下从对规划的支持角度,分别对这五部分的研究内容加以综述。

7.1.1 城市环境研究及应用

应用社会学在对环境的研究中,从人—社会—自然协调发展的目的出发,

① 这里的探讨并不能涵盖所有有关城市问题的社会研究,但所罗列的领域均与本书第 5 章中所论述的理论的四方面内容有关,因此可作为第 5 章理论框架的实质性细化来看待。

针对环境问题进行研究。对城市环境的研究分属于其对聚落研究的一部分，其中包括了城市生态环境和城市社会环境及其相互关系（见图 7－1）：生态环境部分主要针对生态平衡问题的研究，内容侧重于人与自然关系的影响评价及保护；社会环境问题研究主要与社会、文化发展的失衡有关，内容侧重于研究城市社会环境的变迁与人类发展之间的关系，对规划中的社会研究具有借鉴意义。

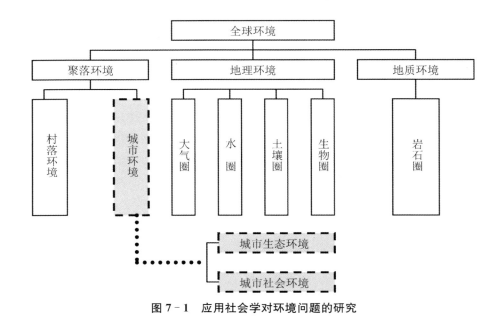

图 7－1　应用社会学对环境问题的研究

7.1.2　城市人群研究及应用

（一）人口研究（Demographic Study）

通常单纯研究人口的自然变动、人口自身繁衍和再生产特点及规律的研究在社会学中称为纯粹人口学（又称人口分析学，demographic analysis），其主要内容是对人类群体进行数量研究以及分析由于出生、死亡、迁徙所带来的人口变动（J. Wilkinson，1982）。而对于城市规划而言，除了需要分析人口变动以外，还必须将这种变动纳入特定的政治、经济、社会、历史及空间背景中考虑，因此，作为规划支持的社会研究中关于人口问题，涉及以人口分析学为核心的人口问题展开研究（包括人口社会学、人口经济学、人口生态学和人口预测学）。

　　人口研究的基本理论主要源于马尔萨斯的人口论,其理论核心命题"人口原理"是针对人口发展与生活资料而提出,分别为"制约原理"——人口的增长受生活资料限制;"增殖原理"——生活资料增加会促进人口增长;"均衡原理"——使人口增长的优势力量受贫困和罪恶制约,使现实人口得以与生活资料相平衡。马尔萨斯认为,人口增长必须有一个适当的限度,由此在人口原理的三个基本命题基础上,马尔萨斯对人口控制提出了相应的解决途径,即通过客观途径进行的人口积极抑制和通过主观引导进行的人口道德抑制。第二次世界大战以后,发达国家的人口相继进入了零增长或负增长状态,而发展中国家的人口增长则保持旺盛势头,对此,人口学家研究认为,影响人口的自然因素包括生理变量和中间变量[①];社会因素则受社会、文化、政治、经济等诸多因素构成的复杂网络影响,如教育(尤其是妇女的教育)、妇女就业及地位的改善、城市化、抚育儿童的费用、社会流动性变化、政府行政控制力等。

　　从方法论角度,人口研究的基本方法在传统意义上存在综合法、比较法和平均法三种。综合法运用静态分析方法,根据时点数据进行结构分析和因素分析,揭示各类人口现象和人口过程产生的原因及存在的问题,发现影响因素和因果关系,并概括和总结人口现象及人口过程的客观规律性;比较法则通过纵向、横向以及交叉的各种比较,了解人口水平的高低、速度的快慢以及数量的多少,从而作出判断;平均法由比利时学者 Quetelet(数理统计学派创始人)提出,他根据当时人口统计资料和罪犯统计资料得出"平均人"类型,认为平均人是社会的典型,社会上所有人同平均人的离差越小,社会矛盾就越缓和。

　　除传统意义上的研究方法外,20 世纪初形成的现代人口研究方法论包括系统论、控制论、信息论和耗散结构论:系统论以系统的科学概念而知到,用数学方法描述人口系统的性质和功能;控制论以抽取各系统共同具有的特征为研究对象,试图研究各部分之间的关系和控制过程;信息论利用数学方法,研究信息的储存、计量、提取、加工、传递以及交换规律;耗散结构论远离平衡的开放系统,通过与外界不断变换的能量和物质,从原来的无序状态转变为有序的稳定结构状态。

　　对于作为规划支持的人口研究,人口预测、人口的自然与社会构成统计分析非常重要(人口构成统计指标见表 7-2)。规划中需要应用的除基本的人口总量预测外,还有各类社会经济角度的人口预测,如学龄人口、劳动力人口、老龄人

---

　　①　当任何社会因素影响生育力时,所必须通过的生理的和行为的变量称为中间变量。

口、迁移人口等。预测方法主要有数学法和要素法：数学法运用数学模型通过一次或多次普查的人口总数推算预测值（数学模型见表 7-1）；要素法主要通过对影响人口变动的出生、死亡、迁移三个要素分别进行预测。此外，人口模型的运用可以简洁明了地反映人口的某些特征，并且可用于规划政策评价和结构分析。

表 7-1　人口预测数学模型

人口发展方程：$P_t = P_0(1+r)^t$
线性方程：$P_t = a + bt$
多项式方程：$P_t = a + bt + ct^2 + \cdots$
逻辑斯特曲线方程：$P_t = \dfrac{K}{1 + e^{a+bt}}$

P_0 为预测期初人口数，P_t 为预测期末人口数，r 为人口年平均增长率，t 为预测期长度。

表 7-2　人口构成统计指标

人口自然构成	人口社会构成
1. 性别/性别比 2. 年龄计算及年龄分组 3. 老年人口比和少年人口比 4. 少儿人口抚养比 5. 老年人口赡养比 6. 人口年龄金字塔	1. 阶级结构和阶层结构 2. 民族结构 3. 宗教结构 4. 受教育程度结构 5. 婚姻家庭结构 6. 职业结构 7. 失业和不在业结构 8. 地区和城乡结构 9. 军民结构

（二）家庭研究

社会学中的家庭研究属于微观层面的社会研究。与规划支持研究相关部分主要有家庭构成、家庭变迁和家庭政策的研究。由于家庭根据社会需要而产生，并随着社会变迁而变化，因此家庭具有自然维系的社会功能，这种维系关系受家庭构成影响。家庭构成可分为基于血缘的关系、基于婚姻的关系，以及基于社会承认的拟血缘等关系，家庭成员的角色分担及相互关系构成最基本的社会关系。家庭变迁由于社会需要及家庭成员需要而产生，变迁过程中产生的家庭问题需要家庭政策来对应解决。

（三）人际关系研究

人际关系是人们为满足生存和发展的需要而在相互交往中形成的全部关系的总称。随着城市的发展与变迁，城市人际交往及行为需要更有效的引导，以适应城市中社会与个人的发展。

　　应用社会学对于人际关系的理论主要有① 交换理论（Exchange Theory of Personal Relations）：通过交往，双方均从对方获得某种回报或结果，包括物质方面和情感心理方面的回报；② 相等理论（Equity Theory）：人们对某一人际关系的评价是以这一关系对双方是否都有益为原则的，即交往双方力求在关系得失上保持基本平衡状态。相等理论强调的是利益的相互性原则；③ 网络原理：借助网络图形来分析人际交往和人际关系的理论。可用于研究人际交往的类型、特点与原则，以及研究如何改善、加强或减弱人与人之间的交往关系。网络原理提供了几种典型的人际关系模型（见图7－2）。人际关系按交往特点（活动状态即影响因素）可采用不同的标准进行分类（见表7－3）。

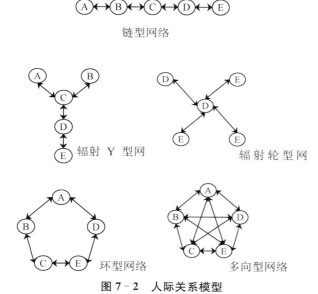

图7－2　人际关系模型

表7－3　人际关系分类

划分标准	关系种类
按纽带划分	1. 血缘关系 2. 地缘关系 3. 业缘关系
按交往状态和频率	4. 首属关系 5. 次属关系
按内容划分	6. 道德关系 7. 法律关系 8. 宗教关系 9. 政治关系
按社会身份和心理状态	10. 角色关系 11. 心理关系
按矛盾性质	12. 结合关系 13. 对立关系

表7－4　人际关系动态过程阶段

第一阶段：定向——选择交往对象，寻求交往可能
第二阶段：探索——浅层交往，探索更深层交往可能
第三阶段：交换——频繁接触，深入到情感交流
第四阶段：稳定——形成稳定良好的人际关系，向多维度全面的深层交往发展

人际关系的建立与发展呈一个动态的社会渗透过程（见表 7 - 4）。社会心理学研究揭示的人际关系形成的基本规律①，以下基本规律只涉及人群总体活动特征，不包括个体特征的描述。

（1）邻近律。大量研究证明，在物理空间上的邻近能够导致人们之间的吸引和喜欢。怀特于 1956 年调查发现，在几乎是完全偶然住到一个居民区的人群中，成为朋友的多是居住得比较近的。另外，菲斯汀格等人的研究也证明，邻近性是引起人们相互喜欢的重要条件②。

（2）对等律。从动态角度观察人际关系的形成，人际关系是互动的，这种互动建立在相互喜欢的基础上，且对对方的喜欢程度不仅仅取决于此人对自己喜欢的总量的多少，更重要的衡量是这种喜欢是逐步加强还是逐步减弱，这就是阿朗索通过实验研究提出"得—失"理论③。

（3）一致律。人们彼此之间的某些相似或一致的特征，如态度、信仰、爱好、兴趣等，能够促进人们的相互喜欢。所谓"物以类聚，人以群分"，在人际交往中人们通常选择那些与自己存在着某种程度相似的人，其中，态度与价值观的相似尤为重要。④

（4）互补律。与一致律相对应，罗伯特·温其研究发现，在婚姻与恋爱关系中明显存在男女双方互补吸引现象。互补作用反映交际双方在需要上的一种满足。⑤ 对于上述一致律和互补律的补充说明是，一致与互补的重要性因交往双方的角色关系而有所不同：当角色作用相同时，人们更多需要的是相同或相似的特征，例如多数友谊关系中表现的基本是一致性；但角色作用不同时，互补性显得更为重要，因为角色作用不同，行为就不同，要在互动中达成彼此行为的协调默契，需要一些互补的人格特征，例如现代科层制度中的上下级关系。对于城市发展而言，稳定、互补和良性互利的人际关系是较为理想的状态，而这种状态在动态运动过程中经常需要以适度的冲突形态来冲破交往的封闭形态，以刺激进步，同时也需要一定的强制形态维持某种动态的平衡（见

---

① 总结人际关系的一般表现规律，不包括出现的一些极端特例。

② Festinger，L. Informal Social Communication，Psychological Review，1950，Vol. 57，pp. 271～282.

③ Burleson，J. A. Reciprocity of International Attraction within Acquainted Versus Unacquainted Small Group. Paper Presented at the Annual Meeting of the Eastern Psychological Association，Baltimore，M. D. 1984，Apr.

④ Schuster，E. & Eldeston，E. M. The Inheritance of Ability. London，Dulav & Co. 1907.

⑤ Winch，R. F. Mate Selection，A Study of Complementary Needs，New York，Harper & Row，1958.

表 7 - 5）。

表 7 - 5　人际关系形态

1. 稳定：频率高、信息量大且稳定，彼此吸引度、需要度和满意度高且稳定，自我调节功能强
2. 互补：双方相互依存通过物质、能量、精神、情感等交换得到满足，各自期待与贡献基本持平
3. 互利：相互需要单一而明确，以能量物质交换为主，互惠互利为原则，交往随共同需要而变化
4. 强制：受外力所迫，非自愿交往
5. 冲突：交往基础恶化到无法容忍，演化为冲突
6. 封闭：交往停滞，人际关系功能丧失或休眠

　　影响交往的因素有正反两方面：① 积极因素，能够增进人际吸引，使之结成、维系并发展为良好的人际关系；② 消极因素，阻碍人际吸引，使之不利于建立和发展良好的人际关系（见表 7 - 6）。这里的人际交往对于规划支持的意义在于其可以扩展为社会各利益团体之间的关系及交往，规划在社会倡导及动员过程中，需要了解并引导各种关系，使其尽可能达成一致。

表 7 - 6　人际关系影响因素

积极因素	① 邻近性因素：指空间上的邻近性，为人们提供交往机会，使人们在交往中相互认识、相互体验 ② 相似性因素：相似性使交往双方对所交流的信息有相同或相似的理解和情绪体验，从而产生共鸣，导致相互吸引，相似性包括年龄、社会经历、社会地位、态度和价值观 ③ 补偿性因素：指需要的互补，是将人联系在一起的最强纽带，包括物质与精神方面的互补。在城市人群中需要互补是最普遍最基本的模式 ④ 外在/内在因素：外在因素指人际交往的仪表魅力；内在指行为的倾向性、性格、气质、能力等品质 ⑤ 情境因素：包括社会环境、自然环境和心理环境。在危险和心境与环境达到统一时会形成人际吸引
消极因素	① 信息沟通障碍：不利因素包括年龄、性别、社会地位、社会经历、民族等 ② 情感冲突：排斥性情感使人与人相互无交往意愿 ③ 需要不满足：互补链断裂阻碍人际交往 ④ 利益冲突：是最常见的不利因素 ⑤ 态度与价值观相悖：会使交往双方对彼此的思想、情感和行为方式有不同理解，从而影响交往 ⑥ 个性品质或个性特征

市场经济体制下社会中人群之间的关系呈现开放、互利、超前、变换频繁等特点，人际关系测度可以通过莫里诺"社会测量法"、人际关系指数等方法测度。

（四）民族研究

民族研究对于国内城市规划而言，更重要的表现在维持民族的社会文化及空间形态方面。除此之外，在全球化经济影响下，沿海发达地区城市出现各族籍融合的问题，因此在社会整合过程中，民族问题也是规划需要考虑的问题之一。

7.1.3　社会分层研究及应用

社会分层在城市文化与城市空间方面均有明显表现，因此社会分层研究对城市空间隔离及对策有重要的指示作用。有关城市社会分层的理论分为总体理论和中距理论两部分。总体理论研究社会分层中的一些基本问题，如分层标准、分层的形成、资源在各层人群的分布等。总体分层理论主要有马克思的阶级理论、韦伯的多元分层理论、功能主义分层理论。中距理论是指一些关于具体问题研究的理论，多具有政策建议的作用，因此，在规划支持研究中，社会分层的中距理论对城市社会分层及与之相应的空间分层具有意义。比较常见的社会分层理论有达兰多夫关于调节阶级冲突的理论、专家治国论、平等与效率理论、关于供需关系决定收入地位的理论等。

当代美国重要的学者与思想家丹尼尔·贝尔在他的未来学著作《后工业社会的来临》中，把社会中结构变化的实质特点认定为来自经济的变化性质，并提出了理论知识确定社会革新和变化方向的决定性作用（Bell，1995）。当时的全球化趋势明显，按照中轴结构的分析思路，贝尔预测到，科层制是社会主义与资本主义共同的未来发展趋势，同时，由于科技的发展和教育的普及，知识阶级成为成长最快的集团，白领阶层在人数和比例上均将超过蓝领阶层，他们构成了中间阶层的主要力量。在这里，贝尔的看法与新韦伯主义者对技术专长的强调有异曲同工之妙。随着 20 世纪 60 年代末、70 年代初以来各领域学者对现代化研究的批判和反思，社会分层研究中长期受到忽视的社会关系（包括生产关系）因素、制度因素和历史因素等宏观变量，都被纳入了分析和研究之中。

研究社会分层的方法主要是为了测评社会分层、社会不平等的差异程度和流动程度,以及影响差异与流动的因素。测评的内容涉及经济差异、权力分层以及社会声望等。主要方法有不平等指数测量、库兹涅茨比率、五等分法、基尼系数、恩格尔系数、社会综合地位量表等。相关的测评结果往往被规划直接引用,为规划对策提供定量的指标依据。

7.1.4　社会组织研究及应用

对社会组织存在两种认识:一种观点认为组织系统是一种经济体,是确定稀缺资源应用和配置的关系体系(Parsons 观点),并且是依据效率和效力(即通过委派)进行操纵的关系体系;另一观点认为组织是适应性社会结构,它的存在取决于控制和参与者赞同之间关系的变化(Blau 观点)。

组织的发展既对环境起着促进或阻碍的作用,同时也受到环境的制约。从宏观角度看,组织具有政策决策、决策部署以及协作决策的作用,影响组织发展的主要内因在于组织的结构,即人们通过怎样的方式构成社会组织的问题。一般组织具有以下几种主要形式:① 直线式结构,即金字塔结构,只具备上下级的垂直关系,没有横向名列的其他组织结构。直线式结构的最高领导掌握全部权力,上下保持高度一致,因而最具效率。这种形式一般见于目标单一、规模不大的组织;② 以参谋制补充直线式的结构,由于直线式结构的运转受到组织最高领导知识和能力的限制,因此当组织规模扩大、目标多元、关系复杂时,需要设置参谋组织,向高层提供专门知识,帮助决策咨询,但依然保持直线特点;③ 职能式结构,即将统一的组织权限分割为几个方面,每个方面分别设置一个职能部门,部门之间呈横向分工关系,并直接对高层负责。这种结构的优越性在于职能的分工和专业化,使权力、责任明确,有利于提高效率和水平。这种结构形式适合规模较大的组织;④ 直线职能式结构,即既有直线式的或纵向的权限层次关系,又有职能式的或横向的专业分工。这种结构在设置横向职能机构的同时,又设置由最高层垂直领导的机构。此结构适应日益复杂的组织。

一般组织有效性是组织利益实现的保障,影响组织有效性的有其运行的环境、组织成员的能力、多样性、地理分布等,其有效性的共同特征表现在:① 以最小代价实现组织目标;② 创新;③ 灵活性和适应性;④ 便于人力资源作用的发挥与发展。

对组织的研究正在跳出传统的行政范畴。正式行政组织与非正式民间组织之间的协调,正式组织机制的提升以及各类民间组织的培育等,对规划的制定与实施都具有积极意义。

7.1.5 社区研究及应用

社会学中的社区是一个十分宽泛的概念,几乎无法赋之以一个明确的定义。每一个社会学者在研究社区时,都会对自己的研究对象进行一定的限定。但从学术界对社区的140多种定义(杨庆堃,1981)中,基本可以找出一些具有共识的地方,即地域、共同联系和社会互动。并且社区可以认为由地域、人口、区位、结构和社会心理这五个基本要素构成。《中国大百科全书》中对社区(community)的定义为:通常指以一定地理区域为基础的社会群体。它至少包括以下特征:有一定的地理区域,有一定数量的人口,居民之间有共同的意识和利益,并有着较密切的社会交往。社区与一般的社会群体不同,一般的社会群体通常都不以一定的地域为特征。社会学视野中的社区与规划概念中的社区有明显的差别(见表7-7),而随着城市更新占城市建设的比重不断上升,社区的社会功能在城市规划中应得到更多的重视。

表7-7 社会学与城市规划中的社区研究比较

		社 会 学	城 市 规 划
研究范围		从农村到都市连续统中的所有类型	城市居住社区
研究重点		社区中的社会关系及冲突	社区中人与人、人与环境的互动
研究要素	地域	有地域概念,但地域界限没有严格限制	研究对象的地域界限明确
	人口	特定时间内的静态人口数量、构成和分布	某段时期(规划期)内动态人口数量,构成和分布,包括对未来人口的预测
	区位	社区自身生活的时间、空间因素分布形式	社区与周边区域的相互关系
	结构	社区内各种社会群体和制度组织相互间关系	社区内各种社会群体、制度组织及与物质空间的相互关系
	社会心理	社区群体心理及行为方式,社区成员对社区的归属感	社区成员群体行为方式及共同需求,社区的归属感及共同意识的环境
研究目的		解析社区中的各种现象	建成或改善社区物质环境

资料来源:赵蔚、赵民,从居住区规划到社区规划,城市规划汇刊,2002/6。

7.1.6　城市文化研究

城市文化是通行于整个城市甚至某个区域范围的特定的社会现象,包括城市市民的信仰、价值观、行为规范、历史传统、风俗习惯、生活方式、地方语言和特定象征等。作为城市地域特征的表现之一,城市人口特性以及居民长期共同的经济和社会生活的反映,城市文化是生活在某一城市的人们在情感和心理上的联系纽带,亦是构成城市人群的文化维系力量。社会学对城市文化的研究偏重于文化的传承与表现,以及文化对社会发展的作用①。

"人类一方面在创造文明,另一方面又在毁灭自己的文明",蕾切尔·卡森于1962 年在《寂静的春天》中这样写道。虽然他想要唤起的是人类对自然的觉醒,但城市文明发展至今,人类以智慧创造的多姿多彩的文明正因全球化趋势而日益同化,这恰恰印证了蕾切尔·卡森的这句话。城市文化作为城市发展的内在驱动力,赋予了所有城市物质环境以含义,而赋予城市场所以文化含义及提升城市生活的精神内涵也正是城市规划的根本目标之一。

7.2　关于研究城市问题的边缘学科

介于城市规划与社会学之间的学科都带有明显的边缘学科特性,并以城市发展相关问题为研究内容。以下将对相关的边缘学科进行分层梳理,目的是为了为理论的借鉴理清思路和关系。

7.2.1　城市社会学(Urban Sociology)

城市社会学是社会学与城市研究相结合的一门学科,在有些文献中称为都市社会学,它是社会学分支学科之一。城市社会学对于作为规划支持的社会研究而言,是非常重要的交叉领域之一。

城市社会学产生并发展的直接诱因是 18 世纪 60 年代的产业革命所引发的城市化及其带来的城市问题,其开创先河者中以德国社会学家腾尼斯、齐美尔、韦伯及法国社会学家迪尔凯姆的影响最大,而城市社会学分支的正式创建则应

---

① 英国人类学家拉德克利夫·布朗认为,文化人类学有两种研究:历时性研究(文化的纵向历史研究)和共时性研究(文化的本质、结构功能研究)。

归功于 20 世纪 20 年代的芝加哥学派的几位代表人物：R. E. 帕克、E. W. 伯吉斯、R. D. 麦肯齐和 L. 沃思等。

城市社会学以城市区位、社会结构、社会组织、生活方式、社会心理、社会问题和社会发展规律等为主要研究对象。其主要研究内容包括以下几个方面（见表 7-8）：

表 7-8　城市社会学研究对象及内容

	研究对象	研 究 内 容
1	发展规律	包括城市社会的产生、形成和发展规律，以及城市化过程的研究
2	城市环境	包括城市中的自然环境（如地域、自然资源等）和人工环境（如区位的形成、人口分布、土地使用状况等），有学者将其称为城市生态学或城市区位学
3	社会结构	探讨城市中的经济结构、劳动结构、职业结构、家庭结构及阶级和阶层结构等问题，并探讨影响城市社会结构变化的社会因素
4	社会组织	研究城市各类社会组织的运行机制，以及它们怎样相互影响、相互制约、共同推动城市社会的发展
5	生活方式	包括城市生活方式的构成要素、特点和影响城市生活方式变革的社会因素等
6	社会心理	着重研究城市社会心理的发展变化对城市社会的影响
7	城市问题	研究城市的社会问题，并根据城市问题制定治理的对策和规划
8	宏观问题	从宏观上研究城市社会关系的发展、变化，探讨城市发展的过程、特点和规律性

城市社会学经过长期发展，针对上述八个方面的研究侧重，分化出以下一些不同的流派（见表 7-9）：

表 7-9　城市社会学流派及基本观点

	流　派	研　究　侧　重	所持基本观点
1	城市化派	侧重于研究城市的生活方式和社会机制如何取代农村的生活方式和社会机制	城市的主要特点在于角色分化、次属关系、价值观的世俗化以及规范秩序解体
2	亚社会派	研究人作为自然界的组成部分在生物亚社会的压力和动力下被迫做出的反应	人类行为是在亚社会压力和动力共同作用下的竞争行为

续　表

	流　派	研　究　侧　重	所持基本观点
3	生存学派	主要研究居民如何组织自己以保证人类生存的需要	城市化由居民创造,用以容纳大量居民的组织形式;城市化进程直接取决于生存活动的分工程度,分工又取决于社会技术发展水平
4	经济学派	侧重于从经济角度分析城市化和城市社会问题	城市化是市场和经济活动的重新组合,且整个社会,尤其是社会组织随城市经济活动的变化而变化
5	环境学派	从人与环境和谐的角度出发,研究如何彻底改造城市结构,并提出城市规划和城市改造的建议	城市表现了人类在生存斗争中的适应性,城市问题的出现反映了城市生活对人与自然和谐的背离,需要积极加以解决
6	技术学派	从技术角度研究城市位置、城市间的相互关系、城市人口和经济活动的空间模式	强调技术因素对城市化的影响(因此技术学派往往忽视非技术因素对城市化的影响)
7	价值学派	以非经济的、非技术的价值观研究城市结构和土地使用模式	认为社会文化制度对城市模式具有重要的作用,人们的价值观和情感上的差别造成城市的差别
8	权力学派	主要研究城市中各个利益集团之间的竞争能力,以及权力在城市规划中所起的作用	存在于城市中的权力构成对城市的发展具有举足轻重的影响

上述各种流派间的观点实际上并非总是泾渭分明,而是往往相互影响、相互渗透。

7.2.2　地理学相关学科

由于城市规划本身有着很强的地理学背景,对空间关系与地理学存在着共同的关注,使两者在研究领域中存在可供沟通的平台。虽然地理学没有公认的学科分类体系,但一般可认为地理学分为自然地理学和人文地理学两大部分,每部分下面再分次级分支学科①,与本书论题密切相关的边缘学科主要隶属于人

---

①　**自然地理学**研究地理环境的特征、结构及其地域分异规律的形成和演化规律,研究对象是地球表面的自然地理环境;**人文地理学**研究的是人类各种社会经济活动的空间结构和变化及其与地理环境的关系。

文地理学及其下属分支学科(见表 7 - 10 中阴影部分)。

表 7 - 10　地理学学科体系分布与本书研究领域的交叉内容

	分　类	学　科　分　支
自然地理学	综合性	综合自然地理学、古地理学等
	部门性	地貌学、气候学、水文地理学、土壤地理学、生物地理学等
人文地理学(广义)	社会文化地理学(狭义人文地理学)	人种地理、人口地理、聚落地理、社会地理、社会经济地理、文化地理、宗教地理
	城市地理学*	
	经济地理学	农业地理、工业地理、商业地理、交通运输地理、旅游地理
	政治地理学	军事地理等
其他分支		历史地理学、区域地理学、地图学、理论地理学、应用地理学、数量地理学、地名学、方志学等

注:　*　城市地理学曾属于聚落地理学(隶属于社会文化地理学)的一部分,后其研究对象和内容逐步超出了聚落和社会文化范畴,发展为人文地理学的一个独立分支。
表中阴影部分为地理学科中与本书研究领域有重叠的学科分支。

人文地理学(Human geography)是以人地关系的理论为基础,探讨各种人文现象的分布、变化和扩散以及人类社会活动的空间结构的科学[1]。人文地理学研究的核心内容是人地关系,人地协调的思想是现代人文地理学各学派[2]普遍认同的观点,同时也是现今各界人士所公认的社会经济发展必须遵循的准则。

人文地理学本不是重视理论规律的学科,最初以叙述方法占据主要地位,人文地理学家大多只是对具体问题进行细致的描述、分类,而很少思考决定事物发展的根本法则。20 世纪 50、60 年代兴起的计量革命,使人文地理研究在整体上开始探讨问题的共性,追求具有广泛意义的规律、定理、法则。在数学、经济学的影响下,人文地理学的计量研究,发展和建立了许多有影响的空间理论模式,如中心地理论、土地利用和地租的同心环带论(Concentric Zone Theory)、

---

① 李旭旦主编,人文地理学,中国大百科全书出版社,1984:p.1。
② 近代西方人文地理学界先后形成人地因果关系论、地理环境决定论、自然可能论(或然论)、非地理环境决定论(二元论)、文化景观论、人类适应论与生态论等各种学派。

工业区位论等,涉及新生事物的扩散传播、经济增长与发展、迁移与流动等方面的空间理论,以及社会引力模型,有的涉及土地利用、人口规模的空间布局等等,这些理论在城市规划发展中同样占有一席之地。人文地理学家的这方面努力,弥补了古典经济学所忽略的对空间影响因素的研究,对地理学科自身的发展意义重大。

作为一门具有学科交叉性质的边缘学科,其主要论点(学派)及其研究侧重围绕人文现象与自然环境(地理环境)展开,根据其对人文地理学的理解和研究侧重,一般认为可分为五种基本观点。见表 7 - 11。

表 7 - 11　人文地理学流派及研究侧重

	名　称	研究侧重	代表人物	主　要　论　点
1	环境决定论	侧重于研究各种自然因素对人类文明的决定作用	拉采尔〈德〉(F. Ratzel) 辛普尔〈美〉(E. C. Semple)	将自然环境作为社会发展的决定因素
2	二元论	将地理学分成非人文的自然地理学和自然的经济地理学两门互无联系的科学进行研究	佩舍尔〈德〉(O. Pechel)	人文现象与自然环境割裂对立,各有各的规律
3	或然论	侧重于研究地理环境及其环境中各种事实的关联性与相应性	白兰士〈法〉(Paul Vidalde La Blache) 白吕纳〈法〉(Jean. Brunhes)	自然相对固定,人文相对无定,两者之间的关系常随时代而变化
4	适应论与生态论	人与自然的相互影响适应论侧重于研究人对自然环境的适应;生态论侧重于分析人类在空间上的关系	罗士培〈英〉(P. M. Roxby) 巴罗斯〈美〉(H. H. Barrows)	适应论观点:自然环境对人类活动有限制作用,这也意味着人类社会对环境可以利用; 生态论观点:人是中心论题,一切现象只有涉及人与它们的反应时才予以说明
5	文化景观论	通过研究地面景观(包括自然与人文)来研究地理特征	索尔〈美〉(Carl. O. Sauer)	以解释文化景观作为人文地理的研究核心,认为地理学是研究地球表面按地区联系的各种事物,包括自然事物和人文事物及其在各地区的差异的学科

社会发展不断对人地关系的地域体系提出新课题，人文地理学的研究范畴随社会复杂程度的加强不断向广度和深度发展①。表现最突出的是在城市化过程中出现的问题，如城市恶性扩张、环境污染、人口增长与流动等全球性的共同社会问题，这些课题使人文地理学晚近的研究主要偏重于协调人类活动和地理环境的相互关系②；同时针对研究领域及对象的差异，人文地理学内部也形成了一些相应的分支③。以下选取这些分支中与城市规划中的社会研究关系密切的社会经济地理学和城市社会地理学进行说明。

（一）社会经济地理学

社会经济地理学研究的是地理空间对社会生产关系方式的影响。90 年代后期，西方社会经济地理研究发生了很大的视角转变，即在对社会经济发展的理论和实证研究中开始重视文化、个性（Identity）和制度性动力（Institutional Forces）等因素的作用，并且特别关注这些要素在一个日益复杂化的空间经济中建立的紧密联系④。在国际化和提倡可持续发展的世界性潮流的影响和引导下，提高地方感知能力，建立全面、健康的环境意识成为地理学者的主要社会责

---

① 与城市发展相对应的人文地理学研究，在 80 年代以后随着人本主义与后现代主义思潮的兴起而兴起。后现代主义研究所主张的多元性，也曾被用来对应解释美国后现代化的城市主义（urbanism）。人本主义地理学主张将"个人"理解为"活生生的、行动着的、思想着的"存在者，而不是千人一面的"经济人"或统一思想、统一意志、统一行动的"文化人"。人的多元发展趋势，在人地地理行为上也表现为多元，因此人文地理学的研究课题、研究手段、研究趋向，也必然是多元的。人本主义地理学的提倡，对于一些"过于科学理性的"地理学者过于客观化、抽象化、同一化的倾向提出了质疑，这与 60 年代以后整个社会主流意识的人本回归相呼应。其价值在于不断提出许多其他理论所无法处理的问题，特别是有关人的问题，人本主义可以对之进行切合实际的说明，因为人们的态度、印象、与环境地方的主观联系往往不能用实证主义的方法来进行同一性解释。事物的两面性决定，人本主义地理学也存在负面影响——经常考虑的是具个体特性的事情，而不善于处理有关社会结构等宏观问题。因此，其作用在于推进人的发展，而非管理性的。在为社会提供城市、工业、交通的有效安排方式时，人本主义地理学的作用相对较小。不过，在社区和地方的规划中，人本主义可以提醒规划者，不要忽略人文特色与个性需要。
② 晚近的人文地理学研究主要内容包括：人口移动和劳动力调配、资源的合理开发与保护、文化的扩散与传播、环境的合理容量与综合治理、城市化与城镇体系的发展、乡村工业化、海洋的全面开发、旅游区企划、国土整治、区域综合发展、人地关系地域体系优化等。
③ 人口地理学、社会文化地理学（包括语言地理学、民族地理学、宗教地理学）、历史地理学、经济地理学（包括农业地理学、工业地理学、交通运输地理学、商业地理学、消费地理学）、政治地理学、军事地理学、聚落地理学（包括城市地理学、乡村地理学）、旅游地理学、行为地理学（包括感应地理学）等。
④ 在当代世界范围的区域发展实践中，无论是发达国家还是发展中国家，经济活动仍然是至关重要的内容，但是经济活动的动力机制及相应的空间特征已明显呈现出一些本质变化。在这一背景下，一些发达国家开始采用全新的视角来审视和研究处于不断变化中的社会经济地理现象，其中一个最突出的转变就是更加重视非经济因素，特别是文化因素在经济活动空间格局的形成和演变中的作用，着重从历史和文化的角度把握世界、国家和区域的时空变化，强调在社会文化与政治经济相互作用的动态过程中来认识资源、资本和劳动力等生产要素的空间特征，从而客观认识一个具体区域的基本特性，真正把握区域发展的本质，更准确全面地认识地方多样性和地理差异。

任之一①,这一发展趋势与城市规划的观念转变具有一致性。

现代社会经济地理的主要理论流派及其发展经历了以下四个阶段,由于各流派的力量消长及研究需求,其发展阶段的划分视当时的主流思想为基准。见表 7 - 12。

表 7 - 12　社会经济地理学思想发展

	主流思想	时期	主　要　观　点	备注说明
1	空间科学研究	1950 中期—1970 中期	50 年代中期以后,在建立正式规范的科学规律的学科发展目标激励下,一批社会经济地理学者转向空间科学研究。计算机技术的推广和应用刺激了地理学者们开展定量空间研究的积极性,出现了所谓的计量革命高潮。空间科学研究中的极端倾向是把关于点、线、面及其组合的几何学定律作为解释社会经济地理现象的基本理论;合理选择理论成为当时的主要社会科学理论,该理论假设所有社会成员都是行为规范的经济人,认为在社会交往中每个经济人都争取以最小代价获得最大收益,而所有的社会事件只能由经济人的信仰和行动来解释。在这一理论框架下,对经济活动空间规律的探讨几乎不涉及被研究对象的社会过程和文化层面②	从工业化时代到后工业化时代,随着社会经济地理现象的日益错综复杂,要获得系统、可靠而深入的统计资料难度增大,限制了社会经济地理学研究中的空间科学流派的发展潜力。但伴随地理学计量革命产生的数理统计模型、GIS 等成果却逐步受到政府部门的欢迎,政府人员可以借助比较稳定、规范的技术手段来建设自己的信息基础,提高自身的政策研究能力并改善其管理水平
2	政治经济学流派(空间社会化)	1970—至今	自 70 年代早期开始,社会经济地理研究中出现了政治经济学流派并产生重大影响,David Harvey 的成果是这一学派的核心内容③。马克思主义的最基本概念是"积累",而 Harvey 对社会经济地理的最重要贡献就是积累理论(Theory of accumulation):Harvey 把空间看作围绕经济活动的社会关系	自 Harvey 提出积累理论以来的 20 多年一直有社会经济地理学者在应用和发展政治经济学方法,近年已被作为开展区域发展研究的基本理论框架之一,而且政治经济学被扩展为地理和历史的政治经济学,即强调把区域发展的分

① Susan Hanson, Geographic Ideas That Changed the World, Rutgers Uni. Press, 1997.
② William Bunge, Theoratical Geography, Lund, 1996.
③ David Harvey, The Limits to Capital, Chicago Uni. Press, 1982.

	主流思想	时期	主 要 观 点	备注说明
2	政治经济学流派（空间社会化）	1970—至今	的产物来分析，这一分析方法的创新性主要在于把空间社会化，或者说是对空间进行社会化构造。按照 Harvey 的理论，资本主义被看作一个塑造空间的最基本的动态社会过程。其主要论点是：持续的投资（积累）是资本主义得以生存和发展的关键，而积累需要固定的生产场所（城市）。但是这些固定的生产场所的存在合理性往往被资本主义内生的系统化力量所削弱甚至破坏，造成危机，从而自动地影响既有的资本主义的稳定性和地方固定性，导致新经济空间在新的合理性基础上应运而生	析置于具体的历史和地理环境之中
3	劳动地域分工与地方化研究（社会空间化）	1980 早期—1990 中期	相对于 David Harvey 的空间社会化构造理论，劳动地域分工和地方化理论将整个社会进行空间化。英国学者是这一流派的主体，其中以 D. 摩西（Doreen Massey）的贡献最为突出①。Massey 把社会的和文化的问题放在经济发展内部来考察，直接把文化因素放在区域发展分析框架上，给文化以充分的作用空间。她认为，一个地方的社会文化特征，包括性别结构、宗教和阶级特征等是影响实际投资（包括投资规模、类型等方面）的重要因素，而实际投资及其相应的经济活动又参与塑造该地方的独特的社会文化，该社会文化地域特征又直接影响下一轮投资和经济活动，区域发展就是这样一个相互作用的循环动态过程	Massey 在仍然坚持经济因素的决定性作用的同时，重视生产要素的政治和社会文化层面，强调社会机构和组织本身也是非常重要的区域发展的组成内容。她的理论观点直接应用在英国的地方性研究项目上，即对于英国南威尔士地区工业结构调整的区域研究。摩西的学说把社会经济地理学者的注意力引向地方性经验，越来越多的社会经济地理学者开始注意到从地方入手，把分析具体的地方（Place）、地方的（Local）经验的差异作为认识区域发展规律的重要基础

---

① Doreen Massey，The Spatial Division of Labor，MacMillan，1984.

续　表

	主流思想	时期	主　要　观　点	备注说明
4	规范主义（Regula-tionism）	1980 中后期—1990 后期	规范主义是由一些法国巴黎的经济学家开创的,强调社会规范与经济过程的相互作用。他们认为区分"积累体系"和"规范模式"是正确认识经济活动的机制和规律及建立发展模式的关键。他们把积累体系定义为经济活动在投资和消费之间的持续分工,把规范模式定义为使可持续的积累体系得以成立的一组标准、机构和法律。应用规范观的社会经济地理学家主要在两个方面发展了这一理论脉络：第一,指出即使在一个相同的基本经济结构(如福特主义)下,规范模式和积累体系的地理差异都有可能是很大的;第二,强调文化和社会因素是构成规范模式的十分重要的因素①	规范主义最好的例子是福特主义,其积累体系由规模生产和大众规模消费构成,而凯恩斯主义的福利国家则是与之相应的规范模式的主体。这一理论学说的学术影响在当代经济地理和人地理研究的前沿领域表现得较突出,特别是在关于区域发展模式创新研究方面,如国家竞争优势变化研究、对全球范围新的产业空间,特别是新兴工业集聚区的比较研究、东欧前社会主义国家的结构转型与西方发达国家的历史经验的比较研究等方面

注：本表根据庞效民《90 年代西方经济地理学的研究趋向评述》(经济地理,2000/03)的相关内容整理。

(二)城市社会地理学

城市地理学是研究在不同地理环境下,城市形成发展、组合分布和空间结构变化规律的科学,既是人文地理学的重要分支,又是城市科学群的重要组成部分。一般而言,城市地理学最重要的任务是揭示和预测世界各国、各地区城市现象发展变化的规律性。

而城市社会地理学作为一门跨学科的分支研究领域,综合运用了城市社会学、城市地理学、城市规划学的理论与方法,对城市居民及其阶层的空间分布及空间关系进行系统研究(崔功豪,2001)。社会地理学在其发展过程中,逐步由早期涉及社会各个方面的研究(包括人口地理、聚落地理、文化地理等等),发展到重点关注社会集团的空间活动及其规律(种族问题、阶级冲突、贫富不均等)。当代社会地理学已成为一门研究社会集团的空间类型、空间结构、空间过程以及各

---

① 　A. Amin,Post-Fordism：A Reader,Blackwell,1995.

种社会问题及其地域集中性的科学（李剑波，1991），内容包括社区、社会文化（social culture）、社会生态（social ecology）、社会问题（social problems）等。

城市社会地理学与城市社会学殊途同源，关注角度与研究方法有很多相似的地方，其中最著名的是城市社会学代表芝加哥学派对城市社会空间模型的归纳，很大程度上影响了城市社会地理研究的成长。研究领域的重叠是边缘学科间最显著的特征之一，与自然科学结构相似，社会科学各学科之间也存在着关联，而学科交叉的意义正在于此。

从 70 年代至今，人文地理学各分支随着全球城市发展变迁而引发了一些新的论述，与现代化时期工业城市发展的研究取向逐步不同，相关分支学科都在反思城市不断变迁发展的本质所在，关注焦点向城市的内涵与社会、空间特性的关系偏移。

7.2.3 社会心理学①

社会心理学是在社会学、心理学和文化人类学等母体学科的基础上形成的一门具有边缘性质的独立学科，创设于 19 世纪末 20 世纪初②。在其形成过程中，受母体学科研究传统的影响，社会心理学存在三种主要的研究取向（或称为研究传统），即社会学传统、心理学传统和文化人类学传统，三者间存在着一定的差异。（表 7 - 13）其中社会学和文化人类学取向注重对社会整体特征与规律的宏观研究，为城市规划对城市文化及社会互动等方面的理解和规划引导提供非常重要的依据。

表 7 - 13　社会心理学三种取向比较

比较项	社 会 学	心 理 学	文化人类学
研究重点	社会因素	个体因素	文化因素
研究内容	社会互动与群体行为	个人行为	文化行为
研究方法	调查法	实验法	跨文化现场研究法
基本解释项	社会角色	个人品质	基本人格因素

---

①　社会学中许多人群交往活动的研究均涉及城市空间及功能方面的问题，但基于社会学研究传统，研究方式及表述均侧重于人文社会方面，这部分内容的了解对城市规划也具有一定的借鉴和学科综合意义。

②　对社会心理学的创设有三种经典说法：1897 年，美国学者特里普立特首次运用实验方式对"竞争"现象进行研究；1908 年，美国社会学家爱德华·罗斯和英国心理学家威廉·麦独孤分别出版以社会心理学命名的同名教科书；1924 年，美国社会心理学家奥尔波特对群体进行了系统研究，并出版《社会心理学》，该书正式引入了实验方法。

续　表

比较项	社　会　学	心　理　学	文化人类学
得自	社会变量：地位和情境	个人变量：生物学的或经验的	文化变量：不同的生存方式
获得途径	社会化	社会学习	文化熏染
由……激发	社会环境	生理环境	文化环境
整合为	社会自我	人格	民族性格

注：表中三种取向间的差异是相对的，在实际研究中这三种取向间的差异往往不是很分明。
资料来源：周晓虹著，现代社会心理学，上海人民出版社，1997。

上述三种社会心理学的研究取向相互补充、相互渗透，在社会心理学发展过程中在以下九个方面形成了较为成熟的理论。（表 7 - 14）。

表 7 - 14　社会心理学理论及研究内容

	理　　论	研　究　内　容
1	社会化：社会行为的模塑	人类社会化的途径及影响因素
2	社会认知	认知形成（过程、印象整饰）、认知偏差及认知归因
3	社会动机*	解释社会行为发生的外在目标方向和内在动力
4	社会态度	社会态度的形成、改变、剖析及测量
5	社会沟通	沟通的方式及作用
6	社会互动	互动群体研究：群体分类、群体规范、群体压力及人际关系
7	社会角色及行为	社会角色类型、功能，角色扮演与冲突，影响及制约因素
8	集群行为** 与社会运动	集群行为表现类型、特征、发生条件、影响因素，社会运动形成解释
9	社会文化	群体人格，文化的社会影响范畴、文化变迁

注：* 社会动机指驱动人的社会行为的基本力量。
　　** 集群行为(Collective Behavior)指人们超越既定的社会行为规范制约，自发、无组织、无结构、难以预测的群体行为方式。

第三部分小结：学科交叉对城市规划的意义何在

除上述应用社会学相关内容及边缘学科外，对城市发展及其空间干预起作用的学科及内容还涉及很多,如人口地理、文化地理、制度经济等等。尽管这些交叉领域的研究都对城市规划起到了推动作用,但很明显,规划在旁征博引的过程中并没有系统地去认识它们更本质的东西——**角度**、**内容**及**方法**,而对规划来说,这三者的意义比某一理论或某一研究成果更重大。

(一) 角度的意义

在现代主义盛行之后(尤其 80 年代之后),城市规划出现了理性范式意义上的危机。现代主义理性范式危机的深层原因在于其认识论和本体论方面的缺陷:将城市发展看作是理性系统运作的结果,却无力解答城市发展中的内生性和外生性,以及过程中社会和技术因素的相互作用对城市发展的影响等,而这些问题恰恰是支撑城市空间发展背后不可或缺的。

学科的形成与发展与其专属研究对象及领域有着密切的关系,这意味着每一门学科都具有自己较为独特的研究角度,这是既是学科专长也是学科局限,而从不同的角度观察无疑可以获取对研究对象更为全面的理解,对综合性社会学科而言尤其具有积极意义。从本质上而言,**规划对相关学科的借鉴是以学科发展为目的的**,虽然城市规划向来没能界定清楚学科研究对象,在现代主义时期,规划学者们一直都在孜孜不倦地攻克这一课题。而这一努力到了后现代时期似乎显得不那么必要了,这种学科交叉的发展趋势无疑与后现代时期的多元文化发展倾向有着直接关系[①]。例如 80 年代以前,规划对城市的分析一向都把关注焦点集中在主流群体,以主流意识和需求为导向干预城市发展,直到多元文化主义的"去中性化"观念[②]逐步被接受,由此弱势边缘群体的需求也逐步进入规划的视野。这从一个侧面反映社会科学之间的相互促进与联动关系,同时也证明了从不同的角度观察问题,其结果会出现令人耳目一新的局面。规划作为一门应用型的综合性学科,在确立自身专业研究角度的同时,尝试从相关学科不同的角度来观察城市问题无疑是有益的。而学科间的目标诉求是有所区别的,相关学科的研究并不能够成为规划的直接依据,对此,有学者提出:将来或许可以把人口分层和文化特征渗透进城市规划学演

---

① 后现代被认为是紧随现代时期之后的一个社会和政治的新时代(Kumar,1995;Crook,Pakulski and Waters,1992),后现代主义创造了使多元文化得以发展的知识氛围;反之,多元文化也生成并维持了有利于后现代主义发展的社会、政治环境。

② "去中心化"是多元主义者的主要观念之一,也是较为激进的观念之一,认为少数群体应该在社会中占据更重要的位置,并且在分析研究中应该对这些少数群体给予同样的注意。

变为一门新学科——城市规划社会学(沈关宝,2004)。从学科长远发展意义上,借鉴与援用并不是最终目的,能够融会贯通并保持学术敏感度显得更为重要。

(二) 内容的意义

与研究对象和研究角度相对应的是研究内容。90 年代整个社会科学界文化研究趋向较明显的。文化研究趋向给规划学科的发展带来了一系列明显的变化,其中包括研究对象发生了明显转变,如:① 重视与区域发展密切相关的社会问题研究,包括移民问题、妇女问题研究、社会阶层分化问题等,而且强调对经济发展的历史背景和政治意义的认识,把被研究的对象置于政治经济时空框架中来考察;② 不再简单地研究城市空间本身,而是开始研究城市空间的管理和经营,关注空间结构与权力结构的关系,把政府看作社会的组成部分来探讨政府职能作用的转变和重新定位,并积极寻求改善政府行政管理的模式;③ 区域研究的重点空间尺度有改变,由于人类的社会文化联系可以发生在所有地理空间层次——从最基层的地方层次到全球范围,规划学者对地域空间联系的全球化和地方化两大趋势的研究兴趣也都在增加。

一般而言,从不同角度定义的同一事物,其所指代的内容也不尽相同,角度的多元也意味着内容将更加丰富和细分。从理论角度来讲,完备的知识体系是规划能否更合理的前提,而城市作为一个完整的系统,其各部分的发展均表现为相互促进和相互制约的关系,因此,规划只有对城市的各个部分内容都有所了解,才具备使规划合理的能力。事实上,这一理想在规划系统论盛行的时代已有所体现,只是当时偏重于关注规划核心领域中的相关问题,而忽略了拓展领域也是规划所要考虑的内容。

但在实际操作中,本书并不赞成对所有与城市发展相关的内容都进行网罗,这不但事倍功半,并且也几乎不可能做到。

本书认为,在知识体系的建构上,规划的内容应当是尽量完备的,而实际应用中,知识的专业属性则应当是第一位的:即学科发展是一个长期而连续的过程,积累和建构是必需的工作;而对于每一项规划研究或实践而言,则都是这个过程中的一个阶段性的成果,应当根据其所处的具体情境从既有的知识体系中选取,或从实际条件中发掘与当时规划最为契合的相关因素进行操作。其积极意义在于,对既有知识体系而言,一方面是一个以实践来检验的修正过程,另一方面是一个增补新鲜血液的更新过程。

（三）方法的意义

传统的学科一般是以其特有的方法论（即个人化理性选择及其均衡），来定义学科的特质和研究对象的（卢荻，2003）。而规划与相关社会学科交叉的一个重要途径就是研究方法上的融合发展。

从某种意义上来讲，城市规划的目标是为了在城市发展中针对其自然态的演化有所作为，这些作为只有建立在"理解社会学"①的基础上才显得是有意义的。因此，在规划中，对过程的考虑比对结果的考虑更加重要。规划学科角度和内容的发展无疑使规划的信息来源量越来越大，对规划师而言，这意味着规划在方法论及具体技术层面的挑战。

作为应用型社会学科，规划应努力缩小理论与实践之间的差距。我国规划界曾过多地将注意力集中于建构综合理论和规划观念上，对规划方法论及具体方法则没有太多重视，这一方面与原有计划经济体制中上情下达的单一模式有关，另一方面也受到社会学及相关学科一直未能充分发展的影响。

社会学及相关学科对城市规划方法的影响主要体现在两个层面：第一，哲学体系演化引起的方法论原则的进步，例如系统论、控制论和信息论的成就对规划整体认识论及方法论方面的巨大影响。第二，学科间方法间沟通的"形式化"的问题，这首先体现在包括规划在内的社会学科对定量研究的日益重视上，源于自然科学的计量方法在社会学中逐步运用，成为辅助手段及工具后，规划中的定量化形式也逐步独树一帜；另一方面，规划在借鉴社会学等学科过程中，往往首先借鉴的就是社会学在长期发展中形成的研究程序和论证方式的规范，结合规划的研究需求和特点，进行有针对性的应用。值得注意的是，从形式和概念上的借鉴并不能从本质上提高规划的质量，更重要的是将这两个层面与规划有机结合，在实践中寻找一条切实有效的途径，保证其在规划中既有本身的逻辑连贯性和一致性，又成为一种可被检验的形式，融会贯通为一种与规划特点相适应方式。这对于规划或其他学科而言都是具有积极意义的：既可以充实规划的内涵及外延，同时，通过规划实践又可以检验相关学科的理论与方法，对整个城市学科群的发展起到一个推动作用。

---

① M. Weber力图在社会研究中将自然科学（使用类概念探索现象间的因果关系），与历史学（使用个别概念来确定现象间的因果归属）结合，使用理念类型（Ideal-typus）的概念，以实现对社会现象进行因果解释。

第四部分

理 论 建 构

第8章

城市规划中的社会研究

前文对规划中的社会关注及研究的历史发展及规划角度的社会学相关理论和方法分别进行了论述,在此基础上,作为整个理论研究的总结和对规划实践的指导,本章从理论思路上对城市规划中的社会研究加以总结并提出其建构。

此外,对应所建构的理论框架,本书将在第五部分(即第9章和第10章)结合宏观和微观方面的两个案例进行实证探索和研究。

8.1 理论建构

在知识领域,理论既是关于研究对象的描述和解释,也是运用于研究对象的研究工具,黑格尔认为"每一门科学都要以思想和概念的形式表述自己的对象,所以都可以说是应用逻辑",列宁将黑格尔的这一认识论原则概括为"任何科学都是应用逻辑"①。从这层意义上,理论的建构也就是方法的探索。

作为规划支持的社会研究究竟应该从哪些方面切入规划,在规划中需要研究些什么,对规划决策起到怎样的作用,即从哪些方面介入→怎样介入→研究什么→对规划决策的支持作用,需要有系统的表述。以下首先进行理论建构的目的在于将这些内容纳入一个相对抽象一般的框架,以明确一般意义上作为规划支持的社会研究体系、内容及其相互之间的逻辑关系。

---

① 引自列宁,哲学笔记,人民出版社,1980:p.216。

8.1.1 体系建构

　　根据 J.C.亚历山大(1982)对社会学思想的一般预设图式①,本书从规划应用角度出发,对规划中的社会研究进行建构。根据规划中社会研究对城市社会整体观察的角度是基于主观(认知)的,还是客观(现象)的;关于城市社会发展是一种自发运动,还是受到外在秩序约束的这两方面的内容为标准进行区分。如图所示(见图 8-1),**建构的标准之一**——观察城市社会的角度,可以有两种选择:① 将城市社会发展作为一种客观的自发运动现象来研究,得到的是关于城市社会发展的客观状况,或规律;② 通过主观经验对城市社会发展的认知判断,可以判断社会发展中的合理(有效)与不合理(无效)。**建构的标准之二**——关于城市社会发展运动的基准也有两种角度:① 通过社会本身自在运动得知其发展的特征;② 在诉诸秩序约束(可能是自身所具有的一种秩序,也可能是人为干预的结果)下的状态。在此基础上对这两方面进行交互,可得出规划中关于社会研究的以下四种类型:

图 8-1　规划中的社会研究建构

　　(1)社会变迁——研究城市在发展过程中,社会呈现的一种内在规律性及外在表征。社会发展在此象限被看作是具有自主性的客观现象,研究应当只是一种语言转译。

　　(2)社会问题——以经验标准观察城市的各类社会现象,关注这些现象在

---

　　① J.C.亚历山大的预设图式是根据社会学研究中对人类行为观察的方式是基于主观的,还是客观的;关于行动是自发的,还是受到外在约束的这两方面的内容为标准进行预设的,同时,在社会学中,作为知识的一种特殊形式,这两个预设性的立场是在个体和集体这两个分析层面上被运用的:个体层面→预设行动→预设行动者的手段和目的间的关系;集体层面→预设秩序→预设行动者相互关联的方式。

既有的经验知识中的合理程度。此象限中,判断的经验标准取决于观察的对象及观察者自身经验和立场。

（3）社会结构——根据结构主义观点,社会结构是固有的,并对整个社会（城市）的发展产生影响。此象限研究的就是社会结构的固有性可能产生的问题。

（4）社会控制——研究各种（人为）公共干预在多大程度上能够有效满足公共领域规范中所限定的各项功能要求。

这四种研究类型对应着规划中的相应需求,因此与社会学角度的研究动机存在着一定的差异,最本质的区别在于社会学理论研究是为了解释现象,而规划中的社会研究目标则在于行动（基于建构主义）,但这并不妨碍研究中对社会学中不同取向、不同类型的理论借鉴,本书在这里建构规划中的社会研究类型,是为了形成一个指导这种借鉴的风向标,避免借鉴中的盲目性。**需要注意的是,社会研究在规划中作为整体的组成部分,并不是社会学研究的简化或缩影,也不是自成一体的孤立存在,每一类型的社会研究都应当注重与空间发展之间的关系,这是规划中的社会研究的最重要原则。**

8.1.2　对应要素

在以上对规划中社会研究的类型建构基础上,对应于本书第 5 章有关社会学研究领域及概念,本节依据规划中社会研究类型所对应的主要内容,梳理与之关系相对最密切的社会学理论相关概念,以作为规划中理论借鉴的一种参考。需要说明的是,社会学领域中的各种概念和研究取向之间并非彼此割裂,在关注其主要方面的同时,也应当考虑其可能存在的与其他类型的联系,因此下表中各研究类型所对应的概念和取向只是可能情况下的一种组合,在实际借鉴中非常可能出现内容的增减或其他组合。见表 8-1。

表 8-1　研究建构类型对应的概念和理论取向

研究类型	规划中的社会研究要素	对应社会学概念	对应理论取向
社会变迁	● 文化意识形态发展 ● 社会分化过程及分层流动（纵向） ● 权力变迁/组织变迁 ● ……	● 文化与意识形态 ● 文明 ● 知识 ● 古代性 ● 进化论	● 生物进化理论

研究类型	规划中的社会研究要素	对应社会学概念	对应理论取向
社会结构	• 文化意识形态（现时） • 社会分层状况 • 权力构成（主导或影响城市发展的权力/组织） • ……	• 社会组织 • 社会阶级/阶层 • 角色与地位 • 类型学	• 结构理论 • 交换理论 • 互动理论
社会问题	• 阶层差距（如经济、地位、资源分配） • ……	• 分化与分层 • 社会性别与女性主义	• 批判主义 • 冲突理论
社会控制	• 意识形态（舆论、伦理、价值观等） • 规范（法律等） • ……	• 社会组织 • 国家与权力结构	• 功能主义

注：本表的归纳基于表5-2和附录5的相关内容，涵盖了社会学理论研究中的一些重要领域，但鉴于社会学理论研究的丰富性，本表并不能囊括所有的社会学理论研究领域。

以上这组研究类型与概念和理论取向的对应是为了在研究中起到一张"地图"的作用，限于笔者知识的有限和本书篇幅，这份"地图"尚有很大的完善空间。

虽然理论体系的建构使规划中的社会研究内容类型有了清晰的方向，但还是没有将社会研究和规划真正联系起来，究竟上述研究类型在规划中占据着怎样的位置，又起着怎样的作用？这正是本书下一节所要探讨的内容。

8.2　研究中的逻辑及说明形式

在前文理论、方法与后文第五部分两个案例实证研究的基础上，这里还将探讨作为规划支持的社会研究的一般性思路及其表述说明形式。城市规划作为一门经验的实证学科，其质量一方面取决于规划者（或规划提供者）以怎样的理论作为规划的出发点和根据，就这一点而言，理论（指导思想）的正确与否是保证规划经验研究及实践质量不可或缺的前提；另一方面，在理论提前下，规划的质量还取决于规划者在规划过程中逻辑的合理性及说明形式。

8.2.1　理论逻辑

研究逻辑作为研究思维活动的特征，和研究过程中可能采用手段的有效性

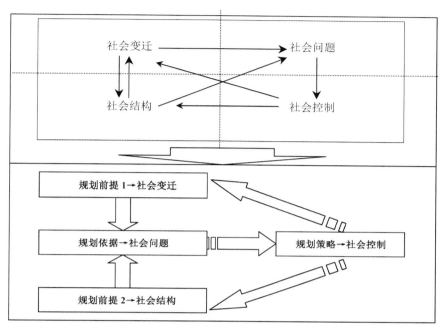

图 8-2　规划中社会研究类型间的逻辑关系

的科学形式,在城市规划经验研究中显得非常重要。在这里,逻辑不代表研究中表现出的理论取向,也不是规划过程中具体使用的方法与技术,而是关于规划手段的可靠性、规划研究过程的更具科学性的证明。因此,对于规划而言,一旦研究的理论取向确定,就意味着规划过程的每一个阶段都应当符合一定的逻辑关系。

　　与社会学研究不同的是,规划中的社会研究本质目的在于干预(而非描述或解释),即使作为基础理论研究,其研究目的依然隐含着建立在解释某种空间社会现象的基础上,探究是否存在(或可以建立)某种影响干预(或导致干预)的联系。而对于规划中的应用研究,则更是以问题为导向、目标直指对策控制。因此,规划中社会研究的这三部分内容之间存在着一定的逻辑联系。这四种研究类型在规划中,尤其是规划实践中分别担负着不同的职责①,同时在宏观和微观这两个分析层面上被运用时对应着不同层面空间地域上的社会特征。这取决于这四种类型在整个规划过程中的动机和相互之间的关系(见图 8-2)。一般情

①　在规划理论研究中,作为拓展领域的部分,社会研究可以针对这四个类型分别进行,或选取其中的一组或多组研究彼此之间的联系。而规划实践则需要研究这四组内容并得出相应的结论,直接应用于规划对策中。

况下,规划实践中总是以提出解决或调整某些状态的对策为导向,社会研究在这一工作中的角色是为规划提供社会发展方面的支持,其内容不仅涉及社会发展中固有的现象、结构,还可介入有关社会公共干预——控制的途径及可行性等问题,因此它们之间的关系在于:社会变迁和社会结构作为固有的存在,在社会发展中彼此影响,并且这两者在其自在运动中会不可避免地产生不同程度、不同范畴的社会问题(即主观认知,"问题"在这里是一个中性词,表示城市在未来发展中需要解决或改善的方面),而城市发展中社会究竟存在怎样的问题正是以问题为导向的规划所需要了解的(这并不意味着社会变迁和社会结构的固有性不是规划所要了解的,只是在规划实践中,社会问题与规划对策的关系更为直接),在掌握社会问题的基础上,规划才有依据以相应的社会控制手段进行对策研究。因此在规划应用中,这四种社会研究类型的逻辑关系可以通过图 8-2 的表述得到反映。

需要注意的两点是:① 这种逻辑联系是理论层面的,并不意味着每一项规划中的社会研究均需要历经上述"规划前提→规划依据→规划策略"的过程才可以完成研究。但是,逻辑中的每一个循环均可构成规划中的社会研究;② 虽然过程可以通过其他途径替代(比如已有的相关文献研究),但在逻辑上却不宜省略这些内容,因为缺少规划前提或依据的规划策略是站不住脚的,而缺少策略的社会研究在规划中则是一种无意义的堆砌。

8.2.2　说明形式①

仅有理论逻辑并不能最终完成规划所要求的社会研究,还需要有与之相匹配的说明形式将需要论证说明的内容准确地表达出来。虽然多数专业学者对社会科学是否适合类似于自然科学的那种综合性说明体系表示怀疑,但社会科学对局部社会事实的研究,已阐明了各种社会过程中一些要素间的依赖关系,并且这些探索已说明了某些社会生活的特点,对一些社会政策的制定具有普遍有效性。同样,城市规划在研究"怎样做"及其之前的"是什么"和"为什么"时,对说明的完备性的追求始终是推动规划学科发展的主要动力之一,这显示了规划对城市发展的理解在不断加深。

从理论上来说,进行科学说明是科学研究的主要目的,而理论社会科学的首

---

　　① 研究方法中对结果产生重要影响的途径之一是其论证说明的形式,规范而清晰的论证说明可以帮助达到研究的预期效果,尤其在社会科学研究中,在不同的阶段,各学科对说明的要求及其所能达到的完善程度是不同的。

要目的在于建立普遍规律,使这种规律能够充当系统说明和有效预测的工具(Ernest Nagel,1979)。Ernest Nagel 认为,主要存在四种主要的说明形式,即演绎模型、或然性说明、功能(目的论)说明和发生学说明①,本书这里援用 Nagel 的这四种说明形式,将其与本书的理论建构相对应,并置于规划研究情境中进行阐述(见图 8-3)。

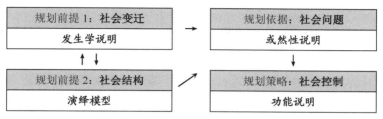

图 8-3　理论逻辑与说明形式的对应

这四种说明形式对于本章前文所建构的理论体系的各部分起着怎样的作用呢?或者说,前文的理论建构应当通过怎样的表述说明形式才能更准确地表达呢?需要对这四种说明形式在规划研究情境中的一些基本问题进行比较(见表 8-2)。

表 8-2　科学研究说明形式的比较

	演绎模型	或然性说明	功能说明	发生学说明
适用于	自然科学(但并不局限于自然科学)	社会科学	社会科学、生物学	历史研究
特　点	被说明项是说明前提在逻辑上的必然推理,被认为是能够"真正"说明事物的典型形式	说明前提包含关于某类因素的一个统计假定,而被说明项是关于这类因素中某一特定个体的陈述②	用以指明一个单元在维持或实现其所属系统的某些特征时履行的功能(包括正面和负面功能),或阐明一个行动在达成某个目标中所起的工具作用	通过总结并提出一个主要事件序列,说明系统的演变及其规律,即某个较早的系统转变为一个较晚的系统

①　Ernest Nagel,The structure of science:problems in the logic of scientific explanation,Hackett Publishing Co.,1979:pp.23~28.
②　或然性说明常被认为是达到演绎理想的一个权宜之计,由于缺乏充分的证据,或然性说明的前提在形式上并不包含要说明的事实,而只是使之成为可能。

	演绎模型	或然性说明	功能说明	发生学说明
方　式	科学逻辑与抽象演算	以一个严格全称陈述取代或然性说明前提中的统计假定	"目的在于……"、"为了……起见"	系统归纳
对应本书理论建构	规划前提2：社会结构	规划依据：社会问题	规划策略：社会控制	规划前提1：社会变迁
对规划的意义	定量分析普遍性外推	事件间的关联性测度	以某种未来状态来理解规划策略或控制实施的产生	历史发展规律总结未来趋势预测

注：表中或然性说明只有建立在一定的演绎模型基础上才站得住脚。

这四种说明形式对应于本章前面所建构的理论，提供一个便利的框架，以对规划中的社会研究所提出的问题进行系统分析和说明。

8.3　作为规划支持并构成规划本体的社会研究

对应于以上的社会研究理论建构及逻辑说明，作为规划支持的社会研究在整个规划中可化约为三方面内容：即作为规划前提的社会背景、作为规划依据的社会事实，以及作为规划策略的社会发展。

理论上就社会研究中的分析深度及层层递进关系来看，社会研究应当由研究城市总体社会背景（或特征）开始，分析城市社会各层面的现状、对空间发展的支持作用、发展存在（或潜在）的需求及其表现形式进行探究；在了解城市社会发展的基本特征和需求的基础上，对城市各类发展要素的相互关系进行探讨，寻找与需求相关的层面，并检验其相关程度；最后在这两部分的基础上关注城市发展中各要素间的主要矛盾，探讨规划策略的重点和突破口，为策略研究奠定基础。见图8-4。

为便于研究，在此之前需要说明一下基于目标界定的研究方式。在社会科学中，不同出发点的研究方式一般有以下6种（表8-3）。

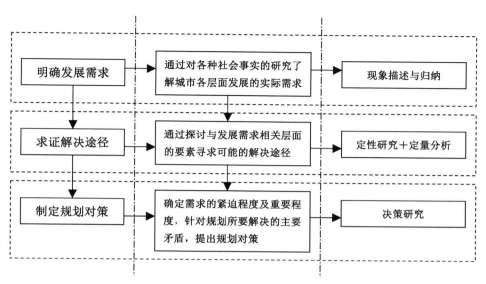

图 8 - 4　分析的递进关系

表 8 - 3　社会研究类型

	研究出发点	研究方式	论述方式
1	是什么？	描述式	实　证
2	为什么是这样？	解释式	
3	如果……将会发生……	预测式	
4	什么将刺激研究的继续	启发式	
5	应该做什么？	规定式	规　范
6	怎样做？	探讨式	

8.3.1　作为规划前提的社会背景研究：社会变迁与社会结构

也可认为是规划目标的社会背景研究。根据《城市规划法》(1989)对规划作出的规定，以及规划教育(《城市规划原理》教材)过程中的思想引导，目前国内规划的主流内容基本都具备"城市规划工作的基本内容是依据城市的**经济社会发展目标和环境保护的要求**，根据区域规划等层次的空间规划要求，**在充分研究城市的自然、经济、社会和技术发展条件的基础上**，制定城市发展战略，预测城市发展规模……[1]"这样的共识。而对于"社会发展条件"的研究应当充分到怎样的

---

① 李德华主编，城市规划原理(第三版)，中国建筑工业出版社，2001：p.44。

程度才能为规划提供依据,规划界并没有更清晰(或规范的)界定。这一方面是由于规划理论研究对拓展领域中相关内容的探讨没有与核心领域的研究紧密结合;另一方面是因为规划在本体论和方法论方面的研究还不够成熟,没有在两者之间建立起适当的沟通界面。

作为一项综合性的工作,规划需要统筹考虑城市中的社会、经济、环境和技术发展等各项要素;而作为一项社会性工作,规划需要考虑城市社会发展中各项社会影响因素的存在状况和相互关系,以及这些影响因素与城市空间发展的联系。对整个规划而言,社会研究是在解释空间与社会影响因素之间的关联,这种解释往往建立在描述现象的基础之上,因此这主要是一项探索城市社会状况"是怎样"、"为什么会这样"、"以此发展趋势将来可能怎样"的研究(通常以描述式研究为主线,在描述的基础上进一步做解释性或预测性的探讨)。在研究中可以借助统计分析技术进行演绎说明,以定量分析的方式获取社会发展结构性特征;同时通过研究历史演进归纳发展规律,以预测城市较晚系统的演化。

对规划应用来说,描述城市社会现象并不是规划最终所需要的,因此,这是一项作为规划前提的社会背景研究,针对城市社会客观存在(现象),在本书预设的社会研究体系中包括了对社会变迁(客观/运动)和社会结构(客观/秩序)两种类型的研究,在宏观和微观这两个分析层面上被运用时对应着不同层面空间地域上的社会特征,在本书第 8 章和第 9 章的案例研究中可看出这两者之间的差异。

社会变迁在规划中表现为对城市社会历时发展的考察,可以是从形成开始,也可以是某一段特定发展时期,其目的在于解释社会形成的前后因果关系,从而揭示潜在的规律性(历史唯物主义),为预测未来的发展奠定依据。内容主要涉及文化与意识形态的发展变迁、发展过程中的社会分层变化(尤其是关于纵向阶层流动的变化)、各种权力集团/组织结构的变化等。社会结构的研究则注重现时社会的一种构成特征,是一种截面式的研究,内容针对现有的文化意识形态(一般针对主流意识形态,有时针对特定需要,也会研究非主流意识形态领域的文化)、社会分层状况及权力结构(各种权力集团对社会权力的掌控,尤其是主导权力)。此外,规划中尤其需要研究城市社会结构特征与空间结构特征之间的关系。

8.3.2　作为规划依据的社会事实研究：社会问题

作为规划依据的社会事实研究,对城市社会现象的理解需要将各种社会活动、事件、过程与它们的空间特征联系起来，也就是说，要将问题及其解决置于一定城市空间地域关系中，如整个市域范围，或某些区域范围（居住社区、滨水地区或其他特定区域）。在界定地域范围的基础上，规划师可以根据规划所在的层面，列出针对城市未来发展方向（或目标），需要解决或改善的方面及潜在的解决途径。

对于社会事实进行分层研究是作为规划依据的基础，城市社会系统特征由规划所界定的范围决定，比如地方（local）、区域（regional）、国家（national）其至全球范围，针对不同的层次，社会事实研究应当有相应地分层研究体系，以便对社会问题有一个明确清晰的认知，为下一步作为规划策略的社会研究提供解决问题的桥梁（或平台）。总结已有的关于城市规划的研究可发现，在人文区位学创立之前，城市规划的侧重点仍在于城市的功能布局和空间形态，沿承着传统建筑学的美学观和理性思想；与此同时社会学之于城市的研究也依然遵循着社会学研究的传统，对象锁定在各类社会现象的观察分析上。20 世纪 20 年代芝加哥学派开创了以城市空间布局及其相互依赖关系为线索、对人类组织和行为进行研究的先河，此后的讨论使两者之间的共同研究平台不断拓展。作为规划的组成内容，社会研究通常根据规划需要针对城市具体的问题进行。

由于目前中国城市公众参与尚处在象征性参与阶段，当城市作为特定对象被研究或规划时，通常是学者或规划师在理论或技术层面以理性兼理想的角度去考虑城市的未来发展，因此在确定城市发展方向或制定规划时，往往将与城市有关的理想模型和理念笼统地置于城市发展框架中。例如"重塑以人为本的规划理念"、"注重完善城市功能"、"促进城市的可持续发展"等表述，这些表述反映的的确是城市发展中的原则问题，但同时也是放之四海皆准的通用原则。这些原则性表述如果没有更为具体可靠的论据加以支持，不论城市公众、管理层还是专业人士自身都很难厘清一个城市究竟其核心问题是什么，也就无从突破去研究其为什么，怎样做的问题了。所以社会研究的目的在于分析城市的社会构成，了解城市中主要的社会问题，为规划的核心内容提供思路、寻找解决问题的突破口（这里社会事实的或然性说明必须建立在演绎模型的基础上）。

社会事实研究内容需要在一定的社会背景基础上（特定的社会环境必然存在特定的问题）分析各社会要素与城市空间发展之间的关系、发展趋势及改善的可能，以此确定规划应该有哪些作为，针对不同地区城市问题及不同市场过程状况有不同的规划类型（见表 8－4）。对规划而言，作为规划依据的社会事实其最重要的特质在于要具有非常强的针对性，而不是泛化的社会研究。

表 8 - 4　规划类型

城 市 问 题	所针对的市场过程	
	公共干预： 补救市场造成的不平衡与不公正	市场主导： 纠正市场过程中的低效现象
市场活跃地区： 问题小而市场活跃	调整型规划	趋势型规划
边缘地区： 部分城市问题及潜在的市场利润	大众型规划	杠杆型规划
待开发地区： 综合性城市问题及市场低迷	公共投资型规划	私人操作型规划

资料来源：Brindley，Rydin and Stoker，1989，Table 2.1.

8.3.3　作为规划策略的社会发展研究：社会控制

作为策略的社会发展研究是规划最直接应用社会研究成果的方式，在规划实践中运用最广泛。

社会发展研究中首先需要研究的是关于城市（或规划范围）在区域中的发展定位，从某种角度来讲，区域定位更多关注的是经济增长和产业方面的选择，而从区域系统的全息性角度来看，社会与经济[①]等其他要素之间存在着相互依赖的关系，比如经济增长与人力资源的关系、与教育的关系等。因此规划在注重区域（甚至全球）的竞争协调之外，并不能过于忽视系统内部各要素之间的制约关系。值得注意的是，社会因素往往表现得非常隐性，除一些具显性特征的因素如人口分布（流动）外，多数社会因素以一种潜移默化的方式在影响着城市的发展，一般往往以一些社会发展指标对此进行衡量（其中以城市化的人口集聚衡量标准最具代表性）。

其次，出于社会控制目标的社会研究在基于前两部分研究的基础上，具有非常明显的问题针对性。从规划的角度，在城市公共领域进行一定的干预，是需要所有利益主体（个人或团体）予以配合的，当某一协作的利益将在整体上有益于

---

① 　这里需要指出的是，虽然经济现象本身属于社会事实，但在一般理解中，经济与社会往往是两个相互区别的概念。而事实上，规划对社会关注的加强并不意味着对经济发展的忽视，因为"在这里，经济发展的含义不同于经济增长，经济增长仅是量的扩大，而经济发展则还具有经济结构的优化及社会进步的含义，并涉及经济增长的成果的分配问题（赵民，2004）"。

城市总体，并为所有人共享时，有必要要求所有主体承担其应有的一份责任，由此，规划约束产生了效力。在城市发展这一复杂的协同作用中，个人或各集团的意志需要有一种超越他们的权威来加以平衡，在这层含义上，社会发展研究在规划中提供的是一种针对某方面的社会约束力策略。在我国通常以行政约束和法律约束保证，而对于非政府力量则没有予以足够的重视，从部分国家和地区的发展经验来看，可预见随着民主进程及市场经济的成熟，非政府力量可以成为社会约束保证的重要部分。

　　再次，社会控制是一个十分宽泛的概念，作为规划中的社会策略研究，社会控制手段其方式应当与规划策略相互呼应，可以通过舆论导向、社会暗示（如教育、习俗等）、主流社会价值观等手段倡导某些城市空间发展意向，使社会意志向利于社会理性发展的方向行进，从而减低社会冲突激化的风险。虽然从社会学角度提倡小范围的社会冲突以预警社会存在的问题，缓解冲突激化的可能。但规划作为公共干预手段，目标是城市社会的和谐发展，因此，即使是小范围的冲突可能，规划中也应当有相应的调控措施保证其不至于激化。

第五部分

宏观与微观层面规划中的
社会研究应用

在前文理论建构的基础上,本部分通过两个案例研究,分别针对城市宏观层面与微观层面的实际规划问题,在所建构的理论体系下,探索社会研究的理论与方法的应用。

两个规划案例及其社会研究工作的基本信息

项目 \ 主题	厦门发展概念规划	宝山通河社区发展规划
时 间	2002 年 2—8 月	2001 年 2 月—2002 年 1 月
主研究区域	厦门市域范围	社区行政管辖范围
主 题	城市社会发展基本特征、市民意愿	社区居民构成、需求特征、社团组织
类 型	城市宏观社会结构特征及发展方向研究	城市边缘成熟居住社区社会生活特征及整合研究
介入方式	深度访谈、抽样问卷、实地踏勘、文献检索	居民(代表)讨论会、抽样问卷、实地观察、文献检索
组织者	厦门市规划局、上海同济大学、上海大学、上海财经大学	通河街道办事处、上海同济大学、上海大学
主要参与方	上海同济大学、上海大学、厦门大学	上海同济大学、上海大学、通河街道办事处

第9章
社会研究在宏观层面规划中的应用

—— 以厦门市城市发展战略规划①研究为例

9.1 案 例 综 述

9.1.1 案例背景

厦门市作为我国首批经济特区试点城市,在经历了 20 余年的改革开放和城市建设后,在原有较单一功能城市的基础上逐步形成了现有的多元功能格局,在社会和经济方面均有令人瞩目的发展。但随着区域整体发展效应的显现,厦门市原有的部分优势条件正受区域乃至全国发展的影响而明显减弱,在未来的城市发展中,厦门面临着亟待解决的战略方向选择问题。因此如何正确定位城市未来发展目标和方向、确定合理的发展模式和空间布局,如何在竞争中有效引导城市向经济和社会双赢的方向迈进,同时又能够保持厦门得天独厚的自然人文环境优势,已是现阶段厦门城市规划和发展的关键课题。为全面而深入地了解厦门,课题组由城市规划、经济、社会方面的专家学者组成,分别从经济、社会、生态及空间规划角度,围绕厦门城市发展战略,以多学科交叉的方式展开调查和研究。

9.1.2 研究的总体部署

具体研究涉及宏观发展背景、城市经济、城市社会、城市生态和景观、城市空间拓展等方面,目的在于提出并论证厦门未来城市发展的总体思路和规划对策建议。研究工作包括专项研究和主体研究两部分,其中主体研究由基础研究、发

---

① 实际课题称为概念规划,就其性质而言是战略性规划研究,为了概念的统一,本书采用"战略规划"的提法。

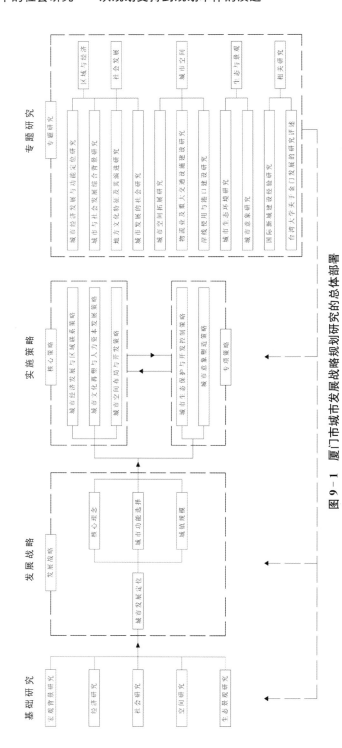

图 9-1 厦门市城市发展战略规划研究的总体部署
资料来源：厦门城市发展概念规划研究，2002，同济课题组

展战略和实施建议三部分组成；而专项研究作为导出整个主体研究的基础和规划对策的依据，由 11 个专题组成，它们分别是：厦门城市与社会发展综合背景研究、厦门地方文化特征及其演进、关于金门发展的研究报告（台湾大学城乡规划所）、推进厦门海湾新市镇开发—国际新城建设经验借鉴、厦门城市经济发展与功能定位研究、厦门城市发展社会研究、厦门城市空间拓展研究、厦门岸线使用与港口建设研究、厦门市物流业及重大交通设施建设研究、厦门城市生态环境研究和厦门城市意象研究。（图 9-1）

9.1.3　工作过程

对厦门城市发展而言，这次发展战略规划是基于项目要求的时限性工作，因此规划工作基本在 6 个月时间内完成，阶段工作过程沿承 P. Geddes "调查—分析—规划对策"的经典模式，但形成的并不是终极发展蓝图，而是阶段性规划成果，在持续的厦门规划发展过程中起着承上启下的作用。（见图 9-2）

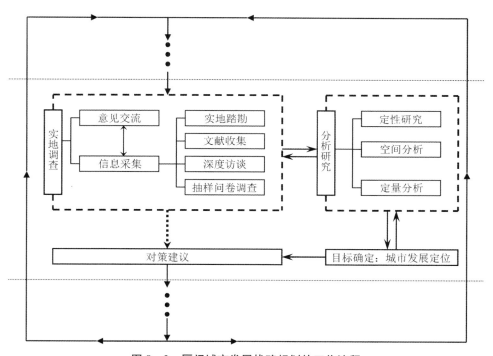

图 9-2　厦门城市发展战略规划的工作流程

9.2　关于社会研究部分

厦门城市发展战略规划中的社会研究内容的范围涵盖了厦门周边区域及市域内的社会发展状况,资料来源于文献、访谈及抽样问卷调查三部分。尤其对人口密度最大的本岛及鼓浪屿进行了重点调查,内容主要集中于厦门的人口状况、城市发展建设评价、政府工作评价、城市发展期望等方面。(抽样问卷详见本章附录 9-2)

9.2.1　研究设计及研究程序

(一)目标设定

对于应用性社会研究而言,研究前提的设定是非常关键的,在战略规划研究中,规划构思对社会研究提出的前提假设始终引导着研究方向。厦门战略规划中,规划假设主要着重于城市功能定位、区域联动及空间拓展产业布局三方面,因此社会研究就围绕这三方面展开社会支持方面的探讨:解析厦门城市历史纵向维度的社会发展规律以及现状横向维度的社会结构特征,充分了解厦门市各阶层人士及市民对城市建设发展的评价及期望,为进一步提出有针对性的规划策略提供充分的背景和依据支持。

(二)研究设计

在上述目标及假设前提下,厦门市战略规划研究中的社会研究部分期望通过解析历史发现规律、梳理现状发现问题,并在此基础上预测城市未来拓展空间,因此以探索性研究为主。研究设计包括选取调查研究方式、搜集资料(包含访谈提纲设计及抽样问卷设计)与分析资料的具体方法和技术、确定研究基本程序和时间安排四个方面。

（1）调查研究方案

社会调查中专家深度访谈分别选择了当地学者、城市建设管理领导、城市规划管理领导、行政管理领导、具有影响力的商界人士及产业界人士,共涉及社会、经济、生态、历史、城市建设、城市规划与行政管理 7 个领域进行。(见表 9-1)

表 9 - 1　内容、范围、调查对象及方式

主要研究内容	厦门总体社会发展状况、经济发展、厦门台湾关系、城市功能定位、空间格局发展状况（包括城市风貌、景观特色）、发展优势、生态环境、未来发展目标	
调查范围、地点	本岛、海沧—马銮、集美—杏林、同安、刘五新店及泉州、漳州*	
调查对象及方式	城市总体发展状况	实地踏勘、文献检索
	厦门市民	抽样问卷
	各界精英	深度访谈

* 泉州及漳州作为与厦门发展区域联动城市对其进行辅助调查，主要考察其与厦门发展的联动关系。

（2）搜集和分析资料的方法及手段

搜集资料的方法、分析资料的手段见表 9 - 2。

表 9 - 2　调查及分析方式

访谈设计	访谈对象	学术界、政界、商界、军界及各职能部门主管（包括旅游、规划、社会劳动保障、环保等）	
	访谈提纲	（详见本章附录 9 - 1）	
抽样方案及问卷设计	抽样单元	市区以行政区为抽样单元*，集美和同安各为一个抽样单元**。市区作为调查重点，抽样分常住人口和外来人口两部分进行	
	抽样方式	采用多段分层随机抽样方法，在每个区的下属街道中随机抽取一个居委会，根据当地的人口比例和本地人与外来人口的比例进行定额抽样，根据分配的样本数在抽取的社区居委会中随机抽取相应数量的调查户。抽样单位是每一户家庭，被访者的年龄不得小于 18 岁，若在一家中遇到多名适合的访问对象，则要求访问员以元旦为标准，将出生日期靠近元月一日的作为被访对象，被访者的性别则按随机原则处理	
	抽样问卷	（详见本章附录 9 - 2）	
分析方式与手段	描述性分析	基本数据统计，主要是频数、百分比等	SPSS
	探索性分析	数据交互分析	
	空间分析	样本信息的空间分布	GIS

* 包括思明、开元、湖里和鼓浪屿四区共 1 200 个样本，其中常住人口 800 份，外来人口 400 份。
** 集美区样本量为 201 份，同安区样本量为 206 份。

（3）研究工作的计划

研究工作的基本程序、组织分工及时间安排见表 9 - 3。

表 9-3　研究工作计划表

	基 本 程 序	组 织 分 工	时 间 安 排
1	研究目标设定(细化)	以规划为主导合作完成	第1～2周、第5周
2	研究设计	合作完成	第2～3周
3	实施调查	以社会学为主导完成	第3～7周
4	研究分析	社会学与规划合作完成	第5～15周
5	规划策略支持	以规划为主导合作完成	第12～20周

9.2.2　研究方法与技术路线

　　厦门战略规划作为城市宏观发展方向的引导,相应的规划支持研究也偏重于城市宏观战略层面的内容,其中社会研究主要为规划构思提供社会背景依据,是以发现问题为导向的应用型研究,以探索性研究为主,描述性研究为探索性研究提供研究前提。研究以辩证逻辑为思维准绳,采用经验研究方法(以统计分析为主)。鉴于城市发展战略的复杂性、多元性及动态特征,在此基础上形成的工作方法之间并不存在标准的线性关系(即严格约束条件下的由此及彼),往往表现为非线性特征,解析问题以定性研究为主,定量研究作为必要的实证支持研究。见图9-3。

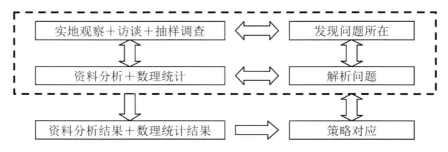

图 9-3　社会研究的工作思路

　　上述经验研究的基础数据来源于文献和实地抽样调查,抽样调查中抽样方法针对厦门市民在整个厦门市域范围①展开。抽样分常住人口和外来人口两部

————————

　　①　厦门市总面积1 516.12平方公里,下辖开元、思明、鼓浪屿、湖里、集美、杏林以及同安七个行政区。其中开元、思明、湖里和鼓浪屿属于厦门本岛,杏林由于是工业开发区,居民数量不足以达到抽样样本代表性而没有进行抽样。

分进行。主要抽样方式是在每个区的下属街道中随机抽取一个居委会,然后根据当地的人口比例和本地人与外来人口的比例进行定额抽样,再根据分配的样本数在抽取的社区居委会中随机抽取相应数量的调查户。

定量研究数据空间分析采用 SPSS 统计软件进行数理分析,GIS-Arcview 进行空间单元图析。

9.2.3　社会研究的思路、主要形式和内容概要

厦门战略规划中社会研究的目的主要设定在三个层面:其一是对厦门城市的历史变迁进行纵览研究,以探索城市功能演进及文化传承的脉络;其二是通过访谈、抽样调查及文献检索对厦门社会结构现状、各方(不同方面的专家及市民)对城市建设发展的主观评价及意见进行分析和总结归纳;其三是在前两部分研究的基础上综合形成厦门各层面对城市未来发展的预期,并作出相应的对策建议。见表 9-4。

表 9-4　研究形式与内容

		研究形式	资料搜集方式	研　究　内　容	研究目的
1	纵向历史研究	探索性+描述性研究	文献搜索	城市发展总体背景、文化沿承、历史发展变迁及其规律研究。对厦门历史发展进行梳理,划分发展阶段,总结发展特征及发展规律	● 探索城市功能演进 ● 总结城市文化沿承
2	横向社会研究	探索性+描述性研究	访谈、抽样问卷及文献搜索	通过文献、访谈及抽样数据整理,对厦门社会各项参数进行分析和交互,解析厦门现状社会结构,以及调查内容分析(公众评价、专家意见以及综合)	● 描述与探索社会结构 ● 总结专家看法 ● 归纳分析市民评价
3	未来发展研究	预测性研究	访谈、抽样问卷及文献搜索	城市定位、发展方向,综合专家和居民对厦门发展的意见建议,提出未来社会发展思路	● 结合 1、2 研究成果进行综合分析

(一)纵向历史研究概要:社会变迁

(1)城市功能演进

厦门的城市及港口功能的历史演进描述见表 9-5。

表 9−5　厦门城市与港口功能的历史变迁与演进

阶段	时　期	城市类型与功能	城镇人口（市区）	文化变迁	优势资源	经济支柱
1	3 000 多年前	渔村	古越族人	海洋渔猎文化	海洋渔业资源	渔猎业
2	唐朝开元年间	农村居民区形成	薛、陈两家族迁来定居	农耕文化	土地资源	农业
3	980 年（宋初）	农村居民点商港初步形成	南宋时居民有 1 000 多户 6 000 多人	商业文化	港口条件	海陆交通运输业、贸易
	1279 年（元初）	商港形成军港初步形成	居民之外，设军事机构	商业文化海洋文化	港口条件战略位置	航运对外贸易
	1394—1516 年（明初至明中叶）	军事要点贸易小镇	1.6 万人	商业文化海洋文化	港口条件战略位置	航运对外贸易
	1650 年（明末）	商港、军港发展达到鼎盛	1.2 万人	商业文化军事文化	港口条件战略位置	航海贸易多边贸易
	1683 年始（清康熙 22 年）	贸易港口	14.5 万人	商业文化	港口条件	航海贸易
4	1842 年（清末）	通商口岸	14.5 万人	商业文化殖民文化	港口条件	商贸业
	1895—1937 年（商业繁荣期）	商业港口	16 万人～	商业文化	港口条件	商贸业
	1938—1949 年（经济衰退期）	商业港口	12 万人～	商业文化	港口条件	商贸业
5	1950—1980 年	海防前线工业城市	13 万～28.5 万人	工业文化	战略位置	工业
6	1981 年	经济特区	48.03 万人	多元文化	区位优势	工业、商贸、旅游、房地产
	2000 年	建设海湾型城市	全市总人口 205.3 万人	多元文化	港口条件旅游资源区位优势	物流、旅游、商贸、工业、房地产业

（2）文化沿承

① 文化特色

厦门的总体文化特色可用16个字概括："民族风格,闽台特色,异国情调,时代气息。""民族风格"指其主流文化是古老的中原文化;由于结合了本土和台湾的海洋文化,形容为"闽台特色";又吸收了外来的殖民文化,颇具"异国情调"。"时代气息"指厦门文化的与时俱进,如在建筑特色上,现中山路上1848年建的中国第一座教堂、鼓浪屿上哥特式的建筑、巴洛克式的建筑,体现了一个多世纪以前的"时代气息",而高崎国际空港、国际会展中心等,则体现了当代的异国情调。

② 文化历史发展

从时间维度看,厦门自有人类居住以来,依次出现海洋渔猎文化、农耕文化、商业文化、军事文化、工业文化到多元文化的变迁,这一文化变迁史,成为城市功能和性质的变迁、经济和社会发展的最好阐释(参见表9-6)。

③ 地方文化构成

从空间维度看,厦门位于福建南部,与漳州、泉州并称闽南。福建又称"八闽",故其文化在中华地域文化中被定名为"八闽文化"。厦门是闽南文化的中心之一,受其文化环境影响非常深。八闽文化特征着重体现在以下两方面:首先是文化多元,导致这种多元特征的原因是历史传承与地域特征的多样性,并且由于语言和自然地形阻隔,各种文化间彼此互不沟通,呈现碎状割据状态。其次是八闽文化兼具"山的封闭"与"海的开放"双重特征,具有很强的可塑性和适应性。分别通过民俗文化和海洋文化体现在社会整体的文化性格中——民间信奉的神灵众多且与生活需求息息相关,宗族观念强烈,家庭内部团结;崇拜妈祖,尊崇善恶之辨而非力量差异,体现和平、自由、平等、共存的文化精神,核心思想为勇敢与冒险,民风质朴平实。

④ 文化意识影响下的社会经济发展

表9-6　文化—社会经济

1	故土观念＋家族团结		侨乡社会文化与经济＋家族企业
2	弃儒从商＋贸易传统	⟹	社会伦理与经济发展的重商主义
3	地理优势/局限＋政策优势		缺乏进取精神与活力的小岛意识

（二）横向社会研究概要：社会结构与社会问题

（1）社会结构研究

作为厦门社会结构现状真实的反映,抽样问卷中关于答卷人的信息是一项

图 9-4　2000 年厦门各区人口密度分布(根据五普资料)

社会基本参数,通常情况下,规划对人口分布、年龄、性别比等基本变量进行取样,而不太会注重一些社会结构参数的取样。以下讨论的是厦门战略规划中作为社会结构研究的参数选取。厦门战略规划中关于社会构成结构的研究是基于布劳(Peter M. Blau,1977)对于结构社会学研究的方法论,以社会组成成员的收入地位为依据,通过对横向的定类参数(nominal parameters)和纵向定序参数(graduated parameters)两种结构参数的描述分析,观察人群在各种社会位置出现的整体频率及不同社会位置间的社会关系模式,从而了解社会各项结构性特征——定类参数决定了人群的"异质性";而定序参数的划分意味着社会地位的差距,决定了人群的"不平等"程度。这些结构性特征对战略规划主要具有两方面的作用,一是通过社会结构参数的分析帮助针对社会人群特征的规划战略的形成,比如在控制人口增长(或流动)方向、人口素质门槛及促进高素质人才吸引力等方面的引导策略;二是为空间规划策略提供经验性的社会构成的数据支持,如一些重点发展产业所必需的人力资源储备是否达到,或是否存在发展潜力;局部社会发展不平衡造成的矛盾(或潜在的冲突可能)是否对整体发展构成重大阻力等(见表 9-7)。

(2) 抽样调查相关评价

对抽样调查所获得的信息汇总,归纳居民对厦门市城市建设与管理的总体评价和见解如下(见表 9-8)。

表 9-7 社会结构纵横参数

横向结构参数			
A	年龄	主要结论	年龄众数为 30 岁,年龄中位数为 38 岁,平均年龄为 41.32 岁(标准差为 16.45),按通用的国际标准,尚未进入老龄化阶段。**年龄异质性不高**	根据抽样数据
B	人口流动		1/3 以上常住人口为外来人口,相对本地常住人口,外来人口具有相对年轻、教育程度相对较低、农村户籍比例较高的特征。80 年代后人口机械增长趋势明显(尤其 90 年代之后),人口主要流向本岛。**人口流动异质性较高**	根据五普人口数据及历年统计年鉴数据
C	人口分布		本岛(包括鼓浪屿)人口密度明显高于周边区域,详见图 9-4。**人口密度分布异质性较高**	根据五普人口数据
D	工作行业		抽样工作行业分布服务业(23.4%)、工业(17.1%)、商贸业(15.7%)、教科文(14.8%)为主,而党政机关、交通运输、金融保险、医疗分别占到 3.8%、5.2%、2.8%、4.0%,外来流动人口从事行业最多的是服务业(餐饮、宾馆、旅游等),占 43.6%,明显高于常住人口(15.5%)。**工作行业与户籍的异质性较高**	根据抽样数据
E	家庭规模与结构		以核心家庭为主,家庭人口数(众数为 3 人),代数(众数为 2 代)。**家庭结构异质性不高**	根据抽样数据

纵向结构参数			
1	教育程度	主要结论	教育事业发达,本地人受教育程度较高,基础教育上升比例显著,而高学历人才上升比例相对最小。**教育不平等性较低**	根据抽样数据
2	职业状况		总劳动人数逐年增长,第一产业从业人员比例下降,第二、三产业人员上升,呈发展型趋势。由于失业人数不详,就业状况难以判断	根据抽样数据和历年统计年鉴数据
3	收入状况		城镇人口人均可支配收入及消费性支出上升趋势显著,贫富差距较大,并有加大趋势。**收入不平等性有扩大趋势**	根据抽样数据和历年统计年鉴数据
4	社会阶层		本地在职人员主要从事行政管理、科教文卫及其他附加值较高的产业,经济和社会地位相对较高;外来人口两极分化状况明显,部分引进人才成为本地高端阶层的构成成分,大部分主要从事重体力和低层次服务业,社会经济地位较低。**本地人与外来人口的社会阶层差异较大**	根据历年统计年鉴数据及相关文献

表 9-8　市民对城市建设与管理总体评价

对厦门城市发展的评价	1. **对城市总体了解**：大多数被访者对城市建设与发展历史有所了解，约 1/3 了解得比较多。 2. **厦门的城市建设发展**：多数市民持肯定态度的。对于近年来厦门发展的满意度，"很满意"与"满意"的人共占 64.3%。多数被访者对自己生活在这个城市感到自豪，但是这一社会心理并不是很突出。 3. 总体上，市民认为生活较为**舒适、便利**，但是选择"一般"的比例与做肯定评价（舒适或便利）的比例大致相当。 4. 市民**对环境状况的评价**尚可，对水质是否有恶化的情况不太了解，对环境的关心程度还有待提高。要使厦门成为舒适宜人的城市，环境方面还有待改善。 5. **城市建设的制约因素**：选择比例最高的是干部素质，其次是管理体制及居民素质和经济资源。 6. **对政府工作基本上是满意的**，（选择满意的为 23.1%。选择"还可以"达 67.8%），做否定评价的很少
对厦门城市发展的定位	1. **发展区域**：应答人数的 70.1% 认为应该重点发展岛外（海沧、杏林、集美、同安）；24.0% 认为发展重点是"进一步在本岛开发"；占 5.9% 的人认为应该重点发展东北新城（刘五店、新店、马巷、大嶝）。 2. **本岛人口密度问题**：主张增加人口和反对增加人口的两种意见不相上下。 3. **本岛建筑密度问题**：反对在本岛增加建筑者居多；对于高层建筑，回答人数的 19.0% 认为应该"多建"，选择"尽量少建"，占 21.4%，更多的人认为高层建筑的发展是必然的，但是应该合理布局，适当集中，持这种观点的占 59.6%。 4. **厦门在国际和国内的地位**：按频次依次为"闽南金三角的中心城市"（55.4%）、"福建省经济发展龙头"（49.7%）、"中国东南部沿海中心城市"（42.6%）、"现代化的国际城市"（28.9%）。 5. **优先发展产业的顺序为**：对于这个开放式问题，应答率为 55.63%。其中选旅游业（29.8%）、教育科技业（25.2%）、加工业（10.2%），其他选项的比例都不高。 6. **城市的功能定位** 占第一位的是"经济繁荣的商业性城市"，以及"环境优美的居住型城市"； 占第二位的是"环境优美的居住型城市"，以及"休闲度假的旅游型城市"； 占第三位的是"经济和社会协调发展的综合型城市"。 综合而言，最深得民心的是"环境优美的居住型城市"，而"休闲度假的旅游型城市"的赞成者也较多。 选择"经济繁荣的商业性城市"的人则和持"居住型城市"观点的人相当，这两种发展方向，协调得好是相得益彰，否则可能是完全相反的两个发展方向。 另外，不少市民还希望厦门科教发达、经济社会协调发展

　　从实地观察了解及在与专家的访谈过程中，形成对厦门城市初步的印象，在此基础上运用抽样问卷调查获得的市民的主观评价，进一步了解居住于城市不同区段的市民对城市人居条件、城市建设发展状况及城市归属意愿的看法，目的在于比较城市各区段发展中存在的差异，为规划战略及未来的决策提

供优先发展、开发时序、城市保护等方面的社会依据。需要特别说明的是,由于本次抽样样本的非均布特点,区段数据分析根据各区段评价平均值显示,只相对反映该区段市民对某一问题的普遍评价;同时市民的主观评价视该区段主观愿望标准的高低而有所不同,因此,通过比较也可清楚地分析出哪些区段的市民对城市发展的哪些方面期望较高(区段评价空间图析详见附录 9-3)。

(3)专家意见综述(见表 9-9)

表 9-9　专家对城市建设与管理的观点

	评 价 或 判 断
学术界	1. **制约因素**:领导腐败;市民观念落后;水资源短缺。 2. **城市化**:反对在周边地区搞小城镇建设,厦门的城市化不应走城镇化道路,而要走城市扩张的道路。城市化过程中会出现的问题:农村劳动力的转移问题。 3. **人才吸引**:厦门的创业环境不理想,温馨有余,竞争不足,难以吸引人才,尤其缺少应用型人才。 4. **生态环境**:近年环境质量有所下降,尤其是填海以及环岛路的修建破坏了原来的生态系统。 5. **厦台关系**:优势正在削弱,但仍有潜力,是把双刃剑。 6. **"三城"建设**:不现实
政界	1. **制约因素**:水资源缺乏。 2. **对规划的反思**:中央对厦门错误定性。 3. **优势**:港口、环境。 4. **"三城"建设**:不切实际。 5. **区域合作**:区域合作还有困难,其他城市可能出于竞争而不愿与厦门合作
职能部门	1. **制约因素**:水资源短缺;用地问题;福建前线的局限;管理体制问题;腹地小;市场小;市民观念狭隘;与其他地区的交通联系不完善。 2. **对规划的反思**:政府的"形象工程"太多;反对做大,要做精;反对岛内居住、岛外上班的模式。 3. **优势**:环境、港口。 4. **厦台关系**:优势在减弱。 5. **外来人口**:养老保险缴纳比例差额是造成本地就业问题的原因之一;外来人口文化教育层次普遍较低。 6. **人才吸引**:厦门的自然环境好,厦门人不排外;但是创业氛围不浓,"小富即安"思想浓重,造成目前人才结构失衡,尤其缺少工科人才。 7. **城市景观**:高层建筑密度过高;对的古建筑保护还需加强,旧城改造不是房产开发。 8. **"三城"建设**:提法不严谨。 9. **环境质量**:有所下降

续　表

	评　价　或　判　断
商界	1. **制约因素**：交通网络不完善、腹地小、人口规模小、经济总量少、产业链不全、没有自己的特色品牌。 2. **厦台关系**：优势正在减弱。 3. **对规划的反思**：长官意志；规划缺乏超前性；预留空间不足；不要处处争第一；反对岛内居住、岛外上班的模式；反对将厦门建成休闲区。 4. **"三城"建设**：不现实。 5. **人才引进**：引进人才的政策还有缺陷，人力资源成本低，缺乏积极的创业氛围，不足以吸引高级人才。 6. **城市景观**：建筑设计水平不高；对于古建筑，除非是重要保护对象，否则都可以拆。 7. **金融现状**：企业信用度高；经济受外部影响大；外资银行的优势因优惠政策的丧失而削弱
军界	1. 即使是在和平时期，厦门也是重要的军事要地。 2. 规划用地与军事设施之间存在一定的矛盾

（三）未来发展研究概要：发展策略

（1）专家见解（见表 9 - 10）

表 9 - 10　专家对城市未来发展的见解

	未　来　发　展　的　见　解
学术界	1. **规划思路**：立足于海。 2. **总体定位**：位于中国东南部，介于上海与广州之间，面向东南亚的中心城市。也有专家认为厦门最多只能成为闽南的中心。 3. **功能定位**：南中国的金融中心；本岛可以成为经营性的总部或休闲度假区。也有部分专家认为本岛不能成为休闲区。 4. **主导产业**：旅游、生物、制药、环保、会展、贸易服务、高科技。部分专家认为厦门要搞高科技缺乏实力；还有部分专家认为单搞旅游业缺乏拉动力，无法成为主导产业。 5. **人口规模**：需要控制，也有部分专家认为可以继续扩展
政界	1. **发展方向**："三点一线"的设想。 2. **总体定位**：东南沿海重要的中心城市。 3. **功能定位**：航运中心、商贸中心、旅游中心、物流中心。 4. **主导产业**：电子。 5. **规划思路**：规划上要突破体制上的限制，打破行政区划。 6. 建立便捷的**交通网络**，尤其是以铁路为主的陆地交通

续　表

	未 来 发 展 的 见 解
职能部门	1. **规划思路**：以海为题、以港立市；要有大气魄、大胸襟。规划必须要打破行政区划的局限。 2. **功能定位**：休闲居住区、科技城、港口中心、商务中心、物流中心。厦门还可以成为台湾技术、产业结构更新的辐射点和中转站。 3. **总体定位**：东南沿海的重要城市；台湾海峡西岸的中心城市；东南亚中心城市、亚太中心城市。 4. **发展方向**：与漳州和泉州结合连成城市带，形成闽南经济协作区；认为往沿海地区发展要比往纵深发展要好。 5. **主导产业**：高科技、旅游。 6. **城市化**：城市化水平控制在 60%～70%；在城市化过程中要注意农村劳动力转移问题，加强教育，转变农民观念。 7. **城市景观**：对古建筑的保护采取成片开发的措施；骑楼建筑是厦门的特色建筑，必须重点保护并发扬；在鼓浪屿上建立音乐主题公园；将城内的水道打通，贯穿全市，真正形成"城在海上，海在城中"的格局；注意人文景观与自然景观相结合。 8. **环境保护**：填海可以采取营造内湾的填法。 9. 发展**内陆交通**，尤其是铁路交通。 10. **人口规模**：城镇人口最好控制在 300 万之内
商界	1. **区域合作**：构筑沿海地区的城市带。 2. **功能定位**：风景旅游、居住休闲区、物流中心。 3. **总体定位**：闽三角区域中心城市 4. **规划思路**：规划要有超前性；走法定程序；要懂得经营城市，创造自己的品牌；此外还要积极争取中央和省里的政策扶持。 5. **主导产业**：高科技、旅游业、会展、港口经济、信息咨询、金融贸易。 6. **铁路运输**是交通的命脉，高速铁路
军界	解决军队与城市规划之间的矛盾**重在协商**

（2）市民与专家意见交互分析（见表 9-11）

表 9-11　市民—专家意见综述

	主要指标	市　民	专　家	比　较
城市发展评价	发展制约因素	干部素质、管理体制	反腐问题、管理体制、市民观念	基本一致
	本岛人口规模	主张增加反对增加者的意见相当	同左	一致
	生态环境	尚可，问题不突出	环境质量有所下降	稍有分歧

续　表

	主要指标	市　民	专　家	比　较
城市发展评价	本岛建筑密度	反对增加建筑者居多	反对增加建筑者居多	一致
	政府工作满意度	否定评价者少	否定评价者居多	有分歧
	交通状况	便捷	否定评价者少	较一致
未来发展意愿	城市功能定位	"居住型城市"、"旅游型城市"、"商业性城市"	休闲居住区、航运中心、商贸中心、旅游中心、物流中心	较一致
	重点发展区域	岛外	岛外	一致
	本岛发展重点	教育科技、完善生活居住功能、保护自然风貌	本岛可以成为经营性的总部或休闲度假区(部分)	对此问题专家意见不多
	优先发展产业	旅游业、教育科技业、加工业	旅游、高科技产业(包括生物、制药、环保产业)、现代服务业(含会展、金融贸易、信息咨询业)	稍有分歧
	国际国内地位	"闽南金三角的中心城市"(55.4%);"福建省经济发展龙头"(49.7%);"中国东南部沿海中心城市"(42.6%)	闽三角区域中心城市(商界)东南沿海重要的中心城市(政界);中国东南部,介于上海与广州之间,面向东南亚的中心城市(学术界)	较一致

（3）基于社会研究形成的厦门市未来发展的思路

基于社会调查和多角度的研究,综合居民和专家的见解,课题组得以提出厦门市未来发展的思路和策略(见表 9-12)。

表 9-12　基于调查形成的社会发展战略与对应策略

层面	焦点问题	发展战略	具　体　策　略
社会结构与社会保障层面	"金字塔"形社会阶层结构不合理,弱势群体社会保障问题突出	"扩中、保低、调高"战略	"扩中":通过分配制度改革,提高管理和技术工人的收入,使城乡大多数居民收入水平提高
			"保低":通过加快城市化进程,使农村剩余劳动力加快转入城镇或非农业体系中就业
			"调高":调整社会过高收入者的收入水准

续　表

层面	焦点问题	发展战略	具　体　策　略
人力资本层面	就业压力大,劳动力供求矛盾日益显著	"扩容、限低"战略	"扩容":增加就业岗位
			"限低":提高门槛,限制低层次的外来劳动力的总量
	对高层次人才缺乏吸引力	人才高地战略	引智战略:吸引国内外优秀人才
			育人战略:加快培养在职及后备人才,形成合理的人才结构
			开发战略:对现有人才资源进行充分合理的开发利用
			银发战略:对老年人才实行返聘、延长工作年限、推迟退休年龄等,充分发挥老年人才的优势
社会资本层面	地下经济问题突出,城市信用与形象受到牵连	构建社会信用体系,打造"信用厦门"	"四管齐下"建立完善的社会信用体系,其中:政府信用是先导,企业信用是重点,个人信用体系是基础,法制信用是支撑
			强化现代信用理念
			建立现代信用关系
			构建现代信用机制
教育层面	教育支持与经济社会发展反差大	建立现代化高质量终身教育体系,建设"学习型城市"	高层次、应用型人才及技能培训并举
			基础教育、高等教育、职业教育、成人教育、社区教育并行
			建设"学习型城市",建成区域教育高地
政府层面	规划、管理体制不顺	制度创新、管理创新	转变管理理念,转换政府角色,明确政府定位,加快优惠性、扶持性政策体系向功能性、体制性政策体系的转变
区域合作层面	对台关系是一把"双刃剑"	形成应对策略,扬长避短,发挥比较优势	在政治风险难以规避的前提下,发挥对台优势(即与台湾地缘相近、血缘相同、业缘相依),积极寻求对台经贸关系向纵深方向的突破
	经济特区政策优势趋于弱化	功能转换与能级提升战略	依靠城市功能的转换,做精做强厦门;提升厦门市的区域能级,在区域范围内实现职能的高度化

层面	焦点问题	发展战略	具　体　策　略
区域合作层面	经济腹地狭小	合纵连横策略	加强与港澳的经贸合作，加强与周边地区的"山海协作"，建立区域共同市场
	龙头地位面临挑战	借力策略	借助外力（即外部的人力、物力、财力、信息、技术、先进理念）来提升城市综合竞争力
	资金分流格局	形成"投资安全岛"	将厦门建成东南亚地区的"投资安全岛"，成为东南亚地区（尤其港澳台投资）的投资热土

9.3　战略宏观层面研究的检讨——从理论与实践差距的角度

"城市的空间结构是一定自然环境条件下城市社会经济活动的空间投影"这一观念虽然已成为规划界的共识，但在规划实践中这一共识并未充分显现出其应有的作用，城市发展战略规划从某种意义上成了规划向社会综合层面转变的实质性开始。由于战略规划在法定的规划编制体系中没有明确界定（参见本书第1章法定规划类型与相关内容），国内的规划学术界对此正在讨论，但在现有的讨论中基本存在以下几方面关键性认知。

首先是战略规划的区域前提——战略规划出现的契机和需求来自面临区域（乃至全球）竞争压力的大城市，区域资源的有限性以及协调机制不力促使大城市从自身长远发展立场出发，考虑利己角度的区域资源配置，使空间储备足以支持因经济增长和社会发展引起的空间拓展。相关研究表明，国内战略规划及研究受地方政府推动而逐步发展（如广州市2000年战略概念规划）。同时这一区域前提也是由于城市总体规划在把握城市发展战略方面的不足所造成的，战略规划从某种意义上是在现阶段的城市总体规划无法突破束缚自身的约束条件下应运而生。

其次是对城市发展的结构性把握——战略规划在某些细节上，如城市人口规模等方面可以更为超脱，从而在城市结构性问题的把握上更具有综合分析问题的优势，弥补了总规长期以来墨守陈规的保守姿态。有研究认为，战略规划是将城市或区域的经济社会整体发展战略与空间发展模式紧密结合的桥梁，是企求对城市未来发展的重大问题作出宏观解答。它以空间发展的战略性问题为中心,为城市政府提供发展的思路、策略、框架和行动指南,并作为城市总体规划编制的指导(罗震东、赵民,2003),重点放在空间发展方向、城乡空间结构、区域与城市发展模式、产业选择与功能定位以及景观特色等方面。从规划方法上来看,其技术核心为区域分析、产业研究、空间结构、支撑系统和生态保障等(王凯,2002)。

第三是战略规划的地位——从目前探讨内容来看,战略规划还处于"研究型"阶段(张兵,2002),是否有必要或是否能够形成制度意义上的战略规划,前景尚不明朗。而不可否认的是,战略规划的确对大城市发展,尤其是对城市决策层的规划意识觉醒具有积极作用。相关研究认为,其优势在于能够提倡和坚持区域—产业—空间—社会等主导要素的综合研究,并有希望发展成为一种协调区域内城市发展利益和发展方向的纲领(张兵,2002)。

目前我国的战略规划目标内容尚无固定范式,往往视城市发展实际需要而定,围绕某项或某几项城市战略思路进行有针对性的策略研究,因此具有很大的弹性,适应外部条件变化的能力较总规强。因此从实际需求角度,目前战略规划在方法论上往往表现为"以问题为导向,抓主要矛盾,提战略构想(王凯,2002)"。

本书将在上述战略规划前提界定下检讨厦门城市发展战略规划中的社会研究的相关问题。

9.3.1　社会研究在战略规划中的定位与作用

作为城市战略研究的组成部分,社会研究在规划中的作用是通过探讨城市社会发展状况及经济增长与城市空间拓展之间的关系,并为规划研究提供社会背景作为前提和依据,以便在此基础上研究在怎样的状态下(即规划干预在何时以何种方式介入),才可能使城市各方面的发展向既定的阶段目标迈进,同时又能尽量保持相对均衡的态势。作为一种"目的性"行动[1],规划的行为取向是筹措各种手段,然后从中选出最适于达到明确目标的行动,这种行动覆盖了其所要控制范围内的所有个体行动者,因此是具有战略性,且"具有工具性"的行动。

从上述厦门的案例中可看出,战略规划在研究过程中要对城市全局发展

---

[1]　Jurgen Harbermas, The Theory of Communicative Action, Boston: Beacon, 1981: pp. 85～102.

有战略性的把握和引导,并对城市的社会发展状态形成由经验至社会理性的客观认识。因此,社会研究对于战略规划而言并非是形式上的构成,而是贯穿其中的有机组成部分。如前文所述,社会研究在战略规划中的作用在于:①在规划的假设前提下进行现象的描述、规律的探索,为规划战略思想的形成提供思路和论据;② 对战略策略进行社会检验;③ 为战略可行性提供社会基础论证。

在国内城市发展速度普遍较快的状况下,战略规划可以对一些显性表现较强的因素提供及时的引导,如空间、经济、城市景观等。显性因素的特征就是对事物的发展变化应激性很高,同时对事物的变化影响也很大,是比较容易以调控手段进行干预的方面。社会相关因素中也有一些具有明显显性特征的因素,如人口流动。而更多的社会因素则表现为隐性特征。隐性特征与显性特征相对,即对事物发展变化的反应即时性不显著,自身发展惯性较强,体系的惯性规律会比较明显。在城市发展到一定阶段,达到一种相对平衡的增长发展状态时,隐性因素在其中的作用将显现出来,因此对隐性因素进行预见应当成为战略规划中值得探索的方面。

9.3.2　战略规划中的研究内容与方法

从上述界定中可清晰地发现,"区域、空间、经济、社会"是战略规划中不可或缺的关键内容。以厦门城市发展战略规划为例,实施战略研究的主要原动力来自厦门所面临的在区域(乃至全国)的竞争力的相对减弱,人口低层次持续快速增长与本岛人口疏解问题,同时还包括城市特色的保持及生态资源的保护问题,其对应的战略研究内容涵盖了区域联动发展与城市战略定位、城市经济、社会文化、空间结构及生态(见图 9-5)等多个方面。整个规划的建构是立足于战略研究基础之上的。战略研究主要从区域、经济、社会、生态、空间形态及设施五个方面进行专题研究,并在此基础上形成综合的研究成果,为最终的规划铺垫前提与依据。

对于以空间发展战略为最终导向的战略规划而言,社会文化、经济、政治体制等因素属于支持城市空间形成的潜层次机制问题。因此,作为战略规划的支持的社会研究,最终目的在于为规划构思提供思路和依据,并对规划策略予以社会发展方面的必要支持。由此,在规划与社会研究之间是一种互动的关系:规划的前提假设构成社会研究的理论假设,社会研究进而对规划前提假设进行证实或证伪;而社会研究在研究探索过程中不断揭示城市对象的一些社会本质问

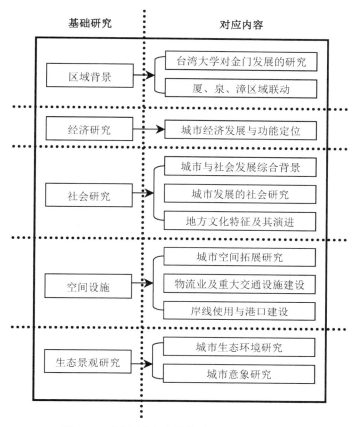

图 9-5　厦门城市发展战略规划的研究分布

题和发展规律,为规划构思提供思路和依据。对此,战略规划中的社会研究要建立在对城市宏观发展较为了解的基础上,即对城市总体情况形成较为清晰的把握后,对某些需要特别深入的方面进行重点研究,如结合深度访谈和抽样问卷进行战略要素分析。

战略规划涉及的公共领域的广泛性要求战略规划是一项多学科介入的工作,因此在方法上具有多角度特征。多学科介入的意义不仅仅是人员和工作的介入,更为重要的是思想和方法的介入。就目前国内规划的主流方法而言,规划中的社会研究工作是一种尝试,最直接有效的解决途径就是邀请相关学科的研究人员介入,在工作过程中,通过沟通将社会研究的思想和方法纳入规划,并将规划意识和要求注入社会研究的过程。从规划学科长远发展来看,社会研究思想的介入应当是一种趋势,而在这一尝试过程中,不论是学科之间的磨合,或是规划自身的探索,都需要在这一领域进行方法论方面的探索。

附录 9-1　厦门战略规划访谈提纲

一、访谈大体思路

总线索为：历史—现状—未来

- 厦门优势所在：自然、人文方面
- 厦门发展的总体思路：是否需要反思
- 厦门发展的制约因素：来自哪些方面的制约
- 厦台关系对厦门经济、社会发展的影响
- 城市定位问题：目前的定位和未来的发展方向（包括生态环境、人际关系、经济发展、厦台关系、城市功能、社会保障等）
- 城市框架问题：海岛型城市—海湾型城市
- 城市规模问题：目前的地位与城市规模是否相匹配

二、访谈详细提纲

1. 厦门的自然与人文优势

1）厦门的区位优势有哪些？

2）厦门的特色文化是什么？有哪些文化没落了？

3）厦门在自然条件方面有何优势？

4）厦门在人文方面有何优势？

5）城市发展的宏观背景及发展阶段。

2. 城市功能

1）对于"科技之城"、"艺术之城"、"教育之城"的提法是否赞同？为什么？厦门是否具备相关方面的比较优势？

2）厦门城市功能应该定位于什么？

3）厦门是否具备建成金融中心、物流（港口）中心、贸易中心的条件？

3. 城市空间格局（对象为从事城市规划研究者）

1）国土开发整治的重大项目及其推进目标；

2）城市空间格局和演变过程；

3）建特区以来的城市建设和发展成败评价；

4）未来城市空间发展方向；

5）交通发展现状及战略构想。

4. 城市风貌与景观特色

1）厦门的传统城市风貌、代表形式及所在地段；

2) 保护意识、保护机制及保护效果；

3) 厦门的城市景观特色及所在地段；

4) 厦门今后景观发展的着眼点应放在哪里？是自然景观还是人工景观？

5. 城市生态环境

1) 厦门本岛环境容量处于哪种态势？（是饱和、适当或尚有余地？）您认为本岛的合理人口规模应该为多大？

2) 厦门市总体环境质量（大气环境、声环境、水环境等）作何评价？若恶化，具体表现（何处？现状如何？）

3) 您能否提出关于环境保护的意见和建议（例如湿地保护，物种自然保护区建设，水体治理等具体地点）；

4) 您认为严格禁止城市建设的区域和控制城市建设的区域有哪些？

6. 厦门经济

1) 厦门国民经济向纵深方向推进的目标与思路；

2) 厦门经济支柱是什么？现在发展状况如何？前景怎么样？

3) 厦门经济未来的发展应依托什么产业？为什么？

4) 国民经济信息化推进的目标与对策思路；

5) 经济结构调整与国有经济战略性改组的方向与重点；

6) 厦门是否能够成为金融中心、贸易中心和物流（港口）中心？为什么？

7) 目前厦门现代服务业（如金融、贸易、物流、信息）的发展现状及前景如何？

8) 厦门旅游资源开发和厦门旅游业的前景及存在的问题；

9) 厦门与周边地区的关系是以竞争为主还是以协调为主？

7. 厦台关系

1) 历史上厦门与台湾之间的关系；

2) 目前的厦台关系总体情况如何？

3) 厦门与台湾在官方与民间有哪些方面（政治、经济、文化等）的交流？交流的程度与效果如何？

4) 你认为厦门与台湾之间的关系可以在哪些方面继续发展？发展的途径或手段是什么？

5) 对目前台商北上投资的现象有何看法？这是否意味着厦门正在失去与台关系的优势？如果是，应该怎样挽回？

6) 与台湾的关系既有可能促进厦门的发展，也有可能成为制约厦门向外发展的屏障,你的看法如何?

8. 厦门海防

1) 厦门海防历史概况;

2) 厦门的战略地位如何;

3) 部队用地对厦门经济发展是否造成影响? 是消极影响还是积极影响?

4) 厦门部队用地有没有可能适当调整? 调整的规模和地域;

5) 部队与地方之间的关系如何?

9. 厦门的社会发展(对象——劳动与社会保障局及高校有关研究人员)

1) 目前厦门社会保障总体情况如何? 存在哪些问题?

2) 对厦门目前推行的"城市化"、"工业化"您有何见解? 厦门城市化水平如何?(偏高、合适、较低)

3) 厦门贫富差距大不大? 什么原因造成的?

4) 厦门治安状况如何? 什么原因造成的?

5) 目前厦门的外来劳动力主要从事什么行业?

6) 厦门对本地及外来人才是否具有吸引力? 为什么? 如果缺乏吸引力,你有什么建议?

7) 建特区以来,外来人口的不断涌入,对厦门发展的利弊如何? 对本地人是否形成冲击? 如果是,厦门本地人的竞争实力如何? 您认为该如何应对?

8) 目前厦门的教育发展是否能够满足各类人才的需要?

10. 未来构想

1) 请对厦门发展的总体思路(从海岛型发展为海湾型;一环数片,众星拱月;文化之城、艺术之城、教育之城)作一个评价,那些地方值得反思?

2) 厦门各区的功能定位;

3) 厦门未来发展的关键是什么? 需要依靠什么? 有哪些限制因素? 有哪些具有潜力或可以改善? 有哪些目前无法改变?

11. 请画出你印象中的厦门地图

"厦门市城市发展概念规划"课题组

2002 年 4 月

附录9-2　厦门战略规划抽样调查问卷

尊敬的厦门市居民：

您好，我是同济大学、上海大学、上海财经大学、厦门大学和集美大学联合课题组访问员，受厦门市政府委托进行厦门市城市发展概念规划研究。现随机抽取到您家，了解您对厦门发展的评价和要求，请给予大力协助。谢谢。

厦门市城市发展概念规划联合课题组

2002年5月

（请在符合您的答案上打"○"或填空，如"⑤"）

登录：

问卷编号：1. 鼓浪屿　2. 思明　3. 开元　　　　问卷编号：＿＿＿＿＿＿

　　　　　4. 湖里　　5. 集美　6. 同安

街道（乡镇）＿＿＿＿＿＿　居委会（村委会）

一、答卷人概况

（1）姓名（可不答）：＿＿＿＿＿＿

（2）性别：1. 男　　　　2. 女

（3）年龄：＿＿＿＿＿＿周岁

（4）您在厦门市居住了＿＿＿＿＿＿年

（5）婚姻状况：

　　1. 已婚（有偶）　　2. 离、丧偶　　　　3. 未婚

（6）教育程度：

　　1. 小学及以下　　2. 初中　　　　3. 高中（包括中专、职技校）

　　4. 大专　　　　5. 本科　　　　6. 研究生

（7）职业状况：

　　1. 在职　　　　2. 下岗（失业）　　3. 离、退休

　　4. 在校学生　　5. 其他（注明）：

（在职人员回答8～12题，再跳至17题）

（8）若在职，请问您所在工作单位的性质属于：

　　1. 国有企业　　2. 集体企业　　　3. 民营企业或个体户

　　4. 三资企业　　5. 行政机关　　　6. 事业单位

7. 其他

(9) 若在职,请问您工作的行业是:

    1. 党政机关   2. 工业

    3. 商贸业   4. 宾馆、旅游、餐饮等服务业

    5. 教育、文化、科技   6. 交通运输业

    7. 金融、保险业   8. 医疗卫生

    9. 其他(注明):

(10) 您在您所属的企事业单位的工作是属于:

    1. 负责人   2. 中层领导或科技骨干

    3. 基层领导或高级职员   4. 普通职工

(11) 目前您的月收入平均为_____元。

(下岗(失业)人员回答 12～14 题后,跳至 17 题)

(12) 若下岗(失业),有多久?

    1. 不到 1 年   2. 1—2 年

    3. 2—3 年   4. 3 年以上

(13) 若下岗(失业),您是否领取失业救济?

    1. 是   2. 否

(14) 若是,每月为_____元。若否,为什么?(原因):

(离、退休人员回答 15～16 题后,继续)

(15) 您的退休金每月为_____元。

(16) 您的退休金能否按时足额领取?

    1. 是   2. 否

二、家庭情况

(17) 户籍性质:

    1. 农业户   2. 非农户

(18) 若是农业户,请问您家是否愿意转为非农户?

    1. 愿意   2. 不愿意

    为什么?(原因):

(19) 您家是本地人吗?

    1. 祖祖辈辈住在这里   2. 建特区前迁来

    3. 建特区后迁来   4. 1990 年以后

(20) 您家共有_____人,是_____代人同堂。

（21）您家的住房是：

　　1. 老私房　　　　　　　　　　　2. 已购的公房

　　3. 租用的公房　　　　　　　　　4. 购置的商品房

　　5. 租借的私房　　　　　　　　　6. 其他（注明）：

（22）您家的住房大约是什么年代建成的？

　　1. 70 年代以前　　　　　　　　　2. 70 年代

　　3. 80 年代　　　　　　　　　　　4. 90 年代以后

（23）您家住房有_____居室，建筑面积总共为_____ m²。

（24）您认为您家的居住条件在厦门是属于：

　　1. 好　　　　　　2. 较好　　　　　　3. 中等

　　4. 较差　　　　　5. 差

（25）您觉得自己在厦门生活各方面都很便利吗？

　　1. 便利　　　　　2. 一般　　　　　　3. 不便利

（26）您觉得自己在生活厦门是否舒适？

　　1. 舒适　　　　　2. 一般　　　　　　3. 不舒适

三、对厦门城市发展的评价

（27）您对厦门城市建设发展历史的了解是属于：

　　1. 较多　　　　　2. 较少　　　　　　3. 不知道

（28）如果了解，您认为厦门的城市建设发展是属于

　　1. 很成功　　　　2. 较成功　　　　　3. 不太成功，失误不少

　　4. 不成功　　　　5. 说不清

（29）您对厦门市近年来发展的总体评价是什么？

　　1. 很满意　　　　2. 满意　　　　　　3. 一般

　　4. 不满意　　　　5. 很不满意

（30）您认为厦门市未来的发展重点应该放在哪里？

　　1. 进一步在厦门本岛开发

　　2. 重点发展岛外地区（发展海沧、杏林、集美、同安）

　　3. 重点发展东北部新城（刘五店、新店、马巷、大嶝）

（31）您认为厦门本岛的发展重点应该是什么？（可选多项）

　　1. 保护自然风貌

　　2. 完善生活居住功能

　　3. 发展教育科技事业

    4. 发展高新技术产业

    5. 港口和物流业

    6. 发展金融、贸易、旅游等第三产业

    7. 发展加工工业

    8. 进一步开发房地产

（32）您认为厦门本岛的人口是否太多？

    1. 太少，还可以大量增加人口

    2. 不算多，还可适量增加人口

    3. 正合适

    4. 偏多，不应再增加人口

    5. 已太多，应适当减少人口

（33）您认为厦门本岛的建筑是否太拥挤？

    1. 很宽松，还可以大量增加建筑物

    2. 不拥挤，还可适当增加建筑物

    3. 正合适

    4. 较拥挤，不可再增加建筑物

    5. 很拥挤，应增加绿地和广场

（34）您对厦门本岛的高层建筑的看法是什么？

    1. 高层建筑多是现代化的标志，可以多建高层建筑

    2. 高层建筑破坏厦门岛的自然风貌，应尽量少建

    3. 高层建筑的发展是必然的，但应合理布局，适当集中

（35）您对厦门市历史文化资源的总体评价是什么？

    1. 非常丰富也非常有价值

    2. 比较丰富也比较有价值

    3. 有一定的历史文化资源，也有一定价值

    4. 历史文化资源不够丰富，价值也不大

（36）您对厦门历史地段和历史建筑保护工作的评价（如中山路、鼓浪屿等）如何？

    1. 保护工作做得很好   2. 保护工作做得较好

    3. 保护工作做得一般   4. 保护工作做得较差

    5. 保护工作做得很差   6. 不了解

（37）您认为厦门的历史文化风貌体现在下面哪些方面（可选择多项）？

　　1. 老城区的传统住宅(有特色的民居建筑形式)

　　2. 中山街(商业街区的骑楼建筑形式)

　　3. 名人遗址

　　4. 宗教文化建筑

　　5. 鼓浪屿(滨海地区的历史风貌)

(38) 您认为历史文化建筑应该保护的最主要原因是什么?

　　1. 房子好看,形象有特色

　　2. 可以保持厦门历史文化传统的延续

　　3. 别人告诉我应该保留

　　4. 可以利用来搞旅游开发赚钱

　　5. 可以方便当地住户跟原来的左邻右舍保持联系

(39) 您认为主要该由谁来对厦门市的历史风貌保护工作负责?

　　1. 政府

　　2. 厦门市的全部市民

　　3. 老房子所在地的居民

　　4. 在老房子所在地进行投资的开发商

(40) 在老城区的更新改造中,假如有开发商要拆掉像老城区的传统住宅或者中
　　山街的老房子这类的历史文化建筑,建设商业街,您认为:

　　1. 不能拆,应该全部保留原状

　　2. 可以拆一部分,保留一部分有特色的标志性建筑

　　3. 可以拆掉,但新建的建筑应保持原来的风格特色

　　4. 最好全部更新为现代风格的新建筑,不必与原来的建筑式样有联系

(41) 您认为厦门市环境如何?

序号	项　目	1. 很严重	2. 较严重	3. 一般	4. 不严重	5. 根本不存在
A	工业"三废"					
B	汽车尾气					
C	噪声					
D	生活垃圾					
E	河湖水质污染					
F	道路扬尘					
G	随地大小便					

(42) 您认为下列水域中近年来是否有水质恶化的情况：

序 号	项　　目	1. 有	2. 无	3. 不清楚
A	员筜湖			
B	马銮湾			
C	鼓浪屿周边浴场			
D	厦大白城浴场			

四、居住小区环境、交通与治安状况

(43) 请您对您居住的小区总体环境作一个评价：

　　1. 很满意　　　　2. 较满意　　　　3. 一般　　　　4. 不太满意

　　5. 很不满意

(44) 如果您觉得不满意，那么主要原因是：

　　1. 规划布局不合理　　　　2. 建筑和设施陈旧

　　3. 居民素质太低　　　　　4. 社区管理混乱

　　5. 其他（请注明）：

(45) 您家拥有的交通工具有：

　　1. 自行车＿＿＿＿＿辆　　　　2. 助动车＿＿＿＿＿辆

　　3. 摩托车＿＿＿＿＿辆　　　　4. 小汽车＿＿＿＿＿辆

(46) 您与您的家人上、下班或出行，最主要的交通方式是：

　　A（答卷人）＿＿＿＿＿　　　　B（家人）＿＿＿＿＿

　　1. 家用轿车或出租车　　　　2. 摩托车或助动车

　　3. 自行车　　　　　　　　　4. 公交车

　　5. 步行

(47) 您认为您家附近的公共交通情况如何？

　　1. 很便捷　　　　2. 较便捷　　　　3. 一般　　　　4. 不太便捷

　　5. 很不便捷

(48) 从进一步改善交通的角度，您的最大愿望是：（多项选择）

　　1. 购买家用汽车

　　2. 改善公共交通（如增设轨道交通、公交线路、班次等）

　　3. 其他（请注明）：

(49) 您对您家附近地区治安状况的评价是：

　　1. 很安全　　　　2. 较安全　　　　3. 一般性　　　　4. 不太安全

　　5. 很不安全

（50）若不安全或很不安全，您认为是什么原因造成的？（多项选择）

　　1. 警方防范不足　　　　　　　　2. 外来人口过多

　　3. 物业管理不力　　　　　　　　4. 小区居民太杂

　　5. 其他（请注明）：

（51）您和您的家人是否想在本小区长期居住下去？

　　1. 愿长期居住　　　2. 无所谓　　　　3. 不想长期居住

（52）如果您不想长期居住在本小区，原因是：

五、居委会与物业公司

（53）您对居委会目前工作的评价是：

　　1. 很好　　　　　2. 较好　　　　　3. 一般　　　　　4. 较差

　　5. 很差

（54）您认为居委会所做的事符合您与您家人的需要吗？

　　1. 符合　　　　　2. 不符合　　　　3. 不知道

（55）您对您家所在的物业公司的评价是：

　　1. 管理良好　　　2. 管理一般　　　3. 管理差

（56）您认为目前物业管理存在的突出问题是：（多项选择）

　　1. 收费过高　　　2. 物业维修不及时　　　3. 环境卫生状况差

　　4. 绿地维护不好　5. 治安状况差　　　　　6. 管理不规范

　　7. 其他（注明）：

（57）您和您家人是否参加过居委会召集的各种活动？

　　1. 经常参加　　　2. 偶尔参加　　　3. 从未参加

六、邻里关系与社会保障

（58）您与邻居有没有来往？

　　1. 经常有　　　　2. 偶尔有　　　　3. 没有

（59）您认为您周围居民的行为方式：

　　1. 很文明　　　　2. 较文明　　　　3. 一般　　　　　4. 不够文明

　　5. 不文明

（60）您对小区内人际关系的评价是：

　　1. 很和谐　　　　2. 较和谐　　　　3. 一般　　　　　4. 不太和谐

　　5. 很不和谐

（61）您愿意参加社区各项活动吗？

    1. 活动有收益，我愿意参加

    2. 愿意参加，但没有时间

    3. 社区活动与自己的事情不冲突，愿意参加

    4. 社区活动是组织要求，非得参加

    5. 社区活动与我关系不大，是否参加无所谓

    6. 社区活动是一种额外的负担

（62）请您对下面所列有关居住小区社会保障和生活服务等作出评价：

	项　目	1. 很满意	2. 满意	3. 很难说	4. 不满意	5. 很不满意
A	为老服务					
B	医疗保健					
C	日常购物					
D	便民服务					
E	物业管理					
F	社会治安					
G	民事调解					

（63）您希望社区能为您与您的家庭提供哪些服务？

	项　目	1. 需要	2. 说不准	3. 不需要
A	敬老院			
B	心理咨询			
C	理发美容			
D	健身			
E	家政服务			
F	老人护理			
G	病人护理			
H	家电维修			
I	半成品食品配送			
J	法律咨询			
K	出诊医疗			

续　表

	项　目	1. 需要	2. 说不准	3. 不需要
L	困难补助			
M	调解纠纷			
N	婚丧服务			

七、文化教育与医疗卫生

（64）请您对所在地区的幼托、小学、中学的质量作一总体评价：

	项　目	1. 很好	2. 较好	3. 一般	4. 较差	5. 很差	6. 不知道
A	幼托						
B	小学						
C	初中						
D	高中						

（65）您希望您的孩子达到什么样的文化程度？

　　1. 高中　　　　　　2. 大专　　　　　　3. 本科　　　　　　4. 研究生

（66）您与您的家人有没有参加过成人的职业教育或继续教育？

　　1. 有　　　　　　2. 没有

（67）您所在的社区有图书馆吗？

　　1. 有　　　　　　2. 没有　　　　　　3. 不知道

（68）您是否希望在本社区设立公共文化娱乐设施？

　　1. 非常希望　　　2. 无所谓　　　　　3. 不希望

（69）若希望成立，您认为哪些设施最迫切需要？（多项选择）

　　1. 老年活动中心　2. 图书馆　　　　3. 社区网站　　　4. 社区广场

　　5. 信息中心　　　　　　　　　　　6. 青少年活动中心

　　7. 健身馆　　　　8. 社区教育学院　9. 其他（注明）：

（70）您是否需要下列教育及服务项目？　（多项选择）

　　1. 知识讲座　　　2. 法律支援　　　3. 就业指导　　　4. 投资咨询

　　5. 技术咨询　　　6. 家政服务　　　7. 形象设计　　　8. 装潢设计

　　9. 其他（注明）：

（71）您对本社区医疗服务项目总体作何评价？

　　1. 很满意　　　　2. 满意　　　　　3. 一般　　　　　4. 不太满意

5. 不满意

(72) 您最希望社区能提供下列的哪些医疗服务项目？（多项选择）

1. 医疗门诊　　　2. 医疗保健讲座　3. 量血压　　　　4. 医疗咨询

5. 家庭病床　　　6. 康复指导　　　7. 儿童保健　　　8. 其他（注明）：

八、对厦门发展的认识和期望

(73) 您认为厦门在国际国内的地位如何？（多项选择）

1. 现代化国际性城市　　　　　　2. 中国东南部沿海中心城市

3. 福建省经济发展的龙头　　　　4. 闽南金三角的中心城市

(74) 您最希望厦门在未来的 10 年内发展成什么类型的城市？（多项选择）

1. 经济繁荣的商业型城市　　　　2. 环境优美的居住型城市

3. 就业充分的工业型城市　　　　4. 休闲度假的旅游型城市

5. 科教发达的教育型城市　　　　6. 文化艺术型城市

7. 交通便捷的港口型城市　　　　8. 经济和社会协调发展的综合型城市

9. 其他（注明）：

(75) 您在厦门工作、居住感到自豪吗？

1. 很自豪　　　　　　　　　　　2. 有点自豪

3. 没什么感觉　　　　　　　　　4. 希望迁往其他城市

(76) 您对厦门城市建设有足够信心吗？

1. 有信心　　　　2. 很难说　　　　3. 没有信心

(77) 您认为影响厦门进一步发展的主要问题是什么？（多项选择）

1. 居民素质　　　2. 干部素质　　　3. 经济资源　　　4. 管理机制

5. 土地资源　　　6. 厦台关系　　　7. 其他（注明）：

(78) 您对厦门政府工作是否满意？

1. 满意　　　　　2. 还可以　　　　3. 不满意

如果不满意，主要表现在哪些方面？（请注明）：

(79) 假定请您对厦门的城市发展作决策，您打算优先发展什么产业？

1. 农业　　　　　2. 渔业　　　　　3. 加工业　　　　4. 房地产业

5. 交通运输业　　6. 金融业　　　　7. 旅游业　　　　8. 教育、科技业

9. 信息产业　　　10. 其他（请注明）：

(80) 您为什么要作如上选择？

再次谢谢您的配合！

附录9-3 各区段市民对城市发展评价的空间图析(GIS-Arcview)

分析说明:

① 以下空间图析数据基于抽样问卷调查,其中杏林区作为开发区,因人口规模很小,故未作抽样,下列图中杏林区数据均为0。

② 调查分析显示,鼓浪屿市民对各项指标的评价相对其他区要稍低,综合考察鼓浪屿与其他区的实际指标发现,形成这样评价的原因一方面是由于鼓浪屿自身各项设施的陈旧老化难以适应市民实际生活需求;另一方面原因在于该区市民对各项指标的要求较其他区要稍高。

③ 对所居住区域的教育(幼托、小学、初中、高中)质量评价受最后一项选择项(6.不知道)的影响,评价均质反映会比实际情况下降一些,但各区段的相对比较是较真实的体现,总趋势是评价随年级的增长有所下降,同安和集美评价相对其他区域要高,湖里和开元的评价相对其他区域要低。

④ 对本岛的发展容量,不同区域主观评价不一,总的评价是本岛及鼓浪屿认为还可适量发展,而岛外区域则认为本岛已接近适当的限度,不应再增加人口和建设密度。

(一)人居条件评价

对所居住区域总体环境评价:
1. 很满意　2. 较满意　3. 一般　4. 不太满意　5. 很不满意
总体评价都较满意,其中鼓浪屿和开元满意度最高,湖里和思明满意度最低。

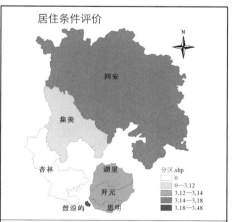

认为自家的居住条件在城市总体水平:
1. 好　2. 较好　3. 中等　4. 较差　5. 差
集美区评价相对较好,同安与鼓浪屿相对评价偏差,本岛居中。

对城市生活舒适度评价：
1. 舒适 2. 一般 3. 不舒适
总体评价较舒适，其中鼓浪屿和同安评价最低，开元和思明评价最高，本岛居中。

对城市生活便利度评价：
1. 便利 2. 一般 3. 不便利
总体评价较便利，其中集美评价最低，开元评价最高，本岛生活便利度评价较高。

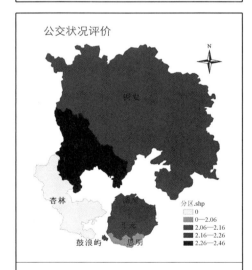

对所居住区域公交状况评价：
1. 很便捷 2. 较便捷 3. 一般 4. 不太便捷 5. 很不便捷
总体评价偏较便捷，其中思明评价最高，集美评价最低。

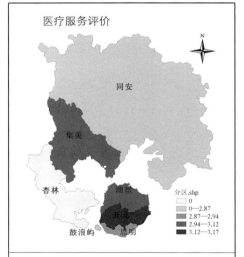

对所居住区域医疗服务评价：
1. 很满意 2. 较满意 3. 一般 4. 不太满意 5. 很不满意
总体评价介于较满意和一般，其中同安、思明与鼓浪屿评价相对较好，开元最低。

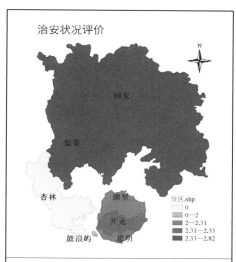

治安状况评价

分区.shp
- 0
- 0—2
- 2—2.31
- 2.31—2.33
- 2.33—2.82

对所居住区域治安状况评价：
1. 很安全　2. 较安全　3. 一般　4. 不太安全　5. 很不安全
总体评价较安全，其中集美和同安评价最低，鼓浪屿、湖里和思明评价最高。

人际关系评价

分区.shp
- 0
- 0—2.05
- 2.05—2.15
- 2.15—2.34
- 2.34—2.42

对所居住区域人际关系评价：
1. 很和谐　2. 较和谐　3. 一般　4. 不太和谐　5. 很不和谐
总体评价较和谐，其中开元和鼓浪屿评价最低，同安评价最高，近郊评价高于市区。

幼托质量评价

分区.shp
- 0
- 0—2.61
- 2.61—3.3
- 3.3—3.4
- 3.4—3.69

对所居住区域幼托质量评价：
1. 很好　2. 较好　3. 一般　4. 较差　5. 很差　6. 不知道
总体评价偏一般，其中集美和同安评价最高，湖里和鼓浪屿评价最低。

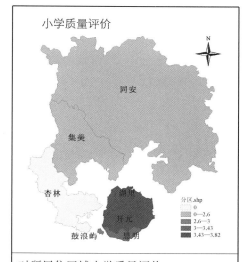

小学质量评价

分区.shp
- 0
- 0—2.6
- 2.6—3
- 3—3.43
- 3.43—3.82

对所居住区域小学质量评价：
1. 很好　2. 较好　3. 一般　4. 较差　5. 很差　6. 不知道
总体评价略低于幼托，一般。其中湖里和开元评价最低，同安和集美评价最高。

对所居住区域初中质量评价：

1. 很好　2. 较好　3. 一般　4. 较差

5. 很差　6. 不知道

总体评价低于小学，偏较差。其中湖里和开元评价最低，同安和集美评价最高。

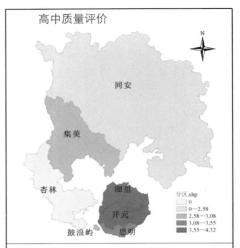

对所居住区域高中质量评价：

1. 很好　2. 较好　3. 一般　4. 较差

5. 很差　6. 不知道

总体评价低于初中，偏较差。其中湖里开元评价最低，同安评价最高。

（二）城市建设发展评价

对城市建设成就评价：

1. 很成功　2. 较成功　3. 不太成功，失误不少　4. 不成功　5. 说不清

总体评价都较成功，其中思明和同安评价最高，湖里、集美和鼓浪屿评价最低。

对城市发展满意度评价：

1. 很满意　2. 满意　3. 一般　4. 不满意　5. 很满意

总体评价较满意，其中同安满意度最高，集美和鼓浪屿满意度最低。

历史资源总体评价

分区.shp
0
0—2.35
2.35—2.4
2.4—2.52
2.52—2.55

对城市历史文化资源评价：1. 非常丰富有价值　2. 较丰富有价值　3. 有一定资源和价值　4. 资源不够丰富,价值不大
总体评价认为资源较丰富且有保护价值。鼓浪屿和思明评价最高,集美评价最低。

历史保护工作评价

分区.shp
0
0—2.61
2.61—2.75
2.75—2.78
2.78—3

对历史资源保护评价：
1. 很好　2. 较好　3. 一般　4. 较差
5. 很差　6. 不了解
总体评价偏较好,其中集美和鼓浪屿评价最低,开元和思明评价最高。

人口容量主观评价

分区.shp
0
0—2.88
2.88—2.93
2.93—3.1
3.1—3.35

对本岛人口容量主观评价：1. 太少,可大量增加　2. 不多,可适量增加　3. 正合适　4. 偏多,不可增加　5. 很拥挤,应增加公共空间
总体评价认为适中,其中同安主观评价认为适中偏多,湖里和鼓浪屿认为可适量增加。

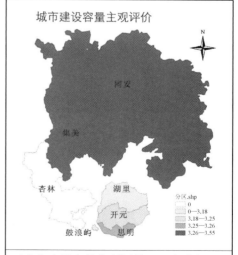

城市建设容量主观评价

分区.shp
0
0—3.18
3.18—3.25
3.25—3.26
3.26—3.55

对本岛建设容量主观评价：1. 很宽松,可大量增加　2. 不拥挤,可适量增加
3. 正合适　4. 较拥挤,不可增加　5. 很拥挤,应增加公共空间
总体评价适中偏拥挤,湖里和鼓浪屿主观评价认为正合适,同安和集美认为不可再增加。

（三）城市归属及发展信心

政府工作满意度评价

对政府工作满意度评价：

1. 很满意　2. 较满意　3. 一般　4. 不太满意　5. 很不满意

总体评价都较满意，其中鼓浪屿和开元满意度最高，湖里和思明满意度最低。

城市发展信心

对城市建设发展信心：

1. 有信心　2. 很难说　3. 没信心

总体反映较有信心，同安信心最强，鼓浪屿信心最弱。

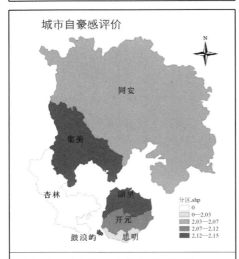

城市自豪感评价

对生活工作在厦门市的自豪感评价：

1. 很自豪　2. 有点自豪　3. 没什么感觉　4. 希望外迁

总体感觉较自豪，其中思明自豪感最强，集美、湖里和鼓浪屿自豪感相对弱一些。

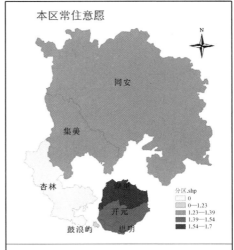

本区常住意愿

希望在所居住区段常住的意愿：

1. 愿意　2. 无所谓　3. 不愿意

总体意愿较稳定，其中鼓浪屿区段的常住意愿最强，湖里区段常住意愿相对较弱。

第10章
社会研究在微观层面规划中的应用

—— 以通河社区发展规划为例

10.1 案例综述

10.1.1 案例背景

课题产生的实证背景可以从宏观大环境、上海市(中观环境)及通河社区自身(微观实际)三个层面来阐述。

（一）宏观背景

随着20世纪50年代联合国社区发展的倡议在全球各地区得到相应,社区发展已逐步成为全球性的关注热点,在发达国家(地区)和发展中国家(地区)均具有号召力。社区发展不仅仅作为一种行动,更成为解决城市发展与重构中问题的一种理念与思路。就中国而言,20世纪70年代末开始的经济和社会等领域的改革,尤其是90年代以后市场经济的发展,打破了原有高度集中的计划体制,政、经、社合一的单位制解体,使社会领域的功能得以凸显,社区发展与建设问题也逐步被提上议事日程。

（二）中观背景
（1）政策驱动
"九五"期间,上海市为进一步调动各区的积极性,于1996年发布"关于进一步完善市与区'两级政府、三级管理'体制政策意见的通知"。这一决策增强了区政府在经济发展、城市建设、城市管理等方面的责任,并在财政税收、建设费用、城市规划、资金融通、国资管理及外资外贸项目审批等方面,将权力进一步下放到各区。同年,为切实加强街道社区的建设和管理,上海市委和市政府发布了

"关于加强街道、居委会建设和社区管理的政策意见"。一系列与社区发展相关的政策对社区发展起了明显的推动作用。

（2）市场驱动

90 年代住房改革和商品住宅的渐进发展，使住房消费和住房开发间的互动机制逐步走向成熟。在市场双方的互动过程中，住房需求（买方）由被动变为主动，买方市场的形成使房地产开发越来越强调人的主体性，进而兼顾人群互动、社区共同体的发育。

（3）社会驱动

在全国改革开放的宏观背景下，上海市一直处于较前沿的地位，因此改革与原有体制碰撞所产生的冲突也相对较尖锐，表现得较突出的是社会财富与权力再分配所引发的社会分化。社会阶层分化及各阶层间差距的拉大所带来的许多社会问题，并非政府或市场可以解决。因此，培育和发展第三方力量——社会民间力量是行之有效的途径之一，虽然目前这种培育和发展必须得到政府扶植，但社区发展未来的前景和作用是不可低估的。

（三）微观背景

上海市通河社区发展规划起始于 2000 年 3 月，历时一年时间完成。通河社区地处中心城区与外围的交界地带，始建于 80 年代中期，先后经历了安置政策返沪居民，市政动迁居民，城市化农转非居民安置及因单位福利分房、商品房开发导入人口等三个阶段。由于社区建设历程较长，阶段性差异特征明显，综合了单位制社区、城市化演替式边缘社区、新型房地产物业管理式社区等多种城市居住社区的特征。社区现状面临人口老龄化、失业率高、社区服务设施老化、多头管理等多种有碍发展的困境。在这种情况下，客观认识社区的现状并定位社区未来发展的方向，对转变社区走向边缘衰退的趋势，改变社区形象，借以增进社区成员的社会意识和社区认同感，从而达到提升社区品质、促进其良性发展的目标具有积极意义。

10.1.2　规划组织

（一）规划参与层面

社区发展规划涉及层面可大可小，通河社区发展规划中规划参与主要包括公众层、管理层和专家层三个层面。

（1）公众层

社区公众的权益是社区发展规划中首要考虑的因素，而目前不论从全国范围还是就上海市看,社区发展与建设均处于发展的初始阶段,公众参与机制尚不成熟,社区成员基于社会发展惯性的作用,对单位及政府的依赖性仍很强,而对社区的认同感较弱。在此基础上的公众参与工作对组织者和参与者双方而言都是较为困难的,因此采取双方都可以接受的深度及方式是保证公众有效参与的前提。在通河社区发展规划中,收集信息阶段和初步方案征询意见阶段分别进行了不同深度的公众参与,以听取公众的声音。收集信息阶段以居民会议、个案深度访谈及入户抽样问卷的形式在整个社区范围收集社区信息。初步方案征询意见阶段与社区所有居委干部(大多数居住于本社区)沟通,征求对方案的意见。后期关于规划方案展示的工作委托街道办事处。

(2) 管理层

参与到社区发展规划中的相关管理层自上而下有市级、区级和街道三个层面,市级管理层涉及市民政局等相关部门,区级管理层涉及区规划局等部门,街道管理层包括了与社区公共事务相关的各部门及组织。由于现状社区中社会自治组织资源的可控层次较低,街道办事处作为政府的派出机构几乎承担着社区全面的管理工作,而社区居民也很高程度的认可这一管理形式。街道管理层的参与在整个规划过程中起着非常重要的协调和组织居民参与的作用。

(3) 专家层

专家层从较客观理性的角度对社区的基本现状及问题进行详尽的调查与解析,通过深入了解社区居民的实际需求与意向,确定社区发展的方向,并针对社区实际条件制订保证目标实现的策略。专家层的参与是作为理性的专业角色出现在社区发展中的,这种角色的职责并非直接指导社区的发展工作,而是从较理性的思维来引导社区的发展。因此这种职责的性质应当是持续的,随着社区的发展而调整。由于社区专业工作目前在社区中尚未职业化,通河社区发展规划中的专家层的直接参与对象主要是社会学、管理学和城市规划,规划期间曾与费孝通先生进行过一次探讨。

(二) 工作协调策划

由于多方多学科的参与,社区发展规划初始阶段需要明确各方的工作,确定工作程序及时间分配,并达成共同工作的协调机制,以保证规划工作的有效进行。从规划参与层和参与方的协调关系看,可以分为外部协调与内部协调。外部协调主要是参与层之间的协调,内部协调主要是参与方之间的协调。现从规划制定者(专家层)的角度分析内外部协调的关系。

（1）外部协调

通河社区发展规划过程中的专家层外部协调主要是专家层与公众层、管理层间的工作协调。

① 专家层—管理层

专家层与管理层间的协调主要通过协调会议，由专家倾听管理层的社区发展设想，彼此交流工作方案，随时调整具体工作安排等，为双方协调提供平台；另一方面，管理层在工作人员及场地方面予以积极配合，专家层在社区街道办事处设有社区规划工作室，并由街道派出专人配合规划工作。管理层的积极主动参与，使专家层得以在短时间内深入社区，掌握社区状况。

图 10－1　以居委干部为代表的公众参与规划方案讨论

② 专家层—公众层

专家层在规划工作初始阶段——社区调查阶段与公众的直接接触最为密切。通河社区规划中，专家与公众的互动协调主要通过居民会议、深度访谈、入户抽样问卷调查和听取初步规划方案意见四方面进行。居民会议主要是调查人员倾听公众的声音，并进行归纳整理，形成访谈报告；深度访谈主要是有目的的选取对象，就焦点问题详细了解公众的看法意见；抽样问卷调查采取以居委为单元随机抽取的形式，确保样本的均匀分布及代表性，较全面地了解社区成员的情况及看法；听取初步规划方案意见是在策划阶段进行的有限公众参与，由街道管理层组织各居委干部进行意见沟通，一定程度上代表了社区公众的意见。

（2）内部协调

专家层面的内部协调主要是社会学专家、城市规划学科专家及组织管理专家间的工作协调。

① 调查阶段

这个阶段是规划初始阶段，参与制定规划的各方专家成员对社区的情况进行全面的了解。由于各自的侧重不同，因此将社区的情况大致分为四个方面：社区人群、社会发展、社区环境设施、社区组织管理。其中关于社区人群的调查资料是三方专家共享的基础资源，分别由文献资料和抽样问卷调查获取，抽样问卷设计的工作由三方协调，问卷发放工作由社会学专家方进行；社会发展的资料涉及社区文化教育、服务保障、社区经济就业等问题，分别由三方专家同时分部门进行调查；社区组织管理和环境设施状况分别由组织管理方和城市规划方进行。所收集整理的资料均形成调查报告并在策划阶段和成果阶段共享。

② 策划阶段

策划阶段是形成社区发展规划整体概念的重要过程，因此在这个阶段各方的协调与达成共识至关重要。策划阶段的内部协调主要以工作会议和互联网沟通的形式进行，就社区基础资料的整理、社区问题的解析和对策的形成等内容进行磋商。这个阶段各方同时进行各有侧重的规划内容研究。

③ 成果阶段

成果阶段是形成最终社区发展规划成果的阶段，主要是将各方的工作成果汇总、整理并形成最终成果，提交审核。这个阶段的协调以三方中的一方——城市规划方为主。

10.2　关于社会研究部分

10.2.1　研究设计及研究程序

（一）目标设定

对于已建成社区而言，社区各方面的条件（如空间环境及设施、社区居民构成、社区社会网络、组织模式、管理方式等）已相对稳定和成熟。在上述目标前提下，规划的任务是在社区现有条件下制定发展对策，因此，对社区发展现状的解析是规划中非常重要的内容构成。

对通河社区而言，目前面临社区设施老化、人口逐步老龄化、社区边缘化等问题，因此作为规划支持的社会研究在此案例中主要任务在于探究社区逐步边缘化的原因，提取与提升社区整体品质相关的各方面要素并分析它们之间的关系，寻求解决问题的突破口，在此基础上提出社区未来发展的规划对策（包括近期和远期策略)。

（二）研究设计

在上述目标前提下,社会研究部分在社区规划中以探索社区发展的内在社会动力因素为主。研究设计考虑到社区未来在社会、组织管理及环境三方面的协调发展,主要从这三方面进行安排。

（1）调查研究方案(见表 10 - 1)

表 10 - 1 内容、范围、调查对象及方式

主要研究内容	社区现状社会构成、社会(组织)网络、社区管理模式、物质环境及设施条件、居民对社区的发展期望及信心、社区未来发展目标	
调查范围、地点	通河社区	
调查对象及方式	社区管理层	座谈、深度访谈
	社区居民	座谈、抽样问卷、深度访谈
	社区物质环境及设施	实地踏勘、文献检索

（2）搜集和分析资料的方法及手段

搜集资料的方法、分析资料的手段见表 10 - 2。

表 10 - 2 调查及分析方式

抽样方案及问卷设计	抽样单元	以居委会为抽样单元	
	抽样方式	在每个居委会以随机抽样的方式抽取其中各 50 份个案(直接抽取到户),共 1 150 份,以访问法进行问卷调查,并规定尽量选择该户中的主要经济收入者为被访对象。问卷调查在十天之内完成,共回收有效问卷 1 140 份,达到分析所要求的回收率	
	抽样问卷	(详见本章附录 10 - 1)	
分析方式与手段	描述性分析	基本数据统计,主要是频数、百分比等	SPSS
	探索性分析	数据交互分析,主要测度变量间的关联度	
	空间分析	样本信息的空间分布	GIS

（3）研究工作的计划

与上述阶段相对应,整个社区发展规划过程按时间和工作内容总体可划分为五个时间段(见表 10 - 3):

表 10 - 3　规划过程及工作内容

	时　间	工　作　内　容
1	3 月—5 月	确定工作计划、基础资料收集、社区实地调查、资料汇总整理
2	6 月—8 月	内部讨论、形成第一轮规划方案、组织专家研讨会
3	9 月—10 月	修改第一轮规划方案、形成第二轮规划方案、与相关部门交流
4	11 月—12 月	修改第二轮规划方案、形成第三轮规划方案、与相关部门交流
5	第二年 1 月	组织专家评审会、形成社区发展规划的阶段成果
6	2 月—至今*	社区发展追踪

＊ 通河规划阶段成果已完成,但作为研究工作仍进行持续追踪。

10.2.2　研究方法与技术路线

通河社区发展规划作为城市组成细胞——社区微观发展的引导,规划中的社会研究偏重于对社区发展各种要素的分析,目的在于梳理与社区发展相关的各类要素和变量,以社区发展目标为驱动,研究要素和变量间的彼此关系,为社区发展规划策略提供依据和思路。研究以实证为主,定量分析与定性研究并重。

10.2.3　社会研究的内容构成与概述

根据本书第 8 章的理论建构,通河社区发展规划中的主要内容分布社会研究内容见表 10 - 4:

表 10 - 4　社区发展规划中的社会研究内容

研究 角度		研　究　内　容
社会 变迁	社区发 展历程	社区前身及各个发展时期的迁入人口来源,分布范围、结构化变迁
社会 结构	社区基 本要素	人口、地域、共同意识、社会空间、组织结构、社区外部结构、社区内部结构
社会 问题	现状需 求矛盾	社区发展过程及基本要素中存在的与社区成员需求不符的地方
发展 策略	社会 发展	就通河社区未来社会发展提出相对应的发展策略。分为社区成员的区分、文化与教育、服务与保障、经济与社区就业、共同意识培育 5 部分内容

研究 角度		研　究　内　容
发展 策略	社区 管理	就通河社区组织管理方面的调整与机制创新提出相应策略。分为社区管理的内容/对象/主体的界定、社区管理的组织调整、社区单元重组、社区管理边界划分 4 部分内容
	社区环 境设施	从通河社区各类设施及社区空间环境入手,对社区环境、设施的整治提出较为详尽的策略。分为功能结构调整、土地使用调整、道路交通系统完善、绿地系统完善、服务网络化、空间环境整治 6 部分内容
	近期实 施策略	上述规划内容及目标均针对社区发展的远期目标,为使规划更具有可操作性,对社区近期可以实施的工作提出实施策略。分为社会发展、社区管理和环境整治 3 部分。同时在近期实施策略中,分别提出样板工程计划,以提升社区发展的信心

10.3　微观层面研究的检讨——从理论与实践差距的角度

由于社区规划(尤其是建成社区)所面对的规划前提和问题的既定性较大,且社区中由于人群互动产生的社会关系较其他城市功能区要频繁和复杂,这对于规划而言意味着两方面的难题:① 以目前国内居住区规划的主流思想和方法,规划在社区未来发展中将很难有所作为;② 现阶段的规划技术手段是否能够胜任物质空间以外的规划策略的形成。

这两方面的问题从规划意向阶段就开始显现端倪,首先作为社区管理层的街道办事处面对社区现状希望能够有所动作,但从初次沟通的获知的信息来看,社区管理层并不真正了解规划究竟可以为社区未来发展作些什么,因此社区管理层寄希望于通过社区的物质环境改善达到提升社区品质。这反映了当前城市各管理层对城市规划的主流理解和诉求(这一理解的偏颇之处前文已论及,在此不加赘述)。而对于规划专业人士而言,规划的内涵已远远超出了物质空间表象,作为运用专业知识在公共领域的有效干预,规划专业人士的社会理性与社会责任事实上与城市管理层是一致的,因此在非冲突的基础上有必要就规划的指导思想和原则进行沟通,以达成不具有偏见的共同合作平台,这一平台建立在规划的指导思想(社区规划应当综合社会、物质空间设施、组织管理等方面的内容)

和合作基础(专家层、管理层和社区居民)上。

其次是规划自身方法和技术层面的问题,对空间形成的社会经济背景的关注在规划界一直处于理论探讨之中,几乎没有实际案例真正付诸行动,况且理论探索也未形成指导行动的体系,面对问题时,规划究竟应该以怎样的立场、用什么方式方法应对都是目前国内主流规划中亟待尝试的方面。以上的通河社区的案例能够在这两方面有所突破,与一名资深的规划师自始至终的专业热情及执着探索有直接关系,作为后来这项社区发展规划的总负责人,赵民教授说服社区管理层(包括该区有关部门领导)将规划的注意力从社区物质表象拓展到社区整体的协调方面,并针对规划目前主流思想和方法的不足,邀请社会学和管理学方面的专家参与到社区规划工作中,与社区管理层及其辖区内的居委共同构筑了社区规划的工作平台,为通河社区发展规划这次实践行动奠定了坚固且特有的基础。

10.3.1　社会研究在社区规划中的定位与作用

(一) 社区发展的任务

从理论角度,社区发展是一种基于一定计划的系统发展,其社区构成的结构、要素和发展内容主要涉及社区主体、隐体、连体和载体①四方面因素(见图10-2)。从系统的均衡性来看,只有这四部分内容协调共进,才能促成社区发展目标的有效达成。因此研究这四部分之间的关系,以及怎样促进它们之间的协调发展,是社区发展规划的核心任务。

鉴于社区的特殊社会背景,社会研究在社区发展规划中占据着不可或缺的位置,这种重

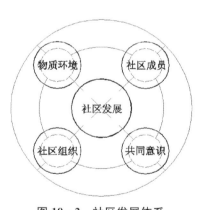

图 10-2　社区发展体系

要性体现在两方面:首先,社区研究本身属于社会学研究社会问题的一种视角和基本理论方法,城市中的居住社区作为一定地域范围内人们社会生活的某种

---

① 社区主体因子——社区成员的发展。社区发展的根本因素和衡量标准是社区成员各方面素质的提高,因此社区成员是社区结构中十分关键的一项因素;社区隐体因子——共同意识及社区文化,有关社区互动的社区道德规范、文化、价值观及控制力量等的培育,是社区发展的精神内核;社区连体因子——社区组织管理机制的完善,维系社区内各类组织与成员关系的权利结构和管理机制,如果运用得当,可以成为社区发展的支撑力量;社区载体因子——物质环境与设施的改善,社区的自然资源、公共服务设施、道路交通、住宅建筑等硬件环境,能够承载社区成员的物质需求,是社区发展首先需要做到的物质保障。

共同体,地域、空间这两项要素与社区社会关系网络、社会组织和成员是一种互动的关系,缺少后者的地域空间不具有任何社区的实际意义;其次,现代城市规划许多理论来源于社会科学的研究成果,但学科角度差异(见表 10 - 5)使研究成果在规划中的直接运用有相当的难度,使社会研究直接参与到社区规划过程中,针对规划进行专门研究,是学科交叉最有效的途径,对于以物质性规划为主的规划者而言也是一个在规划中从事社会研究的学习和实践的过程。

表 10 - 5　社会学与城市规划中的社区研究比较

		社　会　学	城　市　规　划
研究范围		从农村到都市连续统中的所有类型	城市居住社区
研究重点		社区中的社会关系及冲突	社区中人与人、人与环境的互动
研究要素	地域	有地域概念,但地域界限没有严格限制	研究对象的地域界限明确
	人口	特定时间内的静态人口数量、构成和分布	某段时期(规划期)内动态人口数量、构成和分布,包括对未来人口的预测
	区位	社区自身生活的时间、空间因素分布形式	社区与周边区域的相互关系
	结构	社区内各种社会群体和制度组织相互间关系	社区内各种社会群体、制度组织及与物质空间的相互关系
	社会心理	社区群体心理及行为方式,社区成员对社区的归属感	社区成员群体行为方式及共同需求,社区的归属感及共同意识的环境
研究目的		解析社区中的各种现象	通过协调社区各要素间的关系达到促进社区未来发展的目标

资料来源:赵民、赵蔚,社区发展规划——理论与实践,中国建筑工业出版社,2003:p. 8。

在此过程中,存在三方面的问题:首先是学科关注角度的磨合问题。如前文所述,社会学的学科传统使其将关注焦点锁定在社区的人群及社会保障体系,而对人群的空间活动分布则不会特别关注。对于规划而言,社区空间及设施资源配置是否合理、是否与社区居民生活需求相符是最为核心的问题。对管理而言,社区管理结构是否合理、制度是否匹配是最关键的问题。显然,各自为政无法很好解决问题,因此,内部的协调显得至关重要,不仅需要协调关注的角度,使之可以相互配合,还需要协调工作方式,以较低的工作成本更好地完成研究;第三是关于研究成果的表达问题,用统一的语境对同一问题的不同方面进行分析和阐述,并达成最终的策略是规划所必须完成的使命。以上三方面是学科合作中最常见也是最不容易的方面,因此,彼此的沟通与了解应当成为合作的基础。

(二)社会研究在此任务框架中的地位与作用

在通河社区案例中,社会研究以与物质性规划平等的姿态进行工作,其定位和作用表现在以下几方面:

首先,对于一个相对成熟的社区而言,社会结构已进入一个相对平稳时期,而物质环境方面的因素也基本既定。通河社区发展规划的原动力是为了改善日益陈旧的环境和老化的设施,以提升社区形象,凝聚人气及吸引投资。而经过沟通后达成的目标是通过社区自治力量的培育、社区环境设施的改善、组织的协调达到社区整体品质(包括硬件和软件在内)的提升。因此,社会研究在社区(已建成)发展规划中是一个必不可少的先决条件和目标构成。

其次,社会研究对于国内的社会发展而言,是一种良好的培养民主意识的互动过程,应以相互促进和配合的理念来处理地方政府管理与社区自治的关系。基于特定的国情和制度背景,我国社区发展规划方法目标定位的前提必然趋向一种政府辅助型自治,即在正确运用政府力量作为辅助的同时,通过培育社区社会团体这种类型的中介性组织,一方面承担起政府放权所外溢出的多项服务性功能,另一方面,尽可能最大限度地调动社区居民的参与积极性,培养居民的自治意识与能力,强化自治的导向。

再次,应强调社区规划中公众的知情权,使居民对现状及将来发展的优势条件与限制条件有清醒的认识,在此基础上,通过多方交互式的交流来使居民获得对社区未来的构想,帮助他们作出合乎逻辑的判断与定位,选择适合他们的发展方向与道路。

最后,应倡导社会公平,传统规划学科和建筑学的思想和理论往往忽略了城市社会中有着特定背景和意义的不同类型的群体。社区规划中应从社会环境与物质环境两方面考虑如何满足不同群体的最低需求与权利,关注社区弱势群体的需求,为所有人提供最低限度的社会生活保障,以平衡或减小改革过程中造成的贫富差距过大的社会极化势差,秉承公平的原则。

10.3.2　社会研究在社区规划中的内容与方法

(一)研究内容

社区规划中的社会研究主要涉及社区构成各要素的基本状态和相互关系,

尤其是与社区环境设施之间的相互影响。

● 社区要素

总结社区的相关研究[①]，确定本书所研究的城市居住社区的 5 项构成要素，即：

（1）地域：社区具有地域空间边界，只有在一定的地域范围内研究特定的社区才是有意义的。城市居住社区的地域边界可以是整片由若干个居住区构成的区域，也可以是由几排住宅、几条宅间道路围合形成的居住组团。

（2）成员：社区人口是一个对人口的数量、构成和分布进行客观描述的变量。在社区发展与规划中，居民的意志、参与和自身素质的提高是一项最关键的内容，社区成员的各种与社区公共事务有关的活动都值得提倡和需要引导。社区的发展与社区中人的参与和发展有着密不可分的关系。此外，社区成员的概念也包含人口概念中的客观变量。因此，这里采用社区成员这个具有主观能动的概念替代社区人口。

（3）共同意识：作为一个特定的社会群体，社区成员个体的价值观、心态和行为受到群体共同意识的潜移默化——社区中的社会关系、主流意识及各类物化设施在心理、生理和自我发展等方面满足不同成员的需求，并逐渐产生对社区的归属与自豪感。

（4）空间：在城市居住社区中，对社区土地和空间的利用形式往往是经过规划确定的，但至于居民怎样具体使用这些空间则不是规划可以确定的。以芝加哥学派为先驱的人文区位学（Human Ecology）专门针对社区中人群活动的时空分布进行研究，试图建构影响社区的不同变量与社区发展的关系，从而了解社区并进一步引导社区发展。

（5）组织结构：在社区成员这个社会人群总和中，并非是一个均质的整体。与其他社会单元相似，社区内部存在着有差异的社会群体和组织，比如邻里、家庭、学校及各类生产或服务部门，甚至各种性质的社团组织，并且这些组织间总是以某种关系维系和发展着。

---

① 1955 年美国学者 G. A. 希莱里对当时已有的 94 个关于社区的定义的表述作了比较研究，发现其中 69 个有关定义的表述都包括地域、共同纽带以及社会交往三方面的含义，并认为这三者是构成社区必不可少的共同要素。1981 年杨庆堃从对学术界对社区的 140 多种定义的研究总结认为，社区被界定为群体、过程、社会系统、地理区划、归属感和生活方式等等，从中可以找出一些具有共识的地方，即**地域、共同联系**和**社会互动**。这些共性的特质逐渐得到人们的共识。根据 G. A. 希莱里（Hillery，1995）、沙顿与凯拉加（Sutton and Kilaja，1960）及威里斯（Willis，1997）所构建的社区四要素为基础。

● 社区结构

在社会学和人类学研究中,通常用结构来表示所考虑的社会系统较持久的特征。而结构也正是城市规划学科和其他一些学科(如组织管理学、经济学等)用以研究对象的重要内容之一,不过在援用结构研究时,由于学科性质和偏向,这些学科所持观点通常与结构—功能主义的观点相近①。从系统的构成和发展来看,结构主义与结构—功能主义这两种观点并非是二元对立的。因为在考察社区时,不仅仅需要考察其具体某个时期的结构状态②,同时也要研究其发展过程中的结构化变迁③。

(1) 社区结构构成

A. 吉登斯认为,结构最重要的特征是制度中反复采用的规则和资源④。由此可以类推,社区结构作为社区系统中由社区各类制度组织起来的规则与资源或一系列的转换关系,同时存在着多种构成结构。从宏观区域层面区分,可分为社区外部结构和社区内部结构。

社区外部结构——指社区内部各类社会单元与社区外部区域范围中各类社会组织的相互关系:

① 在行政管理体制上,街道办事处作为区一级政府的派出机构,处于行政管理体系的末端,也是与自治组织直接接触最广泛和深入的部分,起着上传下达的作用;

② 在功能和空间上,城市居住社区主要承担的是居住和生活功能,对城市其他类型的社区,如商务区、工业区等有不同程度的依赖。

社区内部结构——与乡村社区相比,城市居住社区的内部结构相对复杂。基于血缘和业缘的关系相对弱并且对社区的归属感疏离,因此组织的制度化和层级化相对强,以弥补社区内互动量广而深度不够的不足。从社区内部各要素的相互关系来看,特定的成员构成与空间结合,由特定的社区组织结构维系,逐步形成特定的社区文化。

---

① 在功能主义者看来,结构可以理解为社会关系或社会现象的某种"模式化"(patterning),认为结构类似于某有机体,可通过图式来理解结构。与结构—功能主义并列的是结构主义,但不同的是,结构主义注重透过表层结构探究复杂对象的内在规律,而非确立对象的各个结构要素并阐述它们之间的相互关系。

② 这种社会关系在时空里的模式化,包含了处于具体情境中实践的再生产,A. 吉登斯称之为横向组合向度(syntagmatic dimension)。

③ 指不断重复体现在上述再生产中的某种"结构化方式"的虚拟秩序(virtual order),A. 吉登斯称之为纵向组合向度(paradigmatic dimension)。

④ A. 吉登斯,《社会的建构》(*The Construction of Society*,1984),p. 87。

① 社区成员结构：城市居住社区现多为规划后建设形成，居民是构成社区的生活基础，如无人居住，则不能称其为社区。了解一个社区首先需从成员入手，可以从数量、分布及构成三方面分析社区成员的结构。成员的数量描述的是某一段时期内社区总人口，其变动的动力和趋势是需要研究的关键内容。作为社区中人的资源，涉及成员的分布和构成两方面的问题。在城市居住社区中人口分布相对较为均匀，根据住宅的面积和性质会略有差异。而人口的构成则相对复杂，按其属性可分为自然构成和社会构成两方面。自然构成中包括性别、年龄、残障人士的构成等；社会构成中包括职业、行业、受教育程度、婚姻家庭状况，以及民族、宗教、阶层等。了解社区成员构成是为了发现他们共同的利益和共同的需要，并研究怎样促进他们团结，从而唤起他们参与社区公共事务的兴趣和积极性。

② 社区空间结构：主要指社区地理意义上的空间结构，即用于社区所需的各类用地及相应的建筑和设施。其中用地包括住宅建筑用地、公共服务设施用地、道路与停车设施用地、公共绿地和其他用地五个部分，这几部分的数量及比例决定了社区总体的平面空间结构。竖向上建筑或构筑物的层数或高度构成社区竖向空间结构。

③ 社区文化结构：除人口和空间构成外，共同的生活方式和价值判断是维系社区的精神纽带，这些都可以归纳到社区文化中。社区文化包括社区内人们的信仰、价值观、行为规范、生活方式、地方语言和特定象征等。虽然对城市而言，高密度、高异质性及高流动性致使人口分化程度相对高，个体间文化价值观念的差异较大，城市居住社区作为其中一个生活单元，如果是基于共同利益自发集聚形成的居住社区，彼此的语言、习惯、伦理、道德等方面的同一性会非常高，社区的自闭度也会相应较高，社区文化结构较简单明确；而基于规划建设形成的居住社区，社区开放度随具体社区的形成动因及人口来源有所差别，对本社区的认同需要经过一段时间的磨合，社区文化结构则相对复杂①。

社区的文化结构依其功能单位的大小可分为不同的结构②：文化特质（Culture Trait）是文化中最小而最有意义，独立且可认明的单位；文化丛

---

① 如单位体制下形成的居住社区，居民彼此是同事，共同的生活和工作形成的是一种单位社区文化，虽然随体制的转型，这种文化在逐步瓦解中，但在相当一段时间内，这种社区文化依然存在。而由商品住宅构成的居住社区，社区居民来源复杂，几乎完全依据其经济支付能力而定，居民彼此间的接触除了为大家的共同利益外相对较少，但对社区的认同和归属感很强。

② 何肇发、黎熙元，社区概论，中山大学出版社，1991：p.76。

(Culture Complex)是在一定时间、空间产生和发展起来的一组功能上相互整合的文化特质单位;文化圈(Culture Circle)是一个与文化丛相关的概念。如果由许多类似的文化丛相连接,其主要的文化特质内容相似或基本相同,就可称其为某种地理上的文化圈。以行政社区为基础的城市居住社区,在文化方面的结构性差异主要表现在社区人群间的文化习惯差异上,这种文化习惯差异源自城市居住社区形成过程中移民的来源、受教育程度、原有文化圈等条件的重组。

④ 社区组织结构(权力结构):城市社区组织中最显著的是其垂直式的等级结构,影响社区组织结构的原始动力是社区内领导决策层的分配状态,表现在社区的行政管理体制上。即由上级主管部门下达指令和计划,交由下级各组织机构完成,形成一种垂直式的权力和沟通体系,隶属关系层次分明。组织的活动和各项工作按规定的程序进行。同时许多社区组织间是一种水平式的网络结构,社区内基于不同的利益和意志,形成彼此间互不隶属,在平等的基础上共享信息和资源,通过各种沟通媒介直接或间接的相互联系而联结成的组织体系,多表现在社区内社团组织之间。

(2) 社区结构化变迁

社区体系的发展表现在其不断的运动和变化中,促使其变化的动力有外部动力和内部动力两种。外部动力表现为社会大环境改变带来的压力,促使社区内部结构作出相应的调适。内部动力则表现为社区内环境的变化,或互动引起的整合和分化量变积累后达到某种程度,使社区结构发生改变。并且,社区变迁的特征即是社区结构化变迁。这种结构化变迁分别表现在上述社区结构中。了解社区结构化变迁的目的在于掌握社区各项要素变化的规律。

① 空间结构化变迁:最明显的是社区的空间结构化变迁,作为市民聚居的场所,社区中的空间关系对社区成员的互动行为具有影响作用。因此,社区空间结构的变迁对社区成员间的关系必然有正面或负面的影响。

首先,引起空间结构化变动的是社区内外道路交通的影响。社区对外交通的改善会加大社区的开放度,降低社区成员对本社区的依赖性,弱化社区的边界;而社区内部交通的改善则有助于加强社区内部的互动和联系。因此如何在交通上处理妥善社区,使其对外具有较强的开放度,对内又有一定的互动凝聚力是社区发展规划的一项重要内容。

其次,影响社区空间结构的因素是交流与传播的方式。信息交流方式的迅速变化使社区空间结构相应有了一些改变:一方面电子信息使人与人之间的交流有穿越空间的可能,致使空间用于频繁交流的场所作用减弱;另一方面间接接触的同时并不表示人们对直接接触的彻底放弃,作为矛盾的另一面,人们对直接接触的需求频度减少的同时强度反而加大,这也导致空间使用分配的变化。

此外,对社区空间结构产生重要影响的是人口流动度的增大。对于区域范围的人口流动而言,一定规模的流动人口会基于地缘和业缘等因素聚居于城市的边缘,从而形成自己的社区;而城市范围的人口流动则会引起社区与社区之间动态平衡的再平衡过程。

② 成员结构化变迁:社区成员从较初级性的关系变为较次级性的关系,成员间由彼此不计厉害的社会关系逐渐被次级性的契约式社会关系所替代。同时,随着住宅商品化制度的改革,新住宅区的建成和原有社区的拆迁和陈旧,使居民流动变得频繁,社区间的成员阶层差距逐渐拉大。另一方面,社区成员在年龄结构、职业结构等方面都会有不同程度的变化。

③ 组织结构化变迁:社区组织体系是社区用以整合社区资源和组织系统力量的一系列组织机构。我国社区中存在三种组织。第一类是政府组织。包括中国共产党街道工作委员会(简称党工委)、人民政府的派出机构街道办事处及市、区两级政府的管理部门在街道层面的基层办事机构。此外还有部分与社区相关的政府职能部门,如工商管理所、房管所、公安警署、地段医院等。第二类是社区内的属地单位。包括各级国家机关与企事业单位,而这些单位中相当部分是分属不同级别的政府组织的,由街道直接管辖的单位是街道工厂、福利企业及小型私人企业。第三类是街道群众组织。其中居民委员会是具有宪法法定地位的地区群众组织。按照中国再分配社会结构所具有的行政科层体制的特点,在 20 世纪 90 年代社区发展和社区建设在中国兴起之前,地区党政组织是地区社会的核心组织,它的行政级别决定了地区社会在整个社会结构中的位置。它与第一类组织中的其他党政管理职能机构的基层单位的关系形成了"条块"关系。与第二类组织中的企事业单位的关系,除了直属街道管理的以外,均为旁系的行政等级关系,这些企事业单位组织的行政级别一般都比它高。唯有第三类组织是从属于街道党政的领导和进行工作指导的,是街道党政所派生出来的社会,是街道党政部门的"下级"。90 年代中期以后,经济体制改革和社会的变化使基层社会组织结构发生了一系列的变化,各地政府也分别对原有的组织体系作了调整①。

---

① 例如上海为解决城市管理中的条块分割现象,使管理能够适应越来越复杂的社会事务,于 1996 年颁布《关于加强街道、居委会建设和社区管理的政策意见》,实施"两级政府,三级管理"体制,并致力于社区功能的再造。

（3）社区结构整合

在城市居住社区这个场所中，不同时空中的各种接触得以构成或重构。其中最为关键的是，某一特定（根据研究界定的一定地域上的某段时间）时空中共同在场的关系的特殊性及其影响。社区作为一个多元结构的系统，其异质性越强，分化程度就越高；多元结构越复杂，功能整合的作用就越重要。城市居住社区相对其他类型的社区而言，人群相对密集，异质性导致的分化相对明显。

（二）研究方法

（1）研究设计

社区规划研究是基于发现问题、分析问题和解决问题的过程。在此过程中，以多学科的相关理论为指导，运用哪些理论与方法以及如何运用对整个社区规划而言具有战略意义。各类社区面临的问题可能不同，研究设计所要讨论的是具有共性的基本方法。所谓共性基本方法是对于任何一社区规划研究都必经的过程，即明确规划研究目标对象的过程及确定研究方法的过程。

① 研究架构（见图 10 - 3）

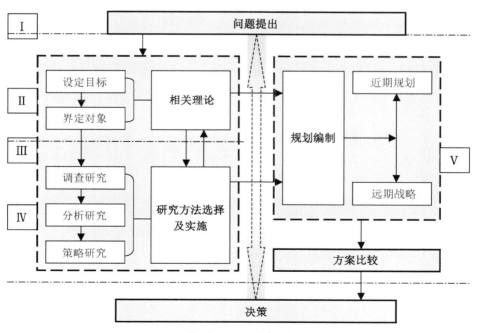

图 10 - 3　研究框架

② 设计内容(见表 10-6)

表 10-6　研究设计的相关内容

I	问题提出	通常提出问题表明问题的存在性,但问题提出并不表示我们明确了研究应该做些什么,只能肯定研究的大致方向
II	前期介入	明确研究方向后,首先需要就研究问题进行理论准备,在此过程中参考已有研究的过程及方法,寻找可以借鉴的方面。前期介入工作的主要内容是确定研究目标,并在此基础上界定研究对象
III	研究方法选择	可用于社区规划研究的方法很多,且各有优缺点。在确定研究目标和研究对象后,每种方法的针对性就较为明朗,可以根据具体的目标与对象进行方法选择最优组合
IV	实施方式安排	在确定研究方法的基础上,可以确定实施方式,包括资料收集、处理的方式,资料分析方式,安排具体实施的步骤和时间、人员和经费
V	成果应用	对于研究结论的应用是整个研究后期的工作重点,包括根据研究结论制定规划方案、进行方案比较并帮助决策。研究设计中还应确定成果应用的形式,包括书面成果形式和汇报成果形式等,还应对阶段用以沟通交流的成果形式加以考虑

(2) 资料收集——社区调查(见表 10-7)

社区规划目标是为了解决在将来某段时期内,社区发展中"应该做什么"以及"怎样做"这两类问题,在明确这两个问题之前,必须寻求解答这两个问题的依据,即社区现在究竟是怎样的状况,为什么会形成这样的状况①。因此在这里有必要对社区调查进行简要的说明。社区规划的对象是整个社区,因此社区分析的研究单元也是整个社区的综合特征,而非社区中个案的特征。在社区规划中

表 10-7　社区规划调查内容

构成要素	可 调 查 内 容
地　域	边界;区位;周边地域概况
成　员	人口自然信息;社会信息;生活水平
共同意识	社区意识;社区互动;社区服务;社区保障
空　间	物质生态环境;设施设置及使用状况
组织结构	行政组织;社团组织;自治组织;管理运作

① 在社区规划中,预测式的研究,即如果……将会……的预测可以不作为规划内容,但在社区研究及跟踪中,这是一个非常重要的问题。

与一般规划不同之处在于,每个参与规划的学科都有自身感兴趣的关注点,而规划并不因关注点的侧重而有所偏移,因此社区规划的调查是建立在综合了解社区全方位信息的基础上的。

以上内容分别通过访谈、实地观察、抽样问卷调查、文献检索等途径可获得(方法见本书第 6 章附录 6)。

(3) 资料研究——社区分析

① 社区分析的目的——确定规划研究的核心

总结已有的关于社区规划的研究可发现,在人文区位学创立之前,城市规划的侧重点仍在于城市的功能布局和空间形态,沿承着传统建筑学的美学观和理性思想;与此同时社会学之于城市社区的研究也依然遵循着社会学研究的传统,对象锁定在各类社会现象的观察分析上。20 世纪 20 年代芝加哥学派开创了以城市空间布局及其相互依赖关系为线索,对人类组织和行为进行研究的先河。此后的讨论使两者之间的共同研究平台不断拓展,社区分析所依据的思想和方法正是源于人文区位学。作为社区研究的组成内容,社区分析通常根据研究目的针对社区具体的问题进行。由于目前中国城市社区公众参与尚处在象征性参与阶段,当社区作为特定对象被研究或规划时,通常是学者或规划师在理论或技术层面以理性兼理想的角度去考虑社区的未来发展,因此在为社区发展方向或制定规划时,往往将与社区有关的理想模型和理念笼统的置于社区发展框架中。例如"重塑以人为本的规划理念""注重完善社区功能""促进社区的可持续发展"等表述,这些表述反映的确是社区发展中的原则问题,但同时也是放之四海皆准的通用原则。这些原则性表述如果没有更为具体可靠的论据加以支持,不论社区公众、管理层还是专业人士自身都很难理清一个社区究竟其核心问题是什么,也就无从突破去研究其为什么,怎样做的问题了。所以社区分析的目的在于分析社区构成,了解社区中的主要问题,并确定规划研究的核心内容和突破口。

② 社区分析的层面及导向

有研究认为社区分为静态系统和动态系统两维构成(何肇发,1991):"从静态角度看,社区是一个具有特定结构、性质和特点的实体,这个系统一方面是其历史发展的结果或终点,另一方面又是其将来发展的原因和起点。"社区分析往往以社区静态结构为研究基准,通过追溯其成因,了解社区各组成部分的相互作用,进而预测社区未来的发展动向。社区研究从其完整意义上看,是实施社区调查、发现社区资源并确定社区问题的社会过程(Hill & Branley,1994)。这一过程对社区规划而言是提供规划依据的必要阶段。

而从社区规划所要分析的目的和需要来看,目前一般社区很难具备如此详尽而最新的调查统计资料;另一方面,社区规划本身希望能够倡导社区成员关注社区事务及社区发展,因此,社区规划中所采用的社区研究分析是建立在较深度的社区介入基础上的。

Ⅰ 分析层面及逻辑程序

● 分析层面

社区分析所运用的素材由社区调查获得,社区调查与观察的方法和内容与社区分析研究目的有着直接的关系,因此在研究设计中,社区的分析和研究的框架和大致内容已具备,这样才能使社区实地调查阶段采集的数据与分析研究相契合。综合社区发展的各方面因素(如前文所述社区发展的内容构成),社区的四项基本构成内容分别通过社区中人群自然层面、社会层面和生活方式;社区精神凝聚力与人群互动;社区政府组织的管理和非政府组织的治理;社区空间环境及设施九个层面得以表现。因此社区分析可以从这四个部分九个层面介入,分别反映社区主体、隐体、连体和载体的特征属性。(见表 10-8)

表 10-8 社区分析层面

社区组成	介入层面		反映特征
主体:社区人群特征	自然人层面 社会人层面 行为方式		人群自然结构属性 人群社会阶层属性 人群生活方式
隐体:社区意识互动	精神层面 互动层面		社区精神凝聚 社区人群互动
连体:社区组织管理	政府层面 非政府层面		政府管理、服务及保障 非政府管理、服务
载体:社区物质空间	空间布局 设施层面		社区空间环境 社区设施

就社区分析的出发点而言,社区分析希望通过描述和解释社区各类特征属性来探索社区不同层面的问题,比如通过描述社区人口规模、分布等因素的状态确定分析社区人群的自然结构属性;通过人群生活行为方式的分析解释社区物质空间安排的合理性;通过分析人群社会阶层属性与社区管理或空间设施提供之间的关系探索社区今后发展的组织模式和空间模式等。

● 逻辑程序

就分析深度及层层递进关系来看,社区分析应该由描述社区总体现象(或特征)开始,分析社区各层面是否存在问题,问题的表现形式;在了解社区基本特征和问题表现的基础上,就社区各要素的相互关系进行探讨,寻找问题的相关层面,并检验其相关程度;最后在这两部分的基础上关注该社区的主要矛盾,探讨规划制定的重点和突破口,为策略研究奠定基础。

需要注意的是在研究策划阶段,对社区特殊因素的存在性必须加以考虑,以确保在社区调查阶段不会将这些重要信息遗漏。以下就社区分析的这三个层次进行阐述。

Ⅱ 社区现象描述——单变项分析

首先,上述介入层面所反映的社区特征并不是单一变量可替代的,因此从研究单元和对象的基本信息入手,确定分析研究的基本参数(见表 10－9)。表中的可选参数因研究目的而异,对应于后文的社区特殊性研究。为了便于了解上述 9 个层面的内容,理出社区分析的若干主线,将这 9 个介入层面所反映的社区特征(或属性)分列为 26 主要指标,以上海宝通社区调查资料为例,进行社区基本现象描述分析。

表 10－9　社区分析指标及参数

社区组成	介入层面	分析内容		
		指　标	基本参数	可选参数
A	主体:社区人群特征	自然层面	A－1　人口规模	常住/流动	人户分离
			A－2　人口分布	平均密度	密度分布*
			A－3　人口结构	年龄/性别	
		社会层面	A－4　职业状况	在职状况/行业	职位/单位属性/兼职
			A－5　收入状况	基本收入	其他收入
			A－6　教育状况	最高学历	继续教育
			A－7　家庭构成	婚姻/人数/代际	地缘关系*
			A－8　消费特征	食品/衣物/耐用品/医疗保健/交通通讯/教育娱乐/居住/杂项商品	信贷消费意愿和潜力/消费地点
		行为方式	A－9　出行特征	时间/目的/方式/耗时	距离/支出
			A－10　休闲特征	时间/方式/耗时	支出

社区组成	介入层面		分析内容		
			指　标	基本参数	可选参数
B 隐体：社区意识互动	精神层面	B-1	文化特征	原生文化*/次生文化*特征	多元特征/排(容)他性
		B-2	归属感	定居意识/自豪感	发展期望
		B-3	共同意识	约定规范*	主人意识
	互动层面	B-4	参与特征	意识/途径	形式
		B-5	交往特征	频次/方式	纠纷化解方式
C 连体：社区组织管理	政府层面	C-1	行政组织	性质/职能/工作内容	外部协调
	非政府层面	C-2	经营性组织	经营内容/规模	
		C-3	自治组织	服务内容	组织方式/针对人群
D 载体：社区空间设施	空间布局	D-1	功能布局	区位边界/用地构成/功能配置	使用情况
		D-2	空间形态	实体形式/空间界定	视觉形象
	设施层面	D-3	居住设施	住宅外观/户型/建造时间	
		D-4	市政设施	道路交通/给排水/供电/通信/环卫/综合管线	
		D-5	管理设施	治安/办公	
		D-6	服务设施	商业/教育/文化娱乐/运动/医护/社区服务	
		D-7	环境设施	绿化/场地/休憩/照明/标识/市政公用	

注：① 密度分布根据分析需要可在分区单元中采集人口数量、年龄段、教育程度等等相关参数；

② 地缘关系指与本社区的地缘关系：是否祖辈长居于此,迁入原因、时间等；

③ 原生文化是指具有地方沿承的传统文化,包括象征(如语言文字)、精神(如宗教信仰)、价值体系(习俗)及相关的行为活动程序。次生文化指物质文化(顺应物质环境而演变的结果)和社会文化(顺应社会环境协调人群关系,与社会组织相当),次生文化在信息时代越来越受到经济全球化和国际文化的影响；

④ 约定规范指社区中成员之间由于某种制度或通过长期的磨合彼此间形成的约定俗成的心理默契,通过具有共性的价值判断、行为方式等表现。

上表中所列基本参数是针对社区分析内容所要了解的基本必需参数,可选参数由社区研究具体目标确定研究参数,表中可选参数仅供参考。

Ⅲ 分析主线——多变项分析

以单变项描述分析可大致了解社区现状存在的问题,在大致了解社区各层面矛盾问题基础上,可以进行更深一层次的原因求证,分析问题的相关要素,并检验其相关程度,寻找影响主效度因素,为规划策略的制定和实施的时序建立依据。

● 多变项聚类分析(R)

由于问卷信息量非常大,反映社区各要素层面的信息首先需要分类,根据问卷设计中问题的分类对应上述分析指标进行归类(即 ABCD 四大类),每类数据再根据其相似性进行 R 聚类分析(见相似性矩阵),然后检测变量分组方式的有效性,并进行分组调整。提取分组共同性,以简化数据结构。

聚类分析结果[①] A 类社区人群特征可分为人群自然结构属性(A1)、社会阶层属性(A2)和人群生活消费特征(A3)三项子要素;B 类社区意识互动可分为社区归属(B1)和社区互动(B2)两项子要素;C 类社区组织管理可分为社区组织(C1)、社区管理(C2)和社区服务(C3)三项子要素;D 类社区空间设施可分为居住设施(D1)、环境设施(D2)、服务设施(D3)和活动设施(D4)四项子要素,参见表 10 - 10。

表 10 - 10　社区特征属性指标分组

编号	选取原始变量	聚类后变量分组				分组有效性检验 Coefficient of Belonging	主因子提取解释
		分组共同性	变 量 类 型				
			定类变量	定序变量	定距变量		
A	1 性别 2 年龄 3 教育水平 4 职业状况 5 单位性质 6 工作行业	人群自然结构属性 A1	1 性别		2 年龄	1.19	F1:性别 F2:年龄
		人群社会阶层属性 A2	4 职业状况 5 单位性质 6 工作行业	3 教育水平 7 职位	8 月收入 9 总收入	1.38	F1:收入 F2:职业

① 　12 项子要素分组中除 A 类的 A1 子要素分组和 D 类的 D4 子要素分组有效性检验显示不足外,其余 10 项子要素分组均显示有效。由于 A1 分组中人群的年龄和性别反映的人群自然属性特征从理论角度成立,因此这里依然采用;而 D 类子要素分组中,D4 分组变量在组内的相似性测度相对其余三组的组间相似性要略大,且归入其余三组均导致其分组有效性显示不足,因此这里将其编入一组。

续　表

编号	选取原始变量	聚类后变量分组				分组有效性检验 Coefficient of Belonging	主因子提取解释
		分组共同性	变量类型				
			定类变量	定序变量	定距变量		
A	7 职位 8 月收入 9 总收入 10 食品开支 11 水电开支 12 购耐用品 13 医疗开支 14 教育开支 15 爱好开支 16 书报开支 17 旅游开支	人群生活消费特征 A3			10 食品开支 12 耐用品支出 17 旅游开支 16 书报开支 11 水电开支 13 医疗开支 14 教育开支 15 爱好开支	1.30	F1：物质生活支出（食品、水电、耐用品） F2：精神生活支出（爱好、书报） F3：提升生活质量（教育、旅游） F4：健康支出（医疗）
B	1 本区买房 2 长期居住 3 社区发展 4 有无信心 5 自豪感 6 志愿者 7 自治活动 8 社区事务 9 知道邻居 10 有无来往 11 帮助邻居 12 得到帮助 13 人际关系	社区归属 B1	1 本区买房 3 社区发展	5 自豪感 4 有无信心 2 长期居住		1.48	F1：凝聚力 F2：归属感 F3：定居意识
		社区互动 B2	8 社区事务 9 知道邻居 11 帮助邻居 12 得到帮助 6 志愿者	7 自治活动 10 有无来往 13 人际关系		1.33	F1：邻居交往 F2：活动参与 F3：求助邻里
C	1 工作评价 2 干部满意 3 符合需要 4 业委会 5 物业评价 6 物管不力 7 治安评价 8 警方不力 9 人口过杂 10 纠纷调解 11 法律咨询 12 心理咨询 13 出诊	社区组织 C1		1 工作评价 2 干部满意 3 符合需要		2.00	F1：工作评价
		社区管理 C2	4 业委会	5 物业评价 7 治安评价 8 警方不力 9 人口过杂 6 物管不力		1.52	F1：管理评价
		社区服务 C3		14 为老服务 12 心理咨询 16 家政服务 17 家庭护理		1.44	F1：一般服务 F2：为老服务

续　表

编号	选取原始变量	聚类后变量分组				分组有效性检验 Coefficient of Belonging	主因子提取解释
		分组共同性	变量类型				
			定类变量	定序变量	定距变量		
C	14 为老服务 15 困难补助 16 家政服务 17 家庭护理	社区服务 C3		11 法律咨询 13 出诊 15 困难补助 10 纠纷调解			
D	1 住宅属性 2 建造年代 3 住房居室 4 房屋外观 5 住房水平 6 居住比较 7 总体环境 8 卫生 9 垃圾倾倒 10 回收垃圾 11 人行道 12 路灯 13 活动场地 14 绿化 15 绿化地 16 公交状况 17 菜场 18 食品配送 19 残疾设施 20 敬老院 21 就医时间 22 理发 23 日常购物 24 耐用品购买 25 医疗保健 26 便民服务 27 家电维修 28 健身 29 青少年活动 30 老年活动 31 图书中心 32 社区网站 33 社区学校 34 业教评价 35 参加业教	居住设施 D1	1 住宅属性	2 建造年代 4 房屋外观 5 住房水平 6 居住比较 7 总体环境	3 住房居室	1.39	F1：住宅环境 F2：住宅属性
		环卫设施 D2		8 卫生 9 垃圾倾倒 10 回收垃圾 11 人行道 12 路灯 13 场地 14 绿化 15 绿化地		1.86	F1：环境设施 F2：卫生设施
		服务设施 D3		16 公交状况 17 菜场 18 食品配送 19 残疾设施 20 敬老院 21 就医时间 22 理发 23 日常购物 24 购耐用品 25 医疗保健 26 便民服务 27 家电维修		1.98	F1：基本设施 F2：生活需求 F3：出行交通 F4：耐用品 F5：特殊设施
		活动设施 D4		28 健身 29 少年活动 30 老年活动 31 图书中心 32 社区网站 33 社区学校 34 业教评价 35 参加业教		1.26	F1：交往 F2：健身 F3：业余教育

注：① 上述原始变量数据选自宝通社区调查问卷。② 聚类分析要求分组有效系数 Coefficient of Belonging≥1.30，表示分组有效，表中阴影部分表明分组有效。

- 多变项相关性分析(见本章附录 10-3)
- 要素相关趋势及主线

在上述聚类分析、因子分析及相关性分析的基础上,从对社区四要素两两相互关联性的分析(见相关性测度表),可得出以下社区要素总体相关趋势(图 10-4):

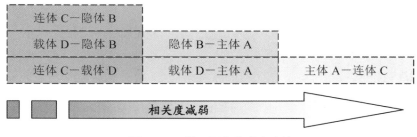

图 10-4　社区要素关联度比较

即社区意识互动 B 与组织管理 C、空间设施 D 与意识互动 B、组织管理 C 与空间设施 D 之间相互影响面最广、影响程度最深;社区意识、空间环境与社区人群特征 A 次之;组织管理与社区人群特征关联度相对最弱。

在单变项描述性分析和多变项相关分析的基础上,可以形成基于问题解决的社区分析主线,即针对问题,找出与之相关的层面,根据其相关性的强弱,确定解决的切入路径。

对于上述分析研究方法需要注意以下几点:

① 整个社区分析研究是一项系统的方法,应贯彻于社区研究设计、社区调查、社区分析等过程,因此从研究方法而言,上述方法适用于不同社区或同一社区中的不同人群,对于各类社区问题的研究与分析,都可以运用上述研究方法进行类似的分析。

② 上述研究方法从理论角度看,研究分析的目的是为决策提供咨询,在理想状态下,社区研究分析应建立在全方位了解社区各种信息的基础上,而实际研究中往往因为研究条件的限制会有所侧重,且信息不可能全面。需要强调的是在社区研究中,社区所有信息应属同等重要地位,从社会公正平等的角度分析,不应忽视社区中看似不重要的问题,如弱势群体的利益。

③ 由于数据的采集过程中不可避免的一些人为主观误差因素,导致上述分析结果可能与实际状况间存在偏差,因此分析产生的结果需要经过理论和经验的判断和修正。

以下就宝通社区单变项分析小结中的问题 B-2 举例说明(图 10-5):

社区存在问题:B-2 社区归属感弱

对应要素:社区归属 B1

涉及强相关子要素:社区凝聚力 B1f1、社区归属感 B1f2

强相关变量:社区组织工作 C1f1、社区管理 C2f1、为老服务 C3f2、住宅环境 D1f1、环境设施 D2f1、卫生设施 D2f2、基本服务设施 D3f1、出行交通 D3f3

解决问题的切入路径往往选择与问题有强相关的变量作为切入方面,而以弱相关变量作为切入辅助参考。弱相关变量在此案例中信息不全,因此不列出。

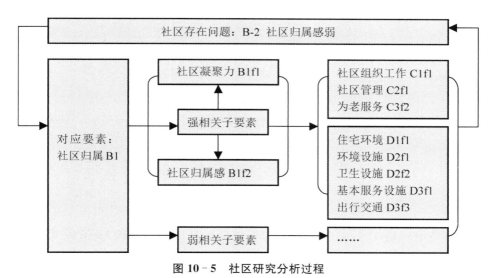

图 10-5 社区研究分析过程

Ⅳ 社区特殊性分析

社区现象描述和分析主线可以帮助了解社区的结构性问题以及它们之间的关系,但对于社区中某些特殊性问题以及深层次问题并不能很好的发现和说明。因此,通常社区中的特殊性问题需要对社区有较深入的介入后才能认识到,所以社区分析前期社区调查过程中对社区的介入了解是非常关键的阶段,比较迅速且有效的介入方式可以通过对社区各类角色的深度访谈及历史发展文献资料中获取。一些特殊问题的发现、分析和解决需要从深度访谈中获取信息,然后结合问卷设计和抽样调查进入上述单变项和多变项分析程序,从数据分析中发现问题相关层面及规律和特征,并就某个或某些专题对已有数据进行重新组合并分析,进而寻求解决切入的路径。

（4）提出解决策略——规划方案

作为针对社区发展的规划，探索、描述和解释社区存在的各类问题是为规划的编制寻求理论和现实依据，而人们的注意力往往集中于规划提出的策略——规划方案上，而忽略了策略是基于什么提出的。从整个社区研究设计来看，规划方案之前的研究工作都是具有逻辑承接的步骤，规划方案正是在此基础上根据一定的规划原则和规范拟定的可行性策略建议。

从理论角度而言，作为决策咨询的规划应该是一份全面而完整的、综合社区所有方面问题的方案书，而在实际操作中，由于人员、资金、信息等方面的因素制约，全面的规划方案在有限时间内完成几乎是不可能的。因此，社区规划的完善强调纵向时间发展上的持续性，而每一纵向时期可以针对社区当时最需要解决的问题制定有针对性的规划方案。

问题优先顺序的决定（Priority Management）由问题的重要程度和紧迫程度决定，见表 10-11。

表 10-11　问题优先程度

重要程度＼紧迫程度	低	高
低	Ⅳ	Ⅱ
高	Ⅲ	Ⅰ

在确定问题优先程度的前提下，可以借鉴目标管理中的 OST 模式——O（objectives）目标（使命）、S（strategies）战略（突破方向）、T（tactics）战术（方案），依据前文所述的分析方法，找出问题的相关层面和相关因子，依据其相关程度确定策略的切入口，制定有针对性的规划方案。

此外，从系统的角度来看，针对同一个问题应具备多种相应的解决方案以保证系统的稳定性，因此在规划方案编制过程中，需要有多种方案的比较。虽然最终可能只保留唯一方案，但方案比较的过程是编制过程中非常重要的程序步骤。

（5）操作程序

为保证社区规划编制过程中的工作安排和时间进度控制，规划需要按照一定的工作程序。社区发展规划的工作程序可根据各类社区的实际情况，或规划侧重点不同而有所区别。但不论侧重哪方面，一般社区发展规划都包含以下基本工作程序。

- 初步交流

初步交流主要是参与社区发展规划的各方就社区状况的初步信息交流，通过交流了解社区的部分基本情况及未来发展。没有人可以在不清楚社区发展意图的情况下着手工作，因此，在初步交流阶段需要掌握的信息是：

① 了解社区成员最关心的是什么；

② 了解社区为成员提供服务的方式；

③ 沟通各方的工作期望，并协商交流的时间、方式和地点。

- 确定规划目标

社区规划的目的在于解决社区目前的实际问题，引导社区今后发展，目标的实践性和针对性很强。规划目标以描述性、解释性和对策性研究目标为主。描述性研究目标在于准确的描述社区各项要素的特征和相互关系；解释性研究目标在于揭示这些特征和关系的原因；对策性研究目的在于在描述和解释的基础上把握社区现阶段存在的主要矛盾，提出解决策略和方案。

- 研究设计并拟定工作计划

为保证工作目标的达成，需要针对整个规划制定工作计划，以协调参与规划的各方。工作计划可以成员组中的一方为主，协调制定，主要用于安排整体工作的分配、工作阶段及每一阶段的工作内容和完成时间，工作计划内容越详尽，工作的循序渐进性越强。拟定工作计划时需考虑以下一些问题：

① 规划各方（各参与角色）间工作的分配及委托方式；

② 是否有必要建立协商机制使沟通网络便捷；

③ 专家组成员与社区成员及工作人员沟通的技巧与熟练程度。

工作计划表的范本示例可参见表 10 - 12。

表 10 - 12　社区规划工作计划

	工作内容	工 作 分 配				时间安排
		工作组 A	工作组 B	工作组 C	……	
第一阶段						
第二阶段						
第三阶段						
……						

- 各方协调会议

规划参与各方就工作分配及工作计划、工作展开等事宜进行协调，并在此基础上修正整个工作计划,交流各方的详细工作安排。协调过程在社区规划过程中是一个至关重要的环节,多方参与的局面对工作的配合协调要求很高,且将直接影响到后面的规划过程和规划成果的质量。

● 实地调查

根据工作计划所确定的工作安排,参与各方视各自需要对社区进行实地调查,在此过程中,各方应根据实际情况采取适当的措施保证社区成员的参与。需要强调的是社区规划的实地调查与一般城市规划的实地调查有一定区别,首先是调查主体多元,这是由社区规划参与方多元决定的;其次是调查对象多元(或者可理解为需要调查的内容包含社区物质设施、社区人文、社区组织等多方面的要素);第三是调查方法多元,由于对象包括客观的社区以及社区中具有主观意识的社区成员,因此针对多元的对象需要采取多元的调查方法。

● 资料统计整理分析、形成社区调查报告

资料的系统条理性对分析及问题的梳理提供必不可少的前提条件,针对不同调查方法取得的资料需要分别采用不同的方式进行处理和分析,这些分析的目的在于对资料进行筛选,并依据一定的逻辑组织进行定性和定量分析,形成规划方案的主要依据——社区调查报告。

● 制定规划方案

在取得社区第一手资料、基本对社区有个大致了解的基础上,可着手制定初步社区规划方案。在制定过程中需要特别强调的是参与方意见的取舍和综合体现,另一过程是与直接相关各方的交流,诠释规划方案并听取意见,以便检讨与修改。

● 方案评价

方案评价始终贯穿于规划方案制定的过程之中,体现在参与规划各方的自身检讨、参与各方在方案交流中小范围检讨、规划制定者与规划相关方的交流,以及有组织小范围的专家讨论。方案评价对提升规划方案的合理性和可实施性具有重要的意义,听取各方意见是重要的,更重要的是在此过程中需要坚持兼顾绝大多数人的利益的原则,使规划始终处于价值中立的立场。

● 第5、6程序的有限循环,形成阶段成果

如前所述,各种规划方案的交流形式和评价都经历了几次循环的过程,在一定时间约束下,这样的循环过程至少要反复三次。这也是保证规划可实施性的重要环节。

● 社区发展持续追踪

社区发展是一个持续量变积累的过程,因此社区规划从发展的角度也应是

循序渐进的,这个过程对社区而言是促使社区持续按既定方向发展的保证,对学者而言则是积累实证资料,进行学术研究的过程。持续追踪并不要求严格定期进行的,其追踪的时间段和追踪的内容应视实际需要有侧重的进行,而非全面铺开。①

---

① 经后续访问得知,该项社区发展规划经有关的政府批准后正在实施,已取得了一定的成效,但也面临着有待克服的一些困难。

附录 10-1 社区规划抽样问卷

通河社区发展规划社会研究调查问卷

尊敬的居民同志：

您好，我是上海大学和同济大学联合课题组访问员，受通河街道委托进行社区发展规划研究。现随机抽取到您家，向您了解社区情况和您家的生活与要求，请给予大力协助。谢谢。

上海大学、同济大学联合课题组

2001 年 6 月

问卷编号：1. 通河　　　　2. 呼玛

_____村_____居委会

一、答卷人概况

(1) 姓名(可不答)：_____

(2) 性别：1. 男　　2. 女

(3) 年龄：_____周岁

(4) 婚姻：

 1. 已婚(有偶)　　2. 离、丧偶　　3. 未婚

(5) 教育水平：

 1. 小学及以下　　2. 初中　　3. 高中(包括中专、职技校)

 4. 大专　　5. 本科　　6. 研究生

(6) 职业状况：

 1. 在职　　　　　　　　　　2. 下岗(失业)

 3. 退、离休　　　　　　　　4. 其他(注明)：

(7) 若在职，请问您所在工作单位的性质属于：

 1. 国有单位　　　　　　　　2. 集体或合作单位

 3. 私营或个体单位　　　　　4. 三资单位

(8) 若私营或个体单位，是您单独或与人合伙开办的吗?

 1. 单独开办　　2. 与他人合伙开办　3. 否

(9) 若是，请问是什么行业?

 1. 工业　　　　2. 商业　　　　3. 运输业

 4. 饮食等服务业　　5. 其他(注明)：

(10) 若在职，请问您工作的行业是：

　　1. 党政机关　　　　2. 工业　　　　　3. 商业

　　4. 饮食等服务业　　5. 教育、文化、科技　6. 交通运输

　　7. 金融　　　　　　8. 医疗卫生　　　9. 其他（注明）：

（11）您在您所属的企事业单位的工作是属于：

　　1. 负责人　　　　　　　　　　2. 中层领导或科技骨干

　　3. 基层领导或高级职员　　　　4. 普通职工

（12）（对在职人员）目前您的月收入平均为 _____ 元。

（13）（对在职人员）除在本单位工作外，您是否有其他兼职？

　　1. 没有　　　　　　　　　　2. 兼一份工

　　3. 兼二份工　　　　　　　　4. 兼三份或以上

（14）若下岗（失业），有多久？

　　1. 不到 1 年　　　2. 1—2 年　　　3. 2—3 年　　　　4. 3 年以上

（15）若下岗（失业），您是否领取失业救济？

　　1. 是　　　　　　　　　　2. 否

（16）若是，每月为 _____ 元。

（17）若否，为什么？（原因）：

（18）若离退休，您离退休多少时间了？

　　1. 不到 2 年　　　2. 2—4 年　　　3. 4—6 年　　　　4. 6 年以上

（19）若离退休，您的退休金每月为 _____ 元。

（20）若离退休，您的退休金能否按时足额领取？

　　1. 是　　　　　　　　　　2. 否

（21）若否，原因是：

（22）请问您现在的收入是否为您家的主要收入？

　　1. 是　　　　　　　　　　2. 否

二、家庭概况

（1）您家是本地人吗？

　　1. 祖祖辈辈住在这里　　　　　2. 改革开放前迁来

　　3. 改革开放后迁来

（2）若祖籍在此，请问您家原来是农业户吗？

　　1. 是　　　　　　　　　　2. 不是

（3）若是农业户，请问原来所属的村或乡的行政划分对您家生活还有没有影响
　　或意义？

      1. 有   2. 没有

      为什么?(原因):

(4) 若是外来户,请问您家为何迁来?

      1. 工作单位的住房分配   2. 市政动迁

      3. 选购的商品房   4. 其他(请注明):

(5) 若是外来户,请问您认为现住地址比原居地:

      1. 好   2. 差不多   3. 差

      为什么?(原因):

(6) 您家共有 ＿＿＿ 人,是 ＿＿＿ 代人。

(7) 您家有没有户口在这里,但不住在这里的家庭成员?

      1. 没有   2. 有 ＿＿＿ 人

(8) 您家有没有户口不在这里,但居住在这里的家庭成员?

      1. 没有   2. 有 ＿＿＿ 人

(9) 您家有没有共同居住在一起的非家庭成员?

      1. 没有   2. 有 ＿＿＿ 人

(10) 若有,他们是:

      1. 亲戚   2. 房客   3. 其他(注明):

(11) 与您居住在一起的家人情况是:

序号	与答者关系	性 别	年 龄	行 业	教育水平	平均月收入(元)
1						
2						
3						
4						
5						

(12) (对有 60 岁以上老人者)请问您家老人的生活能否自理?

      1. 能   2. 不能

(13) 若不能,您是否愿意把老人送进养老院?

      1. 愿意   2. 说不清   3. 不愿意

      为什么?(原因):

(14) 如果您自己年老了,生活不能自理,您将选择什么方式?

　　　　1. 在家靠小辈　　　2. 到养老院　　　　3. 其他(注明)：

　　为什么?(原因)：

(15)(对有失业人员者)您家的下岗人员现在在找工作吗?

　　　　1. 是　　　　　　　　　　　2. 否

(16)若是,他(她)是通过什么方式找工作?

　　　　1. 社区服务中心　　2. 亲友介绍　　　3. 人才市场

　　　　4. 寻觅招聘广告　　5. 其他(注明)：

(17)失业救济金的领取是否便利?

　　　　1. 便利　　　　　　2. 还可以　　　　　3. 不方便

(18)(对有学前儿童者)您家孩子是在家还是送幼托?

　　　　1. 在家由家人带　　　　　　2. 在家由保姆带

　　　　3. 在家由亲友邻居帮带　　　4. 送幼托

　　　　5. 其他(注明)：

(19)若在家,您为什么不送幼托?

　　　　1. 舍不得　　　　　　　　　2. 幼托设施不太好

　　　　3. 幼托离家远,不方便　　　4. 幼托收费太高

　　　　5. 家中有人带,没必要　　　6. 其他(注明)：

(20)若送幼托,每月平均开支为____元。

三、住房设施情况

(1)您家的住房是：

　　　　1. 老私房　　　　　　　　　2. 已购的公房

　　　　3. 租用的公房　　　　　　　4. 购置的商品房

　　　　5. 租借的私房　　　　　　　6. 其他(注明)：

(2)您家的住房大约是什么年代建成的?

　　　　1. 70 年代以前　　　　　　2. 70 年代

　　　　3. 80 年代　　　　　　　　4. 90 年代以后

(3)您家住房有____居室,建筑面积总共为____m^2。

(4)您家厨房的情况是：

　　　　1. 独用　　　　　　　　　　2. 合用

　　　　3. 在过道等简易厨房　　　　4. 无厨房

(5)您家卫生间的情况是：

　　　　1. 独用两卫　　　　　　　　2. 独用一卫

3. 合用   4. 无卫生间(公共厕所、马桶等)

(6) 您家卫生间有没有洗澡条件?

     1. 有浴缸   2. 有淋浴棚   3. 有淋浴槽   4. 没有

(7) 您家有热水器吗?

     1. 有   2. 没有

(8) 您家做饭使用什么能源?

     1. 管道煤气   2. 罐装液化气   3. 煤制品   4. 电

     5. 其他(注明):

(9) 您家的自来水是:

     1. 来自地下管道   2. 来自楼顶水箱

(10) 您认为现在自来水的水质如何?

     1. 好   2. 中   3. 差

(11) 若差,您家仍然饮用自来水吗?

     1. 全部是   2. 部分是   3. 全部不是

(12) (若回答上题2、3)请问您家饮用水的来源是:

     1. 净化装置   2. 各类净水   3. 其他(注明):

(13) 在夏(冬)天,您家消暑(御寒)的主要办法是:

     1. 空调   2. 电风扇

     3. 取暖器   4. 其他(注明):

(14) 您认为您家的住房水平在上海是属于:

     1. 好   2. 较好   3. 中等

     4. 较差   5. 差

(15) 您家有购置商品房的打算吗?

     1. 已购   2. 有   3. 没有

(16) 若有,您家打算何时购置?

     1. 1年内   2. 2年内   3. 3年内

     4. 4年内   5. 5年或以上

(17) 如欲购置,准备多少价位?

     1. 20万元以内   2. 20万~30万元   3. 30万~40万元

     4. 40万~50万元   5. 50万元以上

(18) 如欲购置,到时将以何种方式购买?

     1. 完全以积蓄购买   2. 按揭购买

3. 到时再看

4. 其他(注明)：

(19) 若没有购房打算,主要原因是什么?

1. 现在住房不错,无需要

2. 买不起

3. 其他(注明)：

四、家庭环境状况

(1) 您家住房的通风情况如何?

1. 很好　　　　　2. 好　　　　　3. 一般　　　　　4. 差

5. 很差

(2) 您家住房的日照(光线)情况如何?

1. 很好　　　　　2. 好　　　　　3. 一般　　　　　4. 差

5. 很差

(3) 若日照差或很差,原因是什么?

1. 高层建筑阻挡

2. 楼距太小

3. 房屋朝向问题

4. 窗小或窗少

5. 其他(注明)：

(4) 在冬天您家光线最好的房间每天日照_____小时。

(5) 在家时,通过家里的门窗,您通常看到最多的是什么?

1. 天空和地面　　　2. 建筑物　　　3. 其他(注明)：

(6) 您认为您家房屋的外观怎样?

1. 很美　　　　　2. 一般　　　　　3. 很差

(7) 您家楼顶的水箱是否定期清洗?

1. 每月一次　　　2. 每季一次　　　3. 每年两次

4. 每年一次　　　5. 不清洗　　　6. 不知道

(8) 您家出入的楼道是否畅通?

1. 畅通　　　　　2. 还可以　　　　　3. 不畅通

(9) 若不畅通,主要原因是：

1. 杂物堆放

2. 无过道灯

3. 楼道损坏

4. 其他(注明)：

(10) 您家种草养花吗?

1. 不种

2. 偶尔种简易存活的花草

3. 常年种植,且品种较多

(11) 您家的垃圾袋装化了吗?

1. 没有　　　　　　　　　　2. 任意的塑料袋装

3. 正规的袋装化

(12) 您知道如何对垃圾分类吗?

1. 知道,而且已经做到　　　　2. 知道,但目前还不能完全做到

3. 听说过,但不知道具体如何分类　4. 没听说过

(13) 你认为下列垃圾属于哪一类?

序号	具体物品	1. 无机类	2. 有机类	3. 有害类	4. 不知道
1	菜皮、果皮				
2	动物骨头				
3	碎玻璃				
4	电池				
5	易拉罐				
6	破衣服				
7	废纸				

(14) 从您家到最近的垃圾倾倒处要多久?

1. 2 分钟　　　　　　　　　2. 3~5 分钟

3. 6~10 分钟　　　　　　　4. 10 分钟以上

五、小区环境状况

(1) 请您对小区的总体环境作一个评价:

1. 很满意　　　2. 较满意　　　3. 一般　　　4. 不太满意

5. 很不满意

(2) 如果您觉得不满意,那么主要原因是:

1. 规划布局不合理　　　　　2. 社区管理混乱

3. 居民素质太低　　　　　　4. 政府投入太少

5. 其他(请注明):

(3) 您常去的垃圾倾倒点有如下现象吗? (可多项选择)

1. 垃圾扔在垃圾箱外

2. 垃圾箱已满却无人清理

3. 没有分类垃圾箱

(4) 您所在的小区有没有定点的垃圾回收处?

1. 有　　　　　　2. 没有　　　　　　3. 不知道

（5）对于可回收的垃圾,如：报刊书籍,易拉罐,酒瓶等,您是如何处理的?

1. 和一般垃圾一起扔掉

2. 卖给个体回收者

3. 卖给定点垃圾回收站

（6）下列哪些行为像您?

序号	具 体 行 为	1 比较像我	2 有点像我	3 不太像我	4 一点也不像
1	上下爬楼很不方便,还是直接把垃圾扔下楼				
2	虽然爬楼很麻烦,但是把垃圾扔到楼下影响别人更不好				
3	雨下得太大了,把垃圾扔在楼道口算了				
4	就算雨下得再大,还是应该把垃圾扔到垃圾箱里				
5	既然已经有人把垃圾扔在垃圾箱外,多我一个也无所谓				
6	别人乱扔垃圾是别人的事,我还是要把垃圾扔到垃圾筒里				

（7）您所居住的周围地区有面积较大的绿化地（如：草坪,成片的树林或花坛）吗?

1. 有　　　　　　　　　　2. 没有

如果有,那么现在这块绿地的情况如何?

1. 变得更为茂盛　　　　　2. 维持原状

3. 变得荒芜　　　　　　　4. 成了天然的垃圾场

5. 搭建了违章建筑

（8）为了更好地保护小区绿化,您是否愿意"领养"小区的某些植物?

1. 愿意　　　　　2. 不愿意　　　　　3. 没想过

（9）您认为影响你们小区环境的因素有哪些?（多项选择）

1. 工厂或汽车废气	2. 工厂或汽车噪声
3. 市场叫卖声	4. 市场垃圾
5. 河水恶臭	6. 道路扬尘
7. 随地大小便	8. 破坏绿地

9. 其他（请注明）：

（10）您认为在您家附近或小区内，下列各项的情况如何？

序号	项　　目	1. 很好	2. 较好	3. 一般	4. 较差	5. 很差
A	电线杆与电线					
B	道路与人行道					
C	路灯					
D	广场或休暇地					
E	楼房外观					
F	绿化					
G	卫生					

（11）在上述各项中，您认为现在最需要改进的有哪几项？（可多项选择）

　　1. A　　　　　　2. B　　　　　　3. C　　　　　　4. D

　　5. E　　　　　　6. F　　　　　　7. G

　　为什么？（原因）：

（12）您认为优化小区环境，最主要靠什么？（可多项选择）

　　　1. 政府投入　　　2. 企业投资　　　3. 加强管理　　　4. 居民自觉

　　　5. 其他（请注明）：

六、交通与治安

（1）您家拥有的交通工具有：

　　　1. 自行车＿＿＿＿辆　　　　　　2. 助动车＿＿＿＿辆

　　　3. 摩托车＿＿＿＿辆　　　　　　4. 小汽车＿＿＿＿辆

（2）您与您的家人上、下班或出行，最主要的交通方式是：

　　　A（答卷人）＿＿＿＿　　　　B（家人）＿＿＿＿

　　　1. 自备小车或出租车　　　　　　2. 摩托车或助动车

　　　3. 自行车　　　　　　　　　　　4. 公交车

　　　5. 步行

（3）按照您与您家人常用的交通方式，上班所用的时间为多少？（上、下班双程）

序　号	对　象	时间（分钟）
A	答卷者	
B	上班者 1	
C	上班者 2	
D	上班者 3	

（4）对您或您家上班的人来说，每天早上通常是几点出门？

A（答卷人）_____　　　　B（家人）_____

1. 5 时　　　　2. 5 时半　　　　3. 6 时　　　　4. 6 时半

5. 7 时　　　　6. 7 时半　　　　7. 8 时　　　　8. 8 时半

（5）对您或您家上班的人来说，每天傍晚通常是几点到家？

A（答卷人）_____　　　　B（家人）_____

1. 5 时　　　　2. 5 时半　　　　3. 6 时　　　　4. 6 时半

5. 7 时　　　　6. 7 时半　　　　7. 8 时　　　　8. 8 时半

（6）您认为您家附近的公共交通情况如何？

1. 很便利　　　　2. 较便利　　　　3. 还可以　　　　4. 不太便利

5. 很不便利

（7）请问从您家到最近的公交车站需步行多少时间？

1. 5 分钟内　　　　　　　　2. 5～10 分钟

3. 10～15 分钟　　　　　　　4. 15～20 分钟

5. 20 分钟以上

（8）从进一步改善交通的角度，您的最大愿望是：（多项选择）

1. 购买家用汽车

2. 改善交通（如增设地铁，公交线路、班次等）

3. 其他（请注明）：

（9）您对您家附近小区治安状况的评价是：

1. 很太平　　　　2. 较太平　　　　3. 一般性　　　　4. 不太安全

5. 很不安全

（10）若不安全或很不安全，您认为是什么原因造成的？（多项选择）

1. 警方防范不足　　　　　　　　　　2. 外来人口过多

3. 物业管理不力　　　　　　　　　　4. 小区居民太杂

5. 其他(请注明)：

(11) 为改善治安状况,您认为您个人是否可以起点作用?

1. 可以起作用　　　　　　　　　　2. 个人没有用

为什么?（原因）：

(12) 您和您的家是否想在本小区长期居住下去?

1. 愿长期居住　　　　　　　　　　2. 无奈只得住下去

3. 不想长期居住

(13) 假如您现在有钱买房,或将来您的孩子有钱买房,你们是否会在本地区购买?

1. 是　　　　　　2. 否　　　　　　3. 说不准

七、居委会与物业公司

(1) 您是否认识所属居委会的主任、副主任?

1. 认识　　　　　　　　　　　　　2. 不认识

(2) 您所在居委会的干部是如何产生的?

1. 全体居民选出的　　　　　　　　2. 由居民代表选出的

3. 由街道指派的　　　　　　　　　4. 不知道

(3) 您对居委会目前工作的评价是:

1. 很好　　　　2. 较好　　　　3. 一般　　　　4. 较差

5. 很差

(4) 您认为居委会所做的事符合您与您家人的需要吗?

1. 符合　　　　2. 不知道　　　　3. 不符合

(5) 您认为所属居委会与党支部的干部总体素质如何?

1. 很高　　　　2. 较高　　　　3. 一般　　　　4. 较差

5. 差

(6) 您觉得居委会是一个什么样的组织?

1. 基层政府　　　2. 居民自治组织　　　3. 不知道

(7) 如果请您和您家人去居委会当主任,你们愿意吗?

1. 愿意　　　　2. 不愿意　　　　3. 不知道

(8) 您对现在居委会干部满意吗?

1. 满意　　　　2. 较满意　　　　3. 无所谓　　　　4. 较不满

5. 不满意

（9）您对您家所在的物业公司的评价是：

　　1. 管理良好　　　　2. 管理一般　　　　3. 管理差

（10）您认为目前物业管理存在的问题是：（多项选择）

　　1. 收费过高　　2. 物业维修不及时　3. 卫生状况差

　　4. 绿地维护不好　5. 治安状况差　　　6. 管理不规范

　　7. 其他（注明）：

（11）物业公司是否来您家听取过意见？

　　1. 经常听取　　　　2. 很少听取　　　　3. 从未听取

（12）您家每月需支付的管理费是_____元。

（13）您家是否按时交纳管理费？

　　1. 是　　　　　　　　　　　　2. 否

（14）您认为支付的物业管理费合理吗？

　　1. 合理　　　　　2. 一般　　　　　3. 不合理

（15）您和您家人是否参加过居委会召集的各种活动？

　　1. 经常参加　　　2. 偶尔参加　　　3. 从未参加

（16）您所在小区有业主委员会吗？

　　1. 有　　　　　　2. 没有　　　　　3. 不知道

（17）若有,您认识业主委员会的委员吗？

　　1. 不认识　　　　2. 全都认识　　　3. 认识几个

（18）若有,您参加过业主大会吗？

　　1. 参加过　　　　　　　　　　2. 没有

（19）您同意以下意见吗？

意　　见	1. 同意	2. 基本同意	3. 无所谓	4. 不太同意	5. 不同意
只要让小区居民自由民主地选举,我们就能够选举产生对居民负责的居委会					
民主选举产生居委会,但这样的居委会并不一定能积极有效地为居民服务					

续　表

意　　见	1. 同意	2. 基本同意	3. 无所谓	4. 不太同意	5. 不同意
居民直选产生的居委会代表了大多数居民的民意,因而居民一定会积极配合居委会工作					
大部分居民只关心他自己的事,对小区事务并不关心,所以民主直选也改变不了这一现状					

八、邻里关系与社会保障

（1）您认为您家的邻居是指什么?

　　1. 隔壁家　　　　　　　　　　　　2. 一层楼面的住户

　　3. 一幢楼的住户　　　　　　　　　4. 小区或居委会的住户

（2）您是否知道邻居家的姓名、工作单位以及他们的年龄?

　　1. 全知道　　　　2. 不太清楚　　　3. 完全不知道

（3）您与邻居有没有来往?

　　1. 经常有　　　　2. 偶尔有　　　　3. 没有

（4）若有来往,是一些什么样的来往?（可多项选择）

　　1. 见面打招呼　　　　　　　　　　2. 聊天

　　3. 互借东西　　　　　　　　　　　4. 商量共同关心的事

　　5. 其他(注明):

（5）当您家人一起外出(旅游等)时,您有向邻居打个招呼的习惯吗?

　　1. 有　　　　　　　　　　　　　　2. 没有

（6）您和家人是否帮助过邻居解决过困难?

　　1. 是　　　　　　　　　　　　　　2. 否

（7）您和家人是否得到过邻居的帮助?

　　1. 是　　　　　　　　　　　　　　2. 否

（8）您认为您周围居民的行为方式:

　　1. 很文明　　　　2. 较文明　　　　3. 一般

　　4. 不够文明　　　5. 不文明

（9）您家有没有与邻居发生过纠纷?

1. 经常有　　　　　2. 偶尔有过　　　　3. 从来没有

（10）若有，请问是怎么解决的？

1. 上法院　　　　　　　　　　2. 居委会调解

3. 私下解决（压服或息事）　　4. 不了了之

5. 其他（注明）：

（11）当您家发生经济上短缺时，您第一个想到找谁帮助解决？

1. 亲属或亲戚　　2. 街道或居委会　　3. 工作单位

4. 朋友、同事　　5. 邻居　　　　　　6. 谁也不找，自己解决

7. 银行　　　　　8. 其他（注明）：

（12）当您家有除经济以外的其他困难时，您第一个想到请谁来帮助？

1. 亲属或亲戚　　2. 街道或居委会　　3. 工作单位

4. 朋友、同事　　5. 邻居　　　　　　6. 谁也不找，自己解决

7. 其他（注明）：

（13）您是否愿意帮助困难户？

1. 是　　　　　　　　　　　　2. 否

如果愿意，您将以何种形式提供帮助？

1. 捐款　　　　　2. 实物捐助　　　　3. 劳力帮助

4. 技术帮助　　　5. 提供信息　　　　6. 其他（注明）：

（14）您认为就家庭财产和人寿等向保险公司投保有没有必要？

1. 有必要　　　　2. 无所谓　　　　　3. 没有必要

（15）您家有没有向保险公司投过保？

1. 有　　　　　　　　　　　　2. 没有

（16）您家有没有打算投保？

1. 有　　　　　　　　　　　　2. 没有

（17）您对小区内人际关系的评价是：

1. 互帮互助，很和谐　　　　　2. 较和谐

3. 不太和谐　　　　　　　　　4. 不和谐

5. 谈不上和谐不和谐

（18）您愿意参加社区各项活动吗？

1. 活动有收益，我愿意参加

2. 愿意参加，但没有时间

3. 社区活动与自己的事情不冲突，愿意参加

4. 社区活动是组织要求，非得参加

5. 社区活动与我关系不大，是否参加无所谓

6. 社区活动是一种额外的负担

(19) 就您所知，你们社区有无方便残疾人的设施（如盲道、坡道等）？

　　1. 有　　　　　　　　　　　　　　　2. 无

(20) 您认为小区内是否有必要建设专为各类残疾人服务的设施？

　　1. 有必要　　　　2. 无所谓　　　　3. 没必要

(21) 你们社区有没有组织过残疾人的公益活动？

　　1. 有　　　　　　　　　　　　　　　2. 无

(22) 您是否愿意参加志愿者服务？（选 3 者跳至第 25 题）

　　1. 愿意　　　　2. 看情况　　　　3. 不愿意

(23) 如果您愿意的话，每月能够提供多少时间的服务？

　　1. 1 小时以下　　　　　　　　2. 1～3 小时

　　3. 3～6 小时　　　　　　　　4. 6 小时以上

(24) 您若愿意参加志愿者服务的话，您可以提供哪些服务？（多项）

　　1. 打扫公共卫生　　2. 治安巡逻　　3. 家电维修

　　4. 文化娱乐　　　　5. 调解纠纷　　6. 法律咨询

　　7. 医疗咨询　　　　8. 助老助残　　9. 提供家教

　　10. 养草种花　　　11. 科普活动　　12. 心理咨询

　　13. 扶贫帮困　　　14. 其他（注明）：

(25) 请您对下面所列有关居住小区社区保障和生活服务等作出评价：

	1. 很满意	2. 满意	3. 很难说	4. 不满意	5. 很不满意
为老服务					
医疗保健					
日常购物					
便民服务					
物业管理					
社会治安					
民事调解					

（26）您希望社区能为您与您的家庭提供哪些服务？

	1. 需要	2. 说不准	3. 不需要
敬老院			
心理咨询			
理发美容			
健　身			
家政服务			
老人护理			
病人护理			
家电维修			
半成品食品配送			
法律咨询			
出诊医疗			
困难补助			
调解纠纷			
婚丧服务			

九、教育与医疗

（1）请您对街道范围内的幼托、小学、中学的质量作一总体评价：

项　目	1. 很好	2. 较好	3. 一般	4. 较差	5. 很差	6. 不知道
幼　托						
小　学						
初　中						
高　中						

（2）（若有孩子）您的孩子是否在本社区的中、小学就读？

　　1. 是　　　　　　　　　　　　　　2. 否

（3）您家若有孩子在上学，为孩子上学，您家每年约支出多少教育费？

_____元。

(4) 若有,您希望您的孩子达到什么样的文化程度?

    1. 高中　　　　　　2. 大专　　　　　　3. 本科　　　　　　4. 研究生

(5) 您认为无论是现在,还是将来,文化程度对就业很重要吗?

    1. 非常重要　　　　2. 重要　　　　　　3. 无所谓

    4. 不怎么重要　　　5. 不重要

(6) 您与您的家人有没有参加过成人的职业教育或继续教育?

    1. 有　　　　　　　　　　　　　　2. 没有

(7) 您认为成人的职业教育或继续教育有没有必要?

    1. 有必要　　　　　2. 无所谓　　　　　3. 没必要

(8) 您家有没有订报刊?

    1. 没有　　　　　　2. 订一份新民晚报　3. 订两份或以上的报刊

(9) 除报刊外,您家是否买书阅读?

    1. 没有　　　　　　2. 偶尔买点小说　　3. 经常买书

(10) 您家买书、订报刊等每年约花_____元。

(11) 您所在的社区有图书馆吗?

    1. 有　　　　　　　2. 没有　　　　　　3. 不知道

(12) 若有,您去过吗?

    1. 常去　　　　　　2. 偶尔去　　　　　3. 不去

(13) 若去过,您在哪儿借阅哪类书刊?

    1. 文学类　　　　　2. 科技类　　　　　3. 娱乐类

    4. 生活类　　　　　5. 其他(注明):

(14) 您是否希望在本社区设立公共文化娱乐设施?

    1. 非常希望　　　　2. 无所谓　　　　　3. 不希望

(15) 若希望成立,您认为哪些设施最迫切需要?(多项选择)

    1. 社区网站　　　　2. 青少年活动中心　3. 老年活动中心

    4. 图书信息中心　　5. 社区教育学院　　6. 社区广场

    7. 健身馆　　　　　8. 其他(注明):

(16) 您了解由社区组织的各项活动吗?

    1. 非常了解　　　　2. 知道一些　　　　3. 不了解

(17) 若了解,请问您是通过什么途径?

    1. 书面宣传资料　　　　　　　　　2. 黑板报与告示栏

　　　3. 广播　　　　　　　　　　　　4. 家人与邻人转告

　　　5. 偶然听说　　　　　　　　　　6. 其他(注明)：

(18) 如果社区组织以下团队,您愿参加哪些?(多项选择)

　　　1. 志愿者服务队　　2. 读书会　　　　3. 合唱队

　　　4. 戏剧团　　　　　5. 健美拳操队　　6. 烹调协会

　　　7. 书画、插花社　　8. 其他(注明)：

(19) 您在本社区内接受过业余教育吗?(如：职业培训、艺术陶冶、资格考试培
　　　训等)

　　　1. 接受过　　　　　　　　　　　2. 没有接受过

(20) 您对本社区业余教育总体作何评价?

　　　1. 很满意　　　　　2. 满意　　　　　3. 一般

　　　4. 不太满意　　　　5. 不满意

(21) 您希望在社区内参加各类业余教育吗?

　　　1. 希望　　　　　　2. 看情况　　　　3. 不希望

(22) 您是否需要下列教育服务项目?(多项选择)

　　　1. 知识讲座　　　　2. 法律支援　　　3. 就业指导

　　　4. 投资咨询　　　　5. 技术咨询　　　6. 家政服务

　　　7. 形象设计　　　　8. 装潢设计　　　9. 其他(注明)：

(23) 你们社区除地段医院外,还有专科医院吗?

　　　1. 有　　　　　　　2. 无　　　　　　3. 不知道

(24) 您和家人一般去哪儿看病?

　　　1. 离家近的地段医院　　　　　　2. 单位医务室

　　　3. 区中心医院　　　　　　　　　4. 其他(注明)：

(25) 您最希望社区能提供下列的哪些医疗服务项目?(多项选择)

　　　1. 医疗门诊　　　　2. 医疗保健讲座　3. 量血压

　　　4. 医疗咨询　　　　5. 家庭病床　　　6. 康复指导

　　　7. 其他(注明)：

(26) 从小区到最近的医院要多少时间?

　　　1. 10 分钟　　　　　　　　　　2. 10～20 分钟

　　　3. 20～30 分钟　　　　　　　　4. 30 分钟以上

(27) 从小区到最近的医院有没有通宵公交车?

　　　1. 有　　　　　　　2. 没有　　　　　3. 不知道

（28）您家的医疗保健费用每年约需自费_____元。

十、日常生活与休闲

（1）您在最近一个月内有没有去过本区的以下场所：

序　号	1. 经常去	2. 偶尔去	3. 没去	4. 不知道在哪里
1. 理发店				
2. 洗衣店				
3. 饮食店				
4. 电影院				
5. 文化站				
6. 图书馆				
7. 公园				
8. 社区活动中心				

（2）（若没去）在 1—4 类场所中，您在最近一个月内没有去过的主要原因：

   1. 没时间　　　　2. 收费太贵　　　　3. 服务质量太差

   4. 不感兴趣　　　　5. 档次太低　　　　6. 环境不好

   7. 其他（注明）：

（3）（若没去）在 5—8 类场所中，您在最近一个月内没有去过的主要原因：

   1. 没时间　　　　2. 管理混乱　　　　3. 没有提供应有的服务

   4. 不感兴趣　　　　5. 其他（注明）：

（4）以下设施离您家最近的一处到您家有多远？

序　号	1. 步行 10 分钟以内	2. 10～30 分钟	3. 30 分钟以上	4. 从未去过，不知道
1. 粮油店				
2. 定点煤气站				
3. 超市				
4. 邮局				
5. 银行				
6. 公交汽车站				
7. 医院、诊所或药房				

序　号	1. 步行 10 分钟以内	2. 10～30 分钟	3. 30 分钟以上	4. 从未去过，不知道
8. 托儿所幼儿园				
9. 小学				
10. 中学				
11. 理发店				
12. 洗衣店				
13. 饮食店				
14. 百货店				
15. 图书馆				
16. 文化站				
17. 电影院				
18. 公园				
19. 居民活动中心				
20. 社区服务中心				
21. 物业管理公司				

（5）如果可以选择的话，您希望以上哪些设施可以离您最近？（按重要性依次排列，限填五项）

1. ＿＿＿＿＿　　2. ＿＿＿＿＿　　3. ＿＿＿＿＿

4. ＿＿＿＿＿　　5. ＿＿＿＿＿

（6）您家经常去买菜的菜场是：

1. 室内菜场　　　2. 马路菜场　　　3. 两者都有

（7）您家常到哪里买其他副食品、日用消费品？

1. 超市　　　　2. 邻近小店　　　3. 其他（注明）：

（8）通常您家一个月去超市几次？

1. 1～2 次　　　2. 3～4 次　　　3. 5～6 次　　　4. 7 次以上

（9）您家的食品（饭菜、蔬果、日用消费品等）开支每月约为＿＿＿＿＿元。

（10）您家每月的电、水、煤、电话等账单开支约为＿＿＿＿＿元。

（11）您家有没有家用电脑？

        1. 有   2. 无

(12) 若有,是否经常上网?

        1. 是   2. 否

(13) 您家有没有彩电?

        1. 有_____台   2. 没有

(14) 您与您的家人每天看电视的时间有多少?

        A(答卷人)_____   B(家人)_____

        1. 1 小时   2. 2 小时   3. 3 小时   4. 4 小时

        5. 5 小时及以上

(15) 您与您的家人最喜欢看什么电视?(多项选择)

        1. 新闻   2. 电视剧   3. 科普   4. 娱乐节目

        5. 其他(注明):

(16) 平时您与您的家人要干多少时间的家务活?

        1. 1 小时   2. 2 小时   3. 3 小时及以上

(17) 平时您自己每天有多少时间的空闲?

        1. 1 小时   2. 2 小时   3. 3 小时及以上

(18) 您在空闲时间主要干什么?(多项选择)

        1. 读书看报   2. 看电视   3. 听音乐   4. 逛街

        5. 打牌下棋   6. 上网   7. 与朋友谈天   8. 无所事事

        9. 其他(注明):

(19) 您有哪些爱好?

        1. 养宠物   2. 收藏(邮票等)   3. 书法绘画等   4. 锻炼身体

        5. 球迷   6. 棋类   7. 打牌   8. 没有爱好

        9. 其他(注明):

(20) 若有专门爱好,请问您每月为您的爱好活动开支_____元。

(21) 您家有音响或家庭影院吗?

        1. 有音响和家庭影院   2. 有音响

        3. 有家庭影院   4. 没有

(22) 您家常到哪里去买贵重衣服或家庭耐用消费品?

        1. 本地区   2. 市中心

(23) 您家的衣服及耐用品每年约开支_____元。

(24) 双休日您与您的家人通常做什么?(多项选择)

　　1. 在家休息、做家务　　　　　　2. 外出购物、旅游

　　3. 志愿服务　　　　　　　　　　4. 给孩子补课

　　5. 锻炼身体　　　　　　　　　　6. 自己学习

　　7. 娱乐场所　　　　　　　　　　8. 无所事事

　　9. 其他(注明):

(25) 在去年的国庆节、春节及今年的劳动节等长假里,您与您的家人一起去外
　　地或郊区旅游过吗?

　　1. 有_____次　　　　　　　　2. 没有

(26) 若有,每次出去约开支_____元。

(27) 请问您家现在每月的总收入约_____元。

(28) 您家是否常去饭店用餐?

　　1. 经常去　　　　2. 很少去　　　　3. 极少去　　　　4. 不去

(29) 若常去,每月平均约_____次。

(30) 您最希望整个通河街道在未来的 5—10 年内将会发展成什么?

　　1. 经济繁荣的商业区　　　　　　2. 环境优美的居住区

　　3. 就业充分的工业区　　　　　　4. 四通八达的交通枢纽区

　　5. 育人的教育区　　　　　　　　6. 说不清

　　7. 其他(注明):

(31) 您在向他人介绍自己居住的社区时,感到自豪吗?

　　1. 很自豪　　　　　　　　　　　2. 有点自豪

　　3. 没什么感觉　　　　　　　　　4. 感觉有点难过

(32) 您对通河社区建设是够有信心?

　　1. 有信心　　　　2. 很难说　　　　3. 没有信心

　　为什么?(原因)

(33) 您认为通河街道社区发展的主要问题是什么?(多项选择)

　　1. 居民素质　　　2. 干部素质　　　3. 经济资源　　　4. 管理机制

　　5. 其他(注明):

(34) 您认为通河街道做社区发展规划这件事是:

　　1. 好事　　　　　　　　　　　　2. 无所谓

再次谢谢您的配合

附录 10-2 数据分析列表

相似性矩阵分析

相似性矩阵分析列表

A 人群特征属性相似性矩阵（Pearson correlation）

	性别 1	年龄 2	教育 水平 3	职业 状况 4	单位 性质 5	工作 行业 6	职位 7	月收 入 8	总收 入 9	食品 开支 10	电水 开支 11	耐用 支出 12	医疗 自费 13	教育 费 14	爱好 开支 15	订买 花费 16	旅游 开支 17
1		−.127	−.145	.189	.057	.017	.115	−.146	−.055	.052	−.015	.026	.009	−.030	−.048	.019	.095
2			−.249	.433	−.289	−.141	.020	−.006	−.014	−.019	.007	−.185	.104	.019	−.096	−.011	−.057
3				−.250	.090	.176	−.149	.287	.225	.143	.075	.275	.013	.092	.017	.150	−.065
4					.033	−.037	.058	−.264	−.053	−.047	−.031	−.101	.086	.041	−.065	−.100	.053
5						.063	−.050	.086	.107	.101	−.070	.042	.156	−.011	.156	−.047	.057
6							−.066	.208	.117	.048	.029	.032	−.027	−.050	.016	.050	.095
7								−.073	−.126	−.117	−.073	−.137	−.048	−.084	−.050	−.100	−.086
8									.574	.254	.106	.382	.054	.192	.013	.223	.282
9										.379	.100	.373	.083	.077	.012	.152	.207
10											.098	.273	.157	.057	−.002	.123	.223
11												.134	.087	.019	−.009	.065	.148
12													.144	.142	−.045	.200	.087

	性别 1	年龄 2	教育水平 3	职业状况 4	单位性质 5	工作行业 6	职位 7	月收入 8	总收入 9	食品开支 10	电水开支 11	耐用支出 12	医疗自费 13	教育费 14	爱好开支 15	订买花费 16	旅游开支 17
13														.099	.005	.133	-.037
14														—	-.110	.150	.160
15															—	-.022	
16																—	-.068
17																	—

注: 表中阴影部分相关系数显著性为 0.02。

B 社会意识互动相似性矩阵 (Pearson correlation)

	本区买房 1	长期居住 2	社区发展 3	有无信心 4	自豪感 5	志愿者 6	自治活动 7	社区事务 8	知道邻居 9	有无来往 10	帮助邻居 11	得到帮助 12	人际关系 13
1		.007	.039	-.012	.020	.006	.030	.003	.002	-.013	-.040	-.006	.000
2			-.043	.031	.020	-.018	.009	-.008	-.003	.003	-.004	.003	-.001
3				.121	.066	-.003	.091	-.009	-.008	.048	.097	.016	.024
4					.410	-.031	.160	.013	.042	.114	.098	-.020	.085
5						.012	.205	.022	.028	.108	.056	-.025	.084

续　表

	本区买房	长期居住	社区发展	有无信心	自豪感	志愿者	自治活动	社区事务	知道邻居	有无来往	帮助邻居	得到帮助	人际关系
	1	2	3	4	5	6	7	8	9	10	11	12	13
6							.015	.012	-.003	.018	.016	-.006	-.017
7								.080	.082	.266	.308	-.003	.065
8									.014	.012	.017	-.003	-.007
9										.107	.113	.001	.026
10											.398	.006	.042
11												.029	.075
12													-.004
13													

注：表中阴影部分相关系数数显著性分别为 0.01 和 0.02。

C 组织管理服务相似性矩阵（Pearson correlation）

	工作评价	干部满意	符合需要	业委会	物业公司	物管不力	治安状况	警方不力	人口过杂	纠纷调解	法律咨询	心理咨询	出诊	为老服务	困难补助	家政	家庭护理
	1	2	3	4	5	6	7	8	9	10	11	12	13	14	15	16	17
1		.365	.259	.016	.348	.027	.006	.025	.009	-.020	.039	.008	.002	.095	-.013	.020	-.006
2			.018	.017	.494	.015	.472	.058	-.083	-.053	-.029	-.059	-.039	.096	-.031	.031	.036

续　表

	工作评价 1	干部满意 2	符合需要 3	业委会 4	物业公司 5	物管不力 6	治安状况 7	警方不力 8	人口过杂 9	纠纷调解 10	法律咨询 11	心理咨询 12	出诊 13	为老服务 14	困难补助 15	家政 16	家庭护理 17
3				.011	.000	.075	.013	.112	−.078	.004	.002	.040	.007	.101	−.003	.045	.004
4					.012	.015	.006	−.018	−.019	−.025	−.020	.015	−.029	.019	−.031	−.005	.010
5						.239	.484	.119	.021	−.047	−.041	−.043	−.018	.046	−.006	.034	.004
6							.034	.557	.324	.040	.022	.011	.017	.080	−.013	−.041	−.095
7								.250	−.043	−.036	−.031	−.049	−.001	.081	.018	.024	.015
8									.292	.018	−.027	−.013	.022	.045	−.122	.026	−.021
9										−.012	−.007	.016	.011	−.073	−.062	−.020	−.010
10											.506	.446	.557	.039	.660	.425	.510
11												.502	.545	−.001	.426	.449	.419
12													.382	.007	.347	.422	.435
13														.004	.518	.421	.531
14															.019	.026	.021
15																.325	.465
16																	.595
17																	

注：表中阴影部分相关系数数量显著性分别为 0.01 和 0.05。

D 社区空间设施相似性矩阵(Pearson correlation)

	住房	何时建成	住房居室	房屋外观	住房水平	居住比较	总体环境	卫生	垃圾倾倒	回收垃圾	人行道	路灯	活动场地	绿化	绿化地	公交状况	菜场
	1	2	3	4	5	6	7	8	9	10	11	12	13	14	15	16	17
1		.135	.025	−.112	−.062	−.007	−.004	.004	−.015	.054	−.020	.002	.000	.007	.030	.076	−.027
2			.096	−.136	−.075	−.106	−.007	−.040	−.008	.009	−.024	−.077	−.031	−.037	−.014	.030	.008
3				−.031	−.154	−.017	−.055	−.035	−.001	−.020	−.051	.006	−.022	−.021	−.043	.014	−.067
4					.262	.098	.261	.223	.066	.049	.207	.134	.182	.202	.071	.003	−.008
5						.217	.222	.189	.059	.016	.167	.129	.137	.177	.127	.029	.050
6							.166	.106	−.011	−.014	.139	.100	.071	.134	.106	.061	−.002
7								.569	.095	.113	.354	.228	.371	.477	.191	.040	.017
8									.137	.112	.363	.248	.404	.572	.194	.061	.019
9										.025	.129	.085	.081	.082	.054	.012	−.016
10											.095	.103	.036	.085	.122	−.003	.000
11												.135	.025	−.112	−.062	−.007	−.004
12													.096	−.136	−.075	−.106	−.007
13														−.031	−.154	−.017	−.055
14															.262	.098	.261
15																.217	.222
16																	.166
17																	
18																	
19																	
20																	
21																	
22																	
23																	
24																	
25																	
26																	
27																	
28																	
29																	
30																	
31																	
32																	
33																	
34																	
35																	

注：表中阴影部分相关系数显著性分别为 0.01 和 0.05。

食品配送	残疾设施	敬老院	就医时间	理发美容	日常购物	耐用品	医疗保健	便民服务	家电维修	健身	青少活动	老年活动	图书中心	社区网站	社区学校	评价业教	希望参加
18	19	20	21	22	23	24	25	26	27	28	29	30	31	32	33	34	35
-.015	-.007	-.011	-.032	-.007	.031	.007	-.006	.027	-.014	-.062	.104	.025	.049	.189	.116	.059	.013
.045	-.007	.022	-.015	-.051	.024	.075	-.033	-.016	-.038	-.043	.089	.005	.030	.073	.058	.037	.051
.026	-.072	.007	.008	-.057	.015	-.067	-.009	-.009	-.017	-.104	.105	.051	.069	.063	.147	-.025	.027
-.023	.013	-.031	.079	-.029	-.058	-.071	.128	.172	-.042	-.006	-.125	-.090	-.109	-.158	-.121	-.063	-.037
-.036	.030	-.058	.012	-.002	.073	-.002	.128	.103	.029	.075	.022	-.043	.043	-.041	-.003	.026	-.028
-.006	-.022	.027	.037	.050	.164	-.039	.121	.161	.019	.057	.062	-.025	.050	-.010	-.008	.057	-.001
.024	-.015	-.051	.114	.031	.138	-.056	.256	.311	.022	.017	-.091	-.045	-.013	-.129	-.030	-.035	-.004
.009	.014	-.104	.159	.019	.120	.020	.259	.318	.029	.021	-.106	-.071	-.076	-.131	-.112	-.051	.022
-.040	.041	-.063	.134	-.048	.114	-.017	.133	.130	.007	-.033	-.028	.042	-.013	.054	-.051	.046	.032
.009	-.012	.018	.007	.058	.005	-.023	.073	.080	-.004	.029	.033	-.047	.011	-.034	-.003	-.024	.015
.004	-.015	.054	-.020	.002	.000	.007	.030	.076	-.027	-.015	-.007	-.011	-.032	-.007	.031	.007	-.006
-.040	-.008	.009	-.024	-.077	-.031	-.037	-.014	.030	.008	.045	-.007	.022	-.015	-.051	.024	.075	-.033
-.035	-.001	-.020	-.051	.006	-.022	-.021	-.043	.014	-.067	.026	-.072	.007	.008	-.057	.015	-.067	-.009
.223	.066	.049	.207	.134	.182	.202	.071	.003	-.008	-.023	.013	-.031	.079	-.029	-.058	-.071	.128
.189	.059	.016	.167	.129	.137	.177	.127	.029	.050	-.036	.030	-.058	.012	-.002	.073	-.002	.128
.106	-.011	-.014	.139	.100	.071	.134	.106	.061	-.002	-.006	-.022	.027	.037	.050	.164	-.039	.121
.569	.095	.113	.354	.228	.371	.477	.191	.040	.017	.024	-.015	-.051	.114	.031	.138	-.056	.256
	.137	.112	.363	.248	.404	.572	.194	.061	.019	.009	.014	-.104	.159	.019	.120	.020	.259
		.025	.129	.085	.081	.082	.054	.012	-.016	-.040	.041	-.063	.134	-.048	.114	-.017	.133
			.095	.103	.036	.085	.122	-.003	.000	.009	-.012	.018	.007	.058	.005	-.023	.073
				.424	.404	.377	.120	.065	-.031	-.059	-.014	-.028	.037	-.034	.171	.047	.211
					.326	.301	.131	.042	-.028	-.039	.003	-.003	.081	.043	.087	-.031	.186
						.508	.299	.119	.031	.042	.021	-.092	.098	.003	.117	-.018	.216
							.323	.000	.019	.022	-.010	-.084	.118	.068	.132	.021	.191
								.053	-.031	.067	-.007	-.001	.060	.040	.120	-.046	.143
									.009	-.081	-.004	-.037	.025	.031	.047	.022	.022
										-.017	.008	.048	-.005	.030	-.017	-.003	-.003
											-.031	.236	-.035	.267	-.043	-.073	-.042
												-.019	.001	-.017	.000	.009	-.022
													-.052	.348	.004	-.067	.013
														.010	.026	-.028	.111
															.019	-.066	-.030
																.003	.417
																	-.047

相关性分析交互列表
载体（D）—隐体（B）相关性测度（LAMBDA, GAMMA）

D	B	B1								B2				
		自豪感	有无信心	长期居住	本区买房	社区发展	自治活动	志愿者	社区事务	知道邻居	有无往来	帮助邻居	得到帮助	人际关系
D1	住宅属性													
	建造年代													
	住房居室													
	房屋外观	.374	.247	.362										
	住房水平	.365	.323	.306										
	居住比较	.253		.285										
	总体环境	.477	.358	.315					.129					.245
D2	垃圾倾倒													
	回收倾倒						.238					.206		.169
	卫　生	.488	.289	.240										.240
	人行道	.343	.220	.201										.186
	路　灯	.245	.205	.186										
	活动场地	.248	.173	.148										.178
	绿化评价	.374	.267	.228										.175
	绿　地	.316		.255			.308		.192					
D3	公交状况	.245	.244	.214	.177									
	菜　场													
	食品配送													

续　表

D \ B		B1						B2						
		自豪感	有无信心	长期居住	本区买房	社区发展	自治活动	志愿者	社区事务	知道邻居	有无往来	帮助邻居	得到帮助	人际关系
	残疾设施	.293					.239							
	敬老院													
	就医时间	.178	.209											
	理　发				.185									
D3	购酬用品													
	医疗保健	.338	.286	.161			.261		.194	.176			.214	.309
	便民服务	.370	.264	.201			.245	.144	.157				.192	.343
	日常购物	.200	.206				.187	.150	.165			.181	.200	.324
	家电维修		.257											
	健　身						.201	.239						
	少年活动													
	老年活动													
	图书中心													
	社区网站													
	社区学校			.174										
D4	评价业教	.227					.206					.197	.187	.353
	参加业教						.152	.483	.216		.161	.201	.227	

注：据社区特征属性归类表中数据类型，定类变量间采用 LAMBDA 测量，定序变量及定类和定序变量间采用 GAMMA 测量。表中标注阴影数据的显著性水平为 .000，表示两两变量间相关，相关程度由系数值反映。

载体(D)—连体(C)相关性测度(LAMBDA,GAMMA)

C → / D ↓	C1				C2							C3					
	干部满意	工作评价	符合需要	物业评价	治安状况	警方不力	人口过杂	物管不力	业委会	为老服务	心理咨询	家政服务	家庭护理	法律咨询	出诊	困难补助	纠纷调解
D1 住房权属																-.201	
建造年代																	
住房居室		.199								.189							
房屋外观	.183	.223	.182	.331						.167							
居住比较	.176	.161	.224	.272	.208					.220							
总体环境	.376	.450	.361	.217	.471				.178	.402							
卫　生	.364	.414	.358	.472	.429				.206	.344							
D2 垃圾倾倒																	
回收垃圾	.221	.221	.275	.445					.272	.155							
人行道	.279	.333	.224	.336	.247					.305							
路　灯	.230	.256	.216	.280	.248					.234							
活动场地	.203	.261	.207	.265	.254					.273							
绿化评价	.283	.353	.281	.370	.308					.346							
绿　地	.025	.300	.318						.246	.276							
D3 公交状况	.171	.164								.177							
菜　场					.155	.481											
食品配送										.279		.638	.539	.595	.526	.410	.520
残疾设施																	

续　表

D	C	干部满意	工作评价	符合需要	物业评价	治安状况	警方不力	人口过杂	物管不力	业委会	为老服务	心理咨询	家政服务	家庭护理	法律咨询	出诊	困难补助	纠纷调解
		C1	C1	C1	C1	C2	C2	C2	C2	C2	C2	C3	C3	C3	C3	C3	C3	C3
D3	敬老院												.509	.728	.472	.591		.552
	就医时间		.216	.230														
	理发												.452	.454	.465	.533	.396	.468
	日常购物	.224									.452							
	买耐用品														-.221			
	医疗保健	.439	.407	.498	.223	.287				.164	.766							
	便民服务	.373	.402	.392	.325	.274			.446	.168	.625							
	家电维修												.470	.458	.484	.526	.374	.415
	健身												.448	.397	.547	.598	.354	.467
D4	青少年活动						.814	.837	.744									
	老年活动																	
	图书中心						.773		.677									
	社区网站						.655	.859	.682									
	社区学校				.221		.718		.681		.287							
	评价业教	.263	.284	.239						.173								
	参加业教														.215			

注：表中标注阴影数据的显著性水平为 .000，表示两变量间相关。相关程度由系数值反映，正负反映变量相关方向。

连体（C）—隐体（B）相关性测度（LAMBDA，GAMMA）

C	B	自豪感	有无信心	长期居住	本区买房	社区发展	自治活动	有无往来	人际关系	社区事务	知道邻居	帮助邻居	得到帮助	志愿者
								B1			B2			
C1	工作评价	.417	.437	.298			.513	.180	.349	.250	.234	.254	.236	.190
	干部满意	.379	.428	.278			.534		.387	.239	.187	.221	.188	.167
	符合需要	.350	.415	.290			.500		.313	.153		.212	.197	.176
	物业评价	.328	.248	.288					.240					
	治安状况	.373	.275	.225			.145		.269	.163				
C2	警方不力													
	人口过杂													
	物管不力	.317	.195	.184					.214					
	业委会	.172					.447		.179	.183	.263	.403	.285	.255
	为老服务	.365	.299	.174			.398	.228	.400	.197	.242	.277	.279	.238
C3	心理咨询													.161
	家政服务													
	家庭护理													
	法律咨询													
	出诊													
	困难补助													
	纠纷调解									.164				

主体(A)—载体(D)相关性测度(LAMBDA, GAMMA, ETA)

D	A	性别	年龄	教育水平	职业状况	单位性质	工作行业	职位	月收入	食品支出	水电支出	耐用品支出	医疗支出	教育支出	爱好支出	书报支出	旅游支出
			A1				A2							A3			
D1	住房权属		-0.245														
	建造年代																
	住房居室								0.491								
	房屋外观				-0.161												
	住房水平		-0.191		-0.181												
	居住比较															-0.278	
	总体环境																
D2	卫生																
	垃圾倾倒																
	回收垃圾																
	人行道																
	路灯																
	活动场地																
	绿化评价																
	绿地																
D3	公交状况		-0.187	0.216	-0.161												
	菜场																
	食品配送		0.163	-0.162	0.168												
	残疾设施																

续 表

D \ A	性别	年龄	教育水平	职业状况	单位性质	工作行业	职位	月收入	食品支出	水电支出	耐用品支出	医疗支出	教育支出	爱好支出	书报支出	旅游支出
	A1		A2						A3							
敬老院																
就医时间																
理 发																
日常购物																
D3 耐用品		−0.201	0.207						0.211		0.384					
医疗保健																
便民服务																
家电维修																
健 身						−0.329										
青少年活动		−0.31														
老年活动		0.566		0.436												
图书中心																
D4 社区网站		−0.475														
社区学校		−0.277														
业教评价																
参加业教		0.213	−0.241													

注：据社区特征属性归类表中数据类型，定类变量间采用 LAMBDA 测量，定序变量及定类和定序变量间采用 GAMMA 测量，定类和定距变量间采用 ETA 测量。表中标注阴影数据的显著性水平为 .000，表示两变量间相关，相关程度由系数值反映，正负反映变量相关方向。

主体(A)—隐体(B),连体(C),消费特征相关性测度(LAMBDA,GAMMA,ETA)

A	连体(C)					隐体(B)					消费特征			自然特征	
BC	符合需要	法律咨询	困难补助	业委会	有无往来	自豪感	有无信心	长期居住	自治活动	志愿者	食品支出	订报支出	耐用品支出	性别	年龄
性　别					−.205										
年　龄	−.185	.177	.145			−.210	−.215	−.171	−.262				−.214	−.212	−.363
教育水平			.163	−.281						−.165	.188	.336	.340	.283	.615
职业状况									−.262						
月收入											.389	.468	.421		−.422

注:表中仅将相关测度水平显著的数据列出,其余数据隐去。

附录 10-3 相关性交互分析

多变项相关性分析

（一）载体 D：社区环境设施——连体 C：社区组织管理相关性分析

居住设施 D1—社区组织 C1

住宅环境（D1 主因子 f1）与居民对社区组织工作的满意度评价（C1 主因子 f1）相关性较高，呈正相关关系。住宅属性（D1 主因子 f2）与居民对社区组织工作的满意度评价（C1 主因子 f1）基本不相关。

结果显示：居民对社区组织工作的满意度随住宅环境的改善而上升。

居住设施 D1—社区管理 C2

住宅环境（D1 主因子 f1）与居民对社区管理满意度评价（C2 主因子 f1）存在一定程度相关，集中于物业管理与社区治安方面。住宅属性（D1 主因子 f2）与居民对社区管理满意度评价（C2 主因子 f1）基本不相关。

结果显示：物业管理满意度评价和治安状况评价随住宅环境质量上升而好转，其中业委会的存在与社区总体环境相关，说明业委会在社区环境的改善中具有一定积极作用。

居住设施 D1—社区服务 C3

住宅环境（D1 主因子 f1）与居民对一般社区服务满意度评价（C3 主因子 f1）基本不相关。住宅环境（D1 主因子 f1）与社区为老服务满意度（C3 主因子 f2）存在一定相关。住宅属性（D1 主因子 f2）与社区服务 C3 基本不相关。

结果显示：老龄化社区中，住宅环境质量对为老服务满意度有提升作用。

环卫设施 D2—社区管理 C2

环境设施（D2 主因子 f1）、卫生设施（D2 主因子 f2）与社区组织工作的满意度评价（C1 主因子 f1）相关性较高。

结果显示：居民对社区组织工作的满意度随社区环卫设施质量的改善而上升。

环卫设施 D2—社区管理 C2

环境设施（D2 主因子 f1）、卫生设施（D2 主因子 f2）与社区管理满意度评价（C2 主因子 f1）存在一定程度相关，与住宅环境（D1 主因子 f1）相似，业委会与社区环卫设施具有一定相关。

结果显示：居民对物业管理及治安状况的满意度评价随社区环卫设施质量的提高而上升。业委会对社区环卫设施的改善具有积极作用。

环卫设施 D2—社区服务 C3

环卫设施 D2 与一般社区服务(C3 主因子 f1)基本无关,而与社区为老服务相关较高。

结果显示:老龄化社区中环境与卫生设施的重要性较强。

服务设施 D3—社区组织 C1

基本服务设施(D3 主因子 f1,包括日常购物、医疗保健、便民服务)、出行交通(D3 主因子 f3)与对组织工作的满意度评价(C1 主因子 f1)有一定相关性。生活需求设施(D3 主因子 f2,包括理发、敬老院、食品配送、家电维修)、耐用品购买(D3 主因子 f4)、特殊设施(D3 主因子 f5)与组织工作的满意度评价(C1 主因子 f1)基本无关联。

结果显示:居民对社区组织工作的满意度随基本服务设施和交通设施的完善程度提高。

服务设施 D3—社区管理 C2

基本服务设施(D3 主因子 f1,包括日常购物、医疗保健、便民服务)、出行交通(D3 主因子 f3)与社区管理满意度评价(C2 主因子 f1)有一定相关性。其余因子与社区管理基本无相关。

结果显示:居民对社区管理满意度随基本服务设施和交通设施的完善程度提高。

服务设施 D3—社区服务 C3

基本服务设施(f1)、交通设施(f3)、特殊设施(f5)与为老服务(C3 主因子 f2)相关,尤其基本服务设施(日常购物、医疗保健、便民服务)与为老服务相关度较高。

生活需求设施(f2)与社区一般服务(C3 主因子 f1)相关程度较高。

结果显示:老龄化社区应注重在社区基本服务设施(日常购物、医疗保健、便民服务)、交通设施和为老服务三类设施配套上强调对老人的照顾。而社区中一般人群与生活需求设施(包括理发、敬老院、食品配送、家电维修)关系密切,互动频率较高。

活动设施 D4—社区组织 C1

业余教育(D4 主因子 f3)与组织工作的满意度评价(C1 主因子 f1)有一定相关性,而交往设施(D4 主因子 f1)和健身设施(D4 主因子 f2)与其基本无关。

结果显示:社区业教质量的提升能够促进居民对社区组织工作的满意度。

活动设施 D4—社区管理 C2

交往设施(D4 主因子 f1)与社区管理满意度评价有一定相关性,而健身设施和业教设施则与社区管理满意度相关性很小。

结果显示：社区交往设施质量的改善可促进居民对社区管理质量的满意度。

活动设施 D4—社区服务 C3

健身设施(D4 主因子 f2)与社区一般服务(C3 主因子 f1)相关性很高。业教(D4 主因子 f3)与一般社区服务中的法律咨询有一定相关，与为老服务也有关联。其余因子基本不相关。

结果显示：社区健身设施是社区一般服务中居民较为注重的方面。而社区业教可发展的内容可与法律咨询和为老服务有关。

> **载体 D：社区环境设施——连体 C：社区组织管理相关性分析小结：**
>
> ● 居民对社区组织工作的满意度随住宅环境的改善、社区环卫设施质量的改善、社区业教质量的提升、基本服务设施和交通设施的完善程度而上升。
>
> ● 居民对社区管理满意度随基本服务设施、社区交往设施质量和交通设施的完善程度提高。物业管理满意度评价和治安状况评价随住宅环境质量上升、社区环卫设施质量的提高而好转。
>
> ● 老龄化社区中，住宅环境质量、环境与卫生设施质量、社区基本服务设施、交通设施对提升为老服务质量有促进作用。
>
> 社区生活需求设施、健身设施质量是社区一般人群对社区组织管理评价的重要影响因素。此外社区业教可发展的内容可与法律咨询和为老服务有关。

(二) 载体 D：社区环境设施——连体 B：社区意识互动相关性分析

居住设施 D1—社区归属 B1

住宅环境(D1 主因子 f1)与社区凝聚力(B1 主因子 f1)相关性较高，其余因子相关性很小。

结果显示：社区凝聚力随住宅环境的改善而提升。

居住设施 D1—社区互动 B2

住宅环境(D1 主因子 f1)与社区活动参与(B2 主因子 f2)有一定程度关联，其余因子基本不相关。

结果显示：社区活动参与程度受住宅环境设施质量的影响，住宅环境设施的改善可以促进居民参与社区活动。

环境设施 D2—社区归属 B1

环境设施（D2 主因子 f1）、卫生设施（D2 主因子 f2）与社区凝聚力（B1 主因子 f1）相关程度较高。环境设施（D2 主因子 f1）、卫生设施（D2 主因子 f2）与社区归属感（B1 主因子 f2）有一定程度相关。但上述两类因子对社区定居意识（B1 主因子 f3）无明显相关。

结果显示：社区环境卫生质量越好，社区凝聚力越高、社区归属感越强。但居民对本社区的定居意识受社区环境卫生设施的影响很小，说明除社区自身环境卫生设施条件影响外，居民在本社区购买房产还受其他因素的影响。

环卫设施 D2—社区互动 B2

环境设施（D2 主因子 f1）、卫生设施（D2 主因子 f2）与社区邻里交往（B2 主因子 f1）和社区活动参与（B2 主因子 f2）有一定程度相关，表明居民间互动受社区环境卫生的影响。

结果显示：社区环境卫生设施质量的好坏影响社区居民间的互动。

服务设施 D3—社区归属 B1

基本服务设施（D3 主因子 f1，包括日常购物、医疗保健、便民服务）与社区凝聚力（B1 主因子 f1）相关程度较高；出行交通（D3 主因子 f3）与社区凝聚力、社区归属感（B1 主因子 f2）有一定程度相关。

结果显示：社区凝聚力随社区基本服务设施质量的完善而提升。社区归属感与社区出行交通的方便程度有关。

服务设施 D3—社区互动 B2

基本服务设施（D3 主因子 f1，包括日常购物、医疗保健、便民服务）与邻里交往（B2 主因子 f1）、社区活动参与（B2 主因子 f2）及求助邻里（B2 主因子 f3）均有一定程度的相关。其余因子相关不显著。

结果显示：社区基本服务设施质量的改善对增强社区互动具有促进作用。

活动设施 D4—社区归属 B1

社区业教开展（D4 主因子 f3）对社区凝聚力和归属感的提升有一定程度相关。健身设施（D4 主因子 f2）对社区归属感提升促进作用。

结果显示：社区凝聚力的提升与社区业教开展情况及社区健身设施质量有关。社区归属感随业教开展而提升。

活动设施 D4—社区互动 B2

健身设施（D4 主因子 f2）、社区业余教育（D4 主因子 f3）与社区凝聚力（B1 主因子 f1）、社区定居意识（B1 主因子 f3）有一定相关。

健身设施与邻里交往（B2 主因子 f1）相关，社区业余教育与邻里交往、社区活动参与（B2 主因子 f2）及求助邻里（B2 主因子 f3）有一定程度相关。

结果显示：社区凝聚力的提升与社区健身设施质量、社区业教情况有关。社区互动中邻里间交往与社区健身设施及社区业教有关。

载体 D：社区环境设施——连体 B：社区意识互动相关性分析小结

- 社区凝聚力随住宅环境质量、社区环境卫生设施质量、社区健身设施质量、社区基本服务设施质量、升高，月收入水平和物质生活支出呈上升趋势；对社区管理的要求提高，对社区一般服务的依赖程度降低。
- 女性教育水平、在职比例普遍低于男性；邻里交往频度质量的好坏、社区基本服务设施质量、社区健身设施及社区业教质量的改善而增强。

社区活动参与程度随住宅环境设施质量的提高而增强。

（三）连体 C：社区组织管理——连体 B：社区意识互动相关性分析

社区组织 C1—社区归属 B1

居民对社区组织工作评价（C1 主因子 f1）的高低对社区凝聚力（B1 主因子 f1）、社区归属感（B1 主因子 f2）相关性较高。与社区定居意识基本无相关。

结果显示：社区凝聚力与归属感随社区组织工作的改进而增强。

社区组织 C1—社区互动 B2

居民对社区组织工作评价（C1 主因子 f1）与社区邻里交往（B2 主因子 f1）、社区活动参与（B2 主因子 f2）、求助邻里（B2 主因子 f3）都有一定程度相关。

结果显示：社区居民间互动的增强会改善居民对社区组织工作的满意度评价。

社区管理 C2—社区归属 B1

居民对社区管理的满意度评价（C2 主因子 f1）与社区凝聚力及社区归属感有关，与定居意识基本无相关。

结果显示：社区管理水平的提高对增强社区凝聚力和社区归属感有促进作用。

社区管理 C2—社区互动 B2

居民对社区管理的满意度评价与社区邻里交往、社区活动参与有一定相关。

结果显示：增进社区邻里交往和居民参与社区活动对提高社区管理的信度有利。

社区服务 C3—社区归属 B1

为老服务评价(C3 主因子 f2)的好坏与社区凝聚力、归属感的增强有关。一般社区服务与社区归属显示无相关。

结果显示：在老龄化社区中，为老服务是增强社区凝聚力和归属感的重要服务内容。

社区服务 C3—社区互动 B2

为老服务评价与社区互动的三个主因子(邻里交往 f1、活动参与 f2、求助邻里 f3)均有一定程度的相关。一般服务中只有社区纠纷调解与社区事务的参与有关，其余均显示无相关。

结果显示：老龄化社区中，为老服务是增进社区互动的重要内容。

连体 C：社区组织管理——连体 B：社区意识互动相关性分析小结

- 老龄化社区中，为老服务是增强社区凝聚力和归属感、增进社区互动的重要方面。
- 社区凝聚力与归属感随社区组织工作的改进、社区管理水平的提高而增强。
- 社区组织工作的满意度随社区居民间互动的增强而提高。
- 社区管理信度的增强与社区邻里交往及居民参与社区活动的程度有关。

（四）载体 D：社区环境设施——主体 A：社区人群特征相关性分析

居住设施 D1—人群自然结构 A1

住宅权属(D1 主因子 f2)、住宅环境(D1 主因子 f1)与年龄(A1 主因子 f2)呈负相关。

结果显示：随年龄增长，住宅私有(或购置)程度有上升趋势，住房水平有下降趋势。

居住设施 D1—人群社会阶层 A2

住宅权属(D1 主因子 f2)、住宅环境(D1 主因子 f1)与收入(A2 主因子 f1)、职业(A2 主因子 f2)相关。

结果显示：随收入的上升住宅居室数有增加趋势，随职业状况(在职、失业或离退休)变化，住房权属和水平有下降趋势。

居住设施 D1—消费特征 A3

数据检测显示基本无相关。

环卫设施 D2—人群自然结构 A1

数据检测显示基本无相关。

环卫设施 D2—人群社会阶层 A2

数据检测显示基本无相关。

环卫设施 D2—消费特征 A3

数据检测显示基本无相关。

服务设施 D3—人群自然结构 A1

生活需求设施(D3 主因子 f2)、出行交通(D3 主因子 f3)、耐用品购买(D3 主因子 f4)与年龄有关。

结果显示：随年龄增长，出行交通的需求下降，耐用品购置范围缩小，对食品配送需求降低。

服务设施 D3—人群社会阶层 A2

生活需求设施(D3 主因子 f2)、出行交通(D3 主因子 f3)、耐用品购买(D3 主因子 f4)与职业和教育水平有关。

结果显示：随教育水平上升，出行交通质量需要求提高，食品配送需求上升，耐用品购置范围扩大。职业状况与出行交通和食品配送的关系与教育水平相反，即在职人群对出行交通要求较高，食品配送需求较高，而失业或离退休人群较低。

服务设施 D3—消费特征 A3

物质生活支出(A3 主因子 f1)与耐用品购买有关。

结果显示：随物质生活支出上升，耐用品购置范围扩大。

活动设施 D4—人群自然结构 A1

年龄与交往设施(D4 主因子 f1)、业教(D4 主因子 f3)相关性较高。

结果显示：随年龄增长，青少年活动设施、社区网站、社区学校需求减少，老年活动设施需求增加，与理论假设相同；而参加社区业教的需求增加。

活动设施 D4—人群社会阶层 A2

职业(A3 主因子 f2)与交往设施(D4 主因子 f1)、健身设施(D4 主因子 f2)有关。教育水平与参加业教意愿有关。其余因子基本无相关。

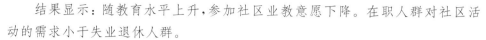

结果显示：随教育水平上升，参加社区业教意愿下降。在职人群对社区活动的需求小于失业退休人群。

活动设施 D4—消费特征 A3

数据检测显示基本无相关。

载体 D：社区环境设施——主体 A：社区人群特征相关性分析小结

 ● 随年龄增长，住宅私有（或购置）程度有上升趋势，住房水平有下降趋势；出行交通需求下降，耐用品购置范围缩小，对食品配送需求降低；青少年活动设施、社区网站、社区学校需求减少，老年活动设施需求增加，与理论假设相同；而参加社区业教的需求增加。

 ● 随教育水平上升，出行交通质量需要求提高，食品配送需求上升，耐用品购置范围扩大；参加社区业教意愿下降。

 ● 随收入的上升住宅居室数有增加趋势。

 ● 随物质生活支出上升，耐用品购置范围扩大。

 ● 随职业状况（在职、失业或离退休）变化，住房权属和水平有下降趋势；出行交通质量和食品配送需求下降；在职人群对社区活动的需求小于失业退休人群。

（五）主体 A：社区人群特征——隐体 B：社区意识互动相关性分析

据相关性检测，性别（A1 主因子 f1）与邻里交往（B2 主因子 f1）相关，年龄（A1 主因子 f2）与社区凝聚力（B1 主因子 f1）、社区归属感（B1 主因子 f2）、社区活动参与（B1 主因子 f2）相关。

结果显示：女性邻里交往频度较男性高。随年龄增长社区凝聚力和社区归属感增强，社区活动参与意愿上升。

（六）主体 A：社区人群特征——连体 C：社区组织管理相关性分析

数据检测表明，年龄（A1 主因子 f2）与社区组织工作评价（C1 主因子 f1）、社区一般服务（C3 主因子 f1）有一定相关性。教育水平与社区一般服务、社区管理（C2 主因子 f1）有一定相关。

结果显示：随年龄增长，对社区组织工作的满意度上升，对社区一般服务的需求增加。随教育水平的升高，对社区管理的要求提高，对社区一般服务的依赖程度降低。

（七）主体 A：社区人群特征自相关分析

社区人群的年龄与教育水平、职业状况、单位性质及耐用品购置有关；性别与教育水平、职业状况相关；教育水平与物质生活支出有一定程度相关；收入水平与物质生活支出相关度较高。

结果显示：随年龄增长，教育水平、收入水平和耐用品支出有下降趋势，在职比例下降；女性教育水平、在职比例普遍低于男性；随教育水平上升，月收入水平和物质生活支出呈上升趋势。

主体 A：社区人群特征——隐体 B：社区意识互动—连体 C：社区组织管理相关性分析小结

- 随年龄增长，教育水平、收入水平和耐用品支出有下降趋势，在职比例下降；对社区组织工作的满意度上升，对社区一般服务的需求增加；社区凝聚力和社区归属感增强，社区活动参与意愿上升。
- 随教育水平的升高，月收入水平和物质生活支出呈上升趋势；对社区管理的要求提高，对社区一般服务的依赖程度降低。
- 女性教育水平、在职比例普遍低于男性；邻里交往频度较男性高。

结 论

（一）认识论角度

在本书第二部分的纵向历史研究的分析中，可清晰地看到，现代城市规划在其产生与发展过程中就其对社会关注的态度而言是逐步变化的，即由一种较为疏离的乌托邦理想逐步转变为对社会的深切审视观察，最后进一步演进为以一种学习的姿态参与城市社会中去体验和发现各类群体的需求，这种研究视角的下移无疑代表了规划在认识论层面的不断成熟与完善。从规划学科及职业角度看，这种发展主要体现在以下两个方面：

① 规划对城市的认识深度逐步由浅入深，表现在对城市的理解上是从城市物质空间表象过渡到深层空间的影响与支持因素上；在认识范畴上是由狭义到广义，即从以城市物质环境干预为前提目标的规划编制，发展到囊括了编制、实施、管理等多方位协调的综合规划体系；

② 规划对城市空间的认识角度由偏重于工程和美学，到希望从系统角度、通过逻辑理性思考及过程控制达成理想目标，最后形成在人本主义思想基础上的社会科学理性。

当然，在此发展过程中，城市规划并未忘记自身在城市土地和空间资源配置方面的职责，因此，对社会（包括其他城市发展影响因素，如政治、经济等）的关注与研究并不意味着城市规划的发展是一个逐步泛化或虚化的过程，相反，城市规划越来越强调理论的实证性，不主张在缺乏经验事实的基础上构造庞大的理论体系。这恰恰表明了规划在认识论方面的进步，这一认识论方面的进步，是与本体论方面的升华，及方法论方面的完善不可分割的。

（二）方法论角度

在知识领域中，理论不仅是关于被认识客体的客观属性及其运动规律的反映和表述，它还是在已有的、被实践证明是正确的知识基础上，向新的知识领域渗透的工具。受到认识论和本体论发展的影响，规划在方法论层面的跟进也不再局限于空间技术本身，而是逐步向借鉴与援用相关学科方法的方向发展，以寻求城市空间背后潜层次的支持力量。相关学科的研究方法与技术在某种程度上的确促进了规划方法的丰富与多元，但从借鉴的总体状况来看，尚未形成系统的方法论。并且，从长远角度来看，这种片断式的借鉴方式并不能促成规划方法体系的整体提升。

虽然规划在认识论角度并不主张建构庞大的、缺乏经验事实研究基础的理论体系，但从方法论的角度，则需要系统的方法论体系予以支持，因此，规划的方法论应当是一个体系的概念，包括了哲学层面、规划一般方法论、规划专门方法论三个层次，完成这三个层次间过渡的是规划的逻辑，同时这三个层次共同构成了规划方法论的理论诱导的功能。（见图 11－1）。

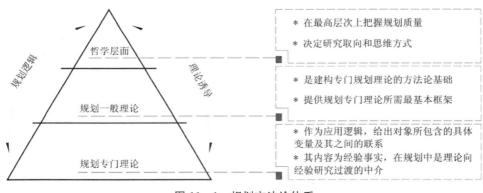

图 11－1　规划方法论体系

上述方法论体系中，哲学方法作为最高层次的原则，决定了规划者（或规划提供者）的规划取向与思维方式，并总体把握着规划的整体质量，例如新马克思主义者认为唯物辩证法是自己的最高层次的方法论原则；规划一般方法论介于哲学原则与专门方法论之间，起着承上启下的作用，是规划专门方法论的出发点，并向规划专门方法论提供最基本的理论框架；而规划专门方法论则作为应用逻辑，揭示对象所包含的具体变量体系及其之间的联系。

显然，对规划理论建构而言，这三者是缺一不可的。规划专门方法论操作的内容关乎经验事实，是一般方法论和哲学方法论建构的基础，哲学方法论原则指引着规划的前行方向，而一般方法论则完成经验研究向一般理论的过渡，这三者与规划逻辑一起共同构成了规划方法论的基本架构。

（三）本体论角度

认识论和方法论的进步无疑促进了规划在本体论方面的拓展，城市规划的本体领域由原本偏重于城市物质空间的技术性及静态发展蓝图，转而将这一空间发展置于特定的政治与经济体制环境中协同考虑，意识到城市规划本身是一个具有一定内部结构及相应外部功能、与自然、社会、经济、技术等外部因素相互作用形成的一个综合、开放、动态的复杂体系。

本书第一部分曾对城市规划现有研究体系进行过归纳，认为规划的本体领域正是介于规划核心领域及拓展领域间的桥梁，通过两者之间的融会贯通，实现对这两个领域及相互关系的客观认知，并且，对规划自身的发展而言，更为重要的是，在这一认知过程中，规划本体方面的认知也同时得到完善。

本书前述章节一直在探讨社会研究如何才能对城市规划形成更为科学而有力的支持，这显然是针对现阶段我国主流规划认识论及方法论中的一些不均衡而提出和阐述的。而城市规划是否将在核心领域和拓展领域间不停的协调与均衡中前行呢？对此，国内规划界一些学者持相同的看法①，即学科间的交叉意义并不仅仅是借鉴相关学科的知识、方法和研究成果，而应当是一种相互的融合与渗透。

从城市规划学科长远发展来看，作为一门综合性的应用社会学科，规划相关拓展领域的研究不应仅仅作为规划的支持工具存在，各种借鉴只是学科交叉的第一步，而在借鉴之后，更重要的应当是将拓展领域中的相关内容及方法逐步融入规划当中，使之成为规划的本体构成，这才构成了真正意义上的规划的进步与升华。

本书行文中主要贯穿的是理性思维，因此前文所述都是基于规划的社会理性的探讨，至此进入本书的尾声，笔者还要对规划中的社会感性进行一点补充。由于社会矛盾往往激化于社会较低阶层，对非主流社会群体的关注就成为规划的重要社会议题。规划是协调公共领域中各群体利益的行为，通常认为应当做出符合大多数人利益的规划决策才是实现了规划的价值中立，发挥了规划作用。但这过程中存在一个明显的问题，那就是社会中的非主流群体（弱势边缘群体）的利益是否在此原则下被规划所放弃？如果答案是肯定的（虽然没有人愿意或敢于表示肯定），规划很可能成为社会选择（与达尔文的自然选择相应）的一种手

---

① 如吴良镛先生曾在 2004 年建设部高等城市规划学科专业指导委员会年会的报告中（2004 年 8 月 7 日，北京大学），提出城市规划从单学科到多学科，再到"无学科"的境界。笔者导师赵民教授也曾指出，学科间的借鉴和交叉仅是一定阶段的现象，相关学科间的融会贯通才是学科交叉的更高境界。

段,即不断地淘汰现有的弱势边缘人群,并面临不断有新的边缘人群出现,社会矛盾在规划的客体中将形成一个无限循环前进的怪圈;如果答案是否定的(应该承认,这种否定是一种不完全否定,是将非主流社会群体作为一种与主流群体共生的群体看待,而不是个体的概念),那么规划应该做些什么,能够做些什么? 从本书第 2 章对规划的社会关注历史回顾中可发现,这两个问题一直是推动规划向社会理性靠近的动力,而本书也是秉承这一宗旨探讨的。

理性在规划中固然是不可或缺的一种思维方式,但从思维上升发展的角度,理性最基本的形成是建立在感性认知的基础上的,因此,我们不能奢望一种缺乏感性认知的理性空中楼阁。而这种情况恰恰是存在于国内主流规划界的一种现象,规划师(甚至包括规划管理层)往往无意或不屑主动去关注城市中的各种社会现象或问题。引起这种不作为有两方面原因:首先,我们的教育中缺少关于社会感性认知的培养,以至于缺乏主动去观察的主观愿望。我们通常习惯于直接用理性思维去考虑工作中的问题(不论对这一问题是否有感性认识),当然并非所有的问题都需要经过感性认知才可以上升到理性,但往往唾手可得的感性认知我们也会忽略;其次,现有人才的成长经历往往使个人缺少足够的社会阅历,与社会接触面狭窄致使感性认知局限性很大,由此往往导致缺乏应有的社会理解能力及社会同情心。这两方面的原因造成了在规划中普遍缺乏社会研究的自觉性和激情,仅有的工作也往往浮于现象表层。希望本书研究所做的工作能为规划学科的理性发展做出些许贡献,更希望此文能够有助于唤起规划界更多的社会关怀意识,学会倾听并善于倾听来自社会方方面面的声音。

参考文献

■ 著作部分：

［1］ （美）彼得·布劳著.不平等和异质性[M].王春光,等译.中国社会科学出版社,1991.

［2］ （美）彼得·布劳著.社会生活中的交换与权力[M].孙非,等译.华夏出版社,1987.

［3］ （法）E.迪尔凯姆著.社会学研究方法论[M].胡伟,译.华夏出版社,1988.

［4］ （美）E.A.罗斯著.社会控制[M].秦志勇,等译.华夏出版社,1989.

［5］ （美）查尔斯·霍顿·库利著.人类本性与社会秩序[M].包凡一,等译.华夏出版
社,1989.

［6］ （美）L.科塞著.社会冲突的功能[M].孙立平,等译.华夏出版社,1989.

［7］ （法）让·卡泽纳弗著.社会学十大概念[M].杨捷,译.上海人民出版社,2003.

［8］ （美）乔治·瑞泽尔著.后现代社会理论[M].华夏出版社,2003.

［9］ （美）唐·埃斯里奇著.应用经济学研究方法论[M].朱钢,译.经济科学出版社,1998.

［10］ （美）莱斯特·M.萨拉蒙,等著.贾西津,等译.社会科学文献出版社,2002.

［11］ （英）J.C.亚历山大编.国家与市民社会:一种社会理论的研究路径[M].邓正来,译.
中央编译出版社,1999.

［12］ （德）马克斯·韦伯著.经济、诸社会领域及权力[M].李强,译.北京三联书店,1998.

［13］ （德）马克斯·韦伯著.社会科学方法论[M].杨富斌,译.华夏出版社,1999.

［14］ （日）青井和夫著.社会学原理[M].刘振英,译.华夏出版社,2002.

［15］ （澳）马尔科姆·沃特斯著.现代社会学理论[M].杨善华,译.华夏出版社,2000.

［16］ （美）艾尔·巴比著.社会研究方法[M].邱泽奇,译.华夏出版社,2000.

［17］ （美）T.帕森斯著.现代社会的结构与过程[M].梁向阳,译.光明日报出版社,1988.

［18］ （日）富永健一著.社会结构与社会变迁——现代化理论[M].董兴华,译.云南人民出
版社,1988.

［19］ （美）乔纳森·特纳著.社会学理论的结构[M].邱泽奇,译.华夏出版社,2001.

［20］ （美）R.E.帕克等著.城市社会学——芝加哥派城市研究文集[M].宋俊岭,等译.华夏

出版社,1987.

[21] (英)安东尼·吉登斯著. 社会的构成[M]. 李康,李猛,译. 北京三联书店,1998.

[22] (德)哈贝马斯著. 公共领域的结构转型[M]. 曹卫东,等译. 学林出版社,1998.

[23] 边燕杰主编. 市场转型与社会分层:美国社会学者分析中国[M]. 三联书店,2002.

[24] 夏铸九,王志弘编译. 空间的文化形式与社会理论读本[M]. 台湾明文书局,1993.

[25] 郭彦弘著,陈浩光编译. 城市规划概论[M]. 中国建筑工业出版社,1992.

[26] (英)伯特兰·罗素著. 社会改造原理[M]. 张师竹,译. 上海人民出版社,2001.

[27] (美)麦克尔·E. 罗洛夫著. 人际传播:社会交换理论[M]. 王江龙,译. 上海译文出版社,1997.

[28] (美)柯林·罗·弗瑞德·科特著. 拼贴城市[M]. 童明,译. 中国建筑工业出版社,2003.

[29] 美国加州大学伯克利分校原著. 现代化城市管理[M]. 潘国和,等译. 上海大学出版社,1998.

[30] (美)R. E. 帕克等著. 城市社会学——芝加哥派城市研究文集[M]. 宋俊岭,等译. 华夏出版社,1987.

[31] (美)丹泽尔·贝尔著. 社群主义及其批评者[M]. 李琨,译. 三联书店,2002.

[32] (美)马斯洛著. 马斯洛人本哲学[M]. 成明,编译. 九州出版社,2003.

[33] Clara H. Greed, editor, Social Town Planning. TJ International Ltd, Padstow, Cornwall, 1999.

[34] Barrow C J. Social Impact Assessment: An Introduction, Oxford Uni. Press, 2000.

[35] David C, Perry, Sallie A. Marston, editor, The Urban Moment: Cosmopolitan Essays on the Late-20th-century City, Sage, 1999.

[36] David Eversley, The Planner in Society: The Changing Role of A Profession, Faber and Faber, 1973.

[37] David Eversley, The Planner in Society, Faber and Faber, London, 1973.

[38] David Harvey, Space of Capital, New York, Routledge, 2001.

[39] David Harvey, Social Justice and the City, The John Hopkins Uni. Press, 1973.

[40] Ernest Nagel, The Structure of Science: Problems in The Logic of Scientific Explanation, Hackett Publishing Co. , 1979.

[41] Gordon E. Cherry, Town Planning in its Social Context, Leonard Hill, 1970.

[42] Gregory D. Andranovich, Gerry Riposa, Doing Urban Research, Sage, 1993.

[43] Leonie Sanderock, Toward Cosmopolis: Planning for Multicultural Cities, John Wiley & Sons, 1998.

[44] Leon Festinger, Stanley Schachter and Kurt Back, Social Pressures in Informal Groups, Stanford, California, 1950.

［45］ Castells M. The Urban Question，MIT Press，1977.

［46］ Michael Carley，Paul Jenkins and Harry Smith，Urban Development and Civil Society，Earthscan Publications Ltd. 2001.

［47］ Michael Hill，Social Policy：A Comparative Analysis，Prentice Hall，1996.

［48］ Michael J. Bruton，editor，The Spirit and Purpose of Planning，Hutchinson，1974.

［49］ Smith M P. The City and Social Theory，New York St. Martin's Press，1979.

［50］ Nigel Taylor，Urban Planning Theory since 1945，Sage，1998.

［51］ Peter Hall，Colin Ward，Sociable Cities，John Wiley & Sons Ltd，1998.

［52］ Saunders P. Social Theory and the Urban Question，London Hutchinson，1981.

［53］ Robert K. Yin，Case Study Research：Design and Methods，Sage Publications，Ins,1994.

［54］ Susan S. Fainstein and Scott Campbell，Readings in Urban Theory，Blackwell，1996.

［55］ Tim Brindley，Yvonne Rydin and Gerry Stoker，Remaking Planning：Politics of Urban Chang，TJ Press(Padstow) Ltd.，1996.

［56］ W Lawrence Neuman，Social Research Methods：Qualitative and Quantitative Approaches，Allyn & Bacon，2000.

［57］ 李康著.社会发展与资源环境［M］.云南人民出版社,1998.

［58］ 谢立中主编.西方社会学名著提要［M］.江西人民出版社,1998.

［59］ 刘豪兴主编.社会学概论［M］.高等教育出版社,1999.

［60］ 风笑天著.现代社会调查方法［M］.华中理工大学出版社,1996.

［61］ 李沛良著.社会研究的统计分析［M］.湖北人民出版社,1987.

［62］ 古迎春.中国的城市"病"：城市社会问题研究［M］.中国国际广播出版社,1989.

［63］ 康少邦,张宁.城市社会学［M］.浙江人民出版社,1986.

［64］ 李德华主编.城市规划原理(第三版)［M］.中国建筑工业出版社,2001.

［65］ 陈友华,赵民.城市规划概论［M］.上海科学技术出版社,2000.

［66］ 吴增基,吴鹏森,苏振芳主编.现代社会学［M］.上海人民出版社,1997.

［67］ 孙小礼,李慎主编.方法的比较：研究自然与研究社会［M］.北京大学出版社,1991.

［68］ 尹继佐主编.体制改革与社会转型：2001年上海社会发展蓝皮书［M］.上海社会科学院出版社,2001.

［69］ 顾朝林编著.城市社会学［M］.东南大学出版社,2002.

［70］ 张鸿雁编著.侵入与接替——城市社会结构变迁新论［M］.东南大学出版社,2000.

［71］ 叶南客,李芸编著.战略与目标——城市管理系统与操作新论［M］.东南大学出版社,2000.

［72］ 赵民,赵蔚编著.社区发展规划——理论与实践［M］.中国建筑工业出版社,2003.

［73］ 王颖.城市社区的转型研究［D］.同济大学博士学位论文,2001.

［74］ 张椿年.从信仰到理性——意大利人文主义研究［M］.浙江人民出版社,1993.

[75] 李培林,李强,孙立平,等著. 中国社会分层[M]. 社会科学文献出版社,2004.

[76] 林尚立主编. 社区民主与治理:案例研究[M]. 社会科学文献出版社,2003.

■ **期刊部分:**

[77] 龚清宇. 追溯近现代城市规划的"传统":从"社经传统"到"新城模型"[J]. 城市规划,Vol. 23,No. 2,Feb,1999.

[78] 郑德高. 城市规划运行过程中的控权论和程序正义[J]. 城市规划,2000/10.

[79] 方澜,于涛方,钱欣. 战后西方城市规划理论的流变[J]. 城市问题,2002/1.

[80] 吴志强.《百年西方城市规划理论史纲》导论[J]. 城市规划刊,2000/2.

[81] 吴志强. 百年现代城市规划中不变的精神和责任[J]. 城市规划,1999/1.

[82] 张庭伟. 构筑规划师的工作平台[J]. 城市规划,2002/10.

[83] 张庭伟. 构筑规划师的工作平台(续)[J]. 城市规划,2002/11.

[84] 梁鹤年. 公众(市民)参与:北美的经验与教训[J]. 城市规划,1999/5.

[85] 赵民. 论城市规划的实施[J]. 城市规划汇刊,2000/4.

[86] 赵民. 城市规划行政与法制建设问题的若干探讨. 2000/7.

[87] 赵民,林华. 我国城市规划教育的发展及其制度化环境建设[J]. 城市规划汇刊,2001/6.

[88] 唐子来. 西方城市空间结构研究的理论和方法[J]. 城市规划汇刊,1997/6.

[89] 张兵. 城市规划研究传统的批判[J]. 城市规划,1997/5.

[90] 孙施文. 规划的本质意义及其困境[J]. 城市规划汇刊,1999/2.

[91] 张庭伟. 城市的两重性和规划理论问题[J]. 城市规划,2001/1.

[92] 吴启焰,崔功豪. 南京市居住空间分异特征及其形成机制[J]. 城市规划,1999/12.

[93] 赵民,栾峰. 城市总体发展概念规划研究刍论[J]. 城市规划汇刊,2003/1.

[94] 柏兰芝. 反思规划专业在社会变革中的角色[J]. 城市规划,2002/4.

[95] 何丹. 市民社会思潮复苏下中国城市规划师的角色定位. 2003/1.

[96] 张庭伟. 中国规划走向世界——从物质建设规划到社会发展规划[J]. 城市规划汇刊,1997/1.

[97] 童明. 现代城市规划中的理性主义[J]. 城市规划汇刊,1998/1.

[98] 崔之元. 如何认识今日中国:"小康社会"解读[J]. 读书,2004/3.

[99] 吴敬琏等. "法治与市场经济"座谈纪要[J]. 读书,2004/3.

[100] Basiago A D. Economic,Social,and Environmental Sustainability in Development Theory and Urban Planning Practice,. The Environmentalist 19,1999:145 - 161.

[101] Ley D. Urban Geography and Culture Studies,Urban Geography,17,1996:457 - 477.

[102] Franco Archibugi,City Effect and Urban Overland as Program Indicators of The

Regional Policy, Social Indicators Research 54, 2001: 209 – 230.

[103] Glenn Pearce Oroz, Cause and Consequences of Rapid Urban Spatial Segregation: The New Town of Tegucigalpa, Lincoln, 2001.

[104] Harold L. Wilensky, Social Science and the Public Agenda: Reflections on the Relation of Knowledge to Policy in the United States and Abroad, Journal of Health Politics, Policy and Law, 1997/5.

[105] Jens Kuhn, From Rationality to Mutual Understanding: the Case of Planning, 2002/9.

[106] Michael Neuman, Does Planning Need the Plan? APA Journal, Spring 1998.

[107] Nan Lin and Xiao-lan Ye, Walter M. Ensel, Social Support and Depressed Mood: A Structure Analysis, Journal of Health and Social Behavior, 1999/11.

[108] Shahid M. Shahidullah, Useful Sociology: Can Sociological Knowledge be Valuable in Policy-making? International Journal of Sociology and Social Policy, 1998/1.

[109] Yu-Hung Hong, Communicative Planning Approach Under an Undemocratic System: Hong Kong, Lincoln, 1998.

[110] Basiiago A D. Economic, Social, and Environment Sustainability in Development Theory and Urban Planning Practice, The Environmentalist 19, 1999: 145 – 161.

后 记

　　本书从选题、调研一直到写作，对我而言是一个重新认识规划的过程，同时也是一个不可多得的学习过程。在攻博期间，有幸能够接触到都市中形形色色的人群，并有机会可以深入去了解他们的生活、他们的快乐甚至他们的疾苦，使我体会到规划最初也是最终的使命应当是什么，这些体验与感悟是我成长经历中一笔非常宝贵的财富，同时也成为本书选题的初始动力。完成本书的过程是艰辛而寂寞的，由于原有知识结构的局限性，不仅需要对相关学科的知识进行系统地学习和梳理，同时也要对本专业的相关知识进行补遗和扩充。因此，当本书初稿打印出来时，我知道它对于我今后的研究和工作而言，只是一个阶段性的总结，然而其分量与写作中遇到的种种困难是成正比的，我想，收获的应当就是这份努力付出的过程吧！所幸这个过程虽然寂寞，但并不孤独，因为其间得到了众多师长、各部门工作人员、同学及亲朋好友的帮助与关怀，在此要对他们表示由衷的感谢。

　　首先要感谢我的导师赵民教授多年来在专业领域的悉心指导、职业素养方面的培养，以及在各方面的关心与帮助，使我能够有机会直接接触社会、触及社会研究领域。本书从提纲到初稿，再到最后定稿，整个过程离不开导师始终如一的悉心指导和热情鼓励。在对本书结构、核心观点等方面的讨论中所形成的许多建设性意见帮助我拓宽了思路，使本书的逻辑和观点更为清晰；在对文稿的详细审阅和专业措辞修正方面，导师持非常严谨求实的态度，使我受益匪浅。同时要感谢上海大学社会学系的沈关宝教授，引领我在社会认知及方法方面有所成长，在本书的出发点及结构方面给予了很大的帮助；感谢南京大学的崔功豪教授、同济大学的李京生教授对本书初稿提出了非常好的意见和建议；还要感谢吴志强教授多年来对我的关注与鼓励，鼓起我克服困难的信心；感谢张庭伟教授谈话中给予我的专业信息和一些观点；感谢利物浦大学的 Yin Ho 博士的热情帮助。

　　本书写作期间与同济大学经济管理学院的陶小马教授和齐坚老师的交流也帮助我解决了一些专业方面的问题；上海大学的博士生宋娟、陈秋玲等同学帮助我完成了案例中的基础数据的收集和整理；宝山通河街道办事处的施才法主任及居委干部杨绮芬女士在工作中给予了大力的支持，在此表示衷心的谢意。

　　此外，要感谢黄应霖、王晟、夏宁等同学的帮助与支持。感谢同门的鼓励与关心。在此无法一一列出曾经给予我帮助的所有人的姓名，但希望他们能感受到我真诚的谢意和由衷的祝福。

　　最后，谨以本书献给我的父母和家人。

赵　蔚